轨线系综模型的分子动力学方法

王立飞　著

·北京·

内 容 提 要

从远古时代，人们就拿树枝在地上画图来表达思想，可见轨线在人们思维过程起到根深蒂固的作用. 基于轨线系综理论研究分子动力学过程一直是物理化学学科中的热点问题.

本书中利用量子相空间纠缠轨线分子动力学方法，模拟量子效应比较显著的系统，并且给出了量子隧穿现象. 该方法认为轨线系综成员之间存在相互作用，初始能量低于势垒的轨线可以从其他成员“借取”能量，使其本身能量高于势垒，继而越过势垒发生隧穿现象. 本书应用半经典闭合轨道理论，研究了弹性表面氢负离子的光剥离电子的波包动力学；应用量子轨线研究了小分子抑制剂与 BRD4 和 BRD9 结合的分子机理.

本书适合对分子动力学有兴趣的本科院校师生和从事分子动力学理论研究的人员阅读.

图书在版编目（CIP）数据

轨线系综模型的分子动力学方法 / 王立飞著. —北京：中国水利水电出版社，2020. 6（2021.9重印）

ISBN 978-7-5170-8754-0

Ⅰ. ①轨… Ⅱ. ①王… Ⅲ. ①分子—动力学—模拟方法 Ⅳ. ①O313

中国版本图书馆 CIP 数据核字（2020）第 154278 号

书　　名	轨线系综模型的分子动力学方法 GUIXIAN XIZONG MOXING DE FENZI DONGLIXUE FANGFA
作　　者	王立飞　著
出版发行	中国水利水电出版社 （北京市海淀区玉渊潭南路 1 号 D 座 100038） 网址：www. waterpub. com. cn E－mail：sales@ waterpub. com. cn 电话：（010）68367658（营销中心）
经　　售	北京科水图书销售中心（零售） 电话：（010）88383994、63202643、68545874 全国各地新华书店和相关出版物销售网点
排　　版	北京智博尚书文化传媒有限公司
印　　刷	三河市元兴印刷有限公司
规　　格	170mm×240mm　16 开本　12 印张　218 千字
版　　次	2020 年 9 月第 1 版　2021 年 9 月第 2 次印刷
印　　数	0001—2000 册
定　　价	59. 00 元

前　　言

数值积分计算是20世纪中应用广泛、意义深远的科学进步之一，计算方法和计算机硬件的飞速发展，使科学计算、理论分析和实验研究三足鼎立，成为当今科技发展的三种有力工具. 计算量子动力学是处理许多物理化学现象的重要工具之一. 随着计算水平的提升，用严格的量子理论处理一些简单的、自由度较少的量子系统是可行的. 在精确求解量子力学方法中，计算量随着研究体系维数是呈指数形式增长的，所以对于多体的复杂量子体系，无法直接求解薛定谔方程. 虽然运用经典分子动力学方法处理复杂量子体系时有一定的优越性，但是由于采用了经典近似，用这种方法模拟的量子过程，如果所研究体系的量子效应本身比较明显，就不能得到理想的结果. 为了突破计算上的瓶颈，并且可以借助直观的轨线来描述相应的量子运动，人们结合系统的经典性和量子性发展了许多量子轨线方法，如基于量子水动力学形式的轨线方法、基于 Wigner 函数的轨线方法、基于 Husimi 函数的轨线方法和随机薛定谔方程方法.

自从量子力学诞生以来，人们一直在寻找量子力学与经典力学之间的对应关系. 目前已经形成了半经典理论和量子相空间理论. 半经典理论主要通过经典力学的概念和方法研究微观量子体系的理论. 近年来，半经典物理学得到了复兴，其主要原因是严格的量子理论在处理分子体系问题时遇到了新的挑战. 由于高维度、非线性、强关联等因素，通常要对哈密顿量进行截断或者在大的基函数集合下对角化，此类计算一般很复杂. 即使得到数值结果，也很难给出形象的物理图像来描述体系动力学性质.

1932 年，Wigner 为了修正统计热力学的量子效应，提出了量子相空间理论，其核心是引入量子相空间分布函数，此后人们称之为 Wigner 函数. 目前 Wigner 函数理论已成为量子统计的主要课题之一. 量子相空间理论恰好能够很好地处理这个问题，并且可以用轨线来描述所研究体系的动力学过程. 相空间一词最早出现在经典物理的哈密顿动力学中，以坐标和动量为框架形象地描述动态系统随时间的演化. 量子力学的相空间理论提供了研究经典世界与量子世界对应关系的桥梁，进而加深人们对体系动力学性质的理解. 量子相空间理论发展至今在许多领域都有广泛应用，如量子光学、统计物理、碰撞理论以及量子场等.

目前，量子相空间的应用主要有两个方面：一方面是运用相空间分布函数避免了复杂的算符运算，可以作为一种有效的数学工具；另一方面根据准概率分布函数理论建立量子轨线方程，模拟一些量子过程以及直观的半经典物理图像. 1990年，Torres-Vega 和 Frederick 共同建立了量子相空间理论（简称 TF 量子相空间理论），该理论对非相对论量子力学中的束缚态体系进行了比较详细的研究. 北京理工大学李前树教授研究团队在 TF 量子相空间理论框架下，主要讨论了量子力学非束缚态问题，并且对于非弹性散射、势散射和化学反应散射等诸多问题进行了系统研究. 中国科学技术大学的范洪义教授等人自创的有序算符内的积分（IWOP）技术以全新的视角讨论了相空间准概率分布函数，给出了相空间中的范氏变换，并且利用该变换研究了量子纠缠现象，丰富和发展了量子相空间理论. 韩国的 Lee 等人详细地讨论了量子相空间分布函数的理论和应用，具体分析了 Wigner 函数、P 函数、Q 函数和 Husimi 函数等分布函数的基本性质以及它们之间的联系. 在相空间中建立类似于薛定谔波动方程的 Wigner 函数随时间演化方程，对量子相空间分布函数的演化同样具有动力学意义. 2001 年，人们发展了缠轨线分子动力学（ETMD）方法，目前已经利用这一理论成功地处理了许多一维模型体系问题，如计算了体系的反应概率、隧穿速率等. 十几年来，纠缠轨线分子动力学方法得到了广泛的应用，其理论本身也在不断地改进和发展. 例如，利用 Wigner 表象中的纠缠轨线分子动力学方法求解相空间中扩散方程，模拟量子过程，并且发展了 Husimi 表象中的纠缠轨线动力学方法. 特别是山东大学郑雨军研究小组，由先前的需要对势能进行泰勒展开得到轨线方程，发展到现在适用于一般势能体系、微积分形式的 Wigner 函数的运动方程.

在表面物理学中，详细地了解电子在表面的动力学性质对于理解电子在表面的散射、电荷在界面间转移、电子器件设计等过程都会起到很大作用. 在过去的几十年里，由于短脉冲激光技术的飞速发展，已可能在实验室中制备和检测局域波包. 半经典闭合轨道理论由于具有物理图像清晰、应用范围广泛等特点而被普遍用来解释原子或离子在强外场中的光吸收现象，成为实现连接经典理论和量子理论的重要桥梁，并且是研究和发展量子混沌现象的一个典型实例. 同时，人们也对表面附近光剥离电子进行了广泛研究，不仅验证了半经典闭合轨道理论的正确性，而且发展了回归谱学、标度律、能级统计学等方法. 本书采用半经典轨线、纠缠轨线和量子轨线方法研究分子动力学过程. 分子动力学是物理化学领域的一门新兴边缘学科. 该学科以现代物理理论（特别是原子分子物理和激光物理）和实验技术（分子束技术、激光技术和计算机水平）为基础，从体系微观性质出发，研究分子间的运动及其相互作用. 在分子动力学方法中假定原子的运动遵循某种确定的描述，这种描述可以将牛顿方程、拉格朗日方程或哈密顿方程等原子的运动与确定的轨迹联系在一起. 在许多量子体系中，波包随着时间演化会逐渐扩散和坍塌，这就使得真实体系的波包动力学性质非常复杂. 自关联函数表示 t 时刻的波包向初始态的投影，体系的自关联函数能很好地反映波包动力学性质，并且是可以在实验上测量的重要参量. 另外，根据闭合轨道理论和量子力学方法研究了表面附近光剥离电子的时间演化和波包动力学. 最后，根据量子轨线研究了小分子抑制剂与 BRD4 和 BRD9 蛋白的结合，为设计靶向 BRD4 和 BRD9 的高效药物提供了有用的信息.

本书分为 14 章，概述如下.

第 1 章给出了目前已经存在的四种量子轨线方法，分别为量子水动力学、Wigner 分布函数、Husimi 分布函数和随机薛定谔方程轨线方法. 推导了量子轨线的运动方程，并且讨论了这些方法的基本性质，介绍了波包动力学和半经典闭合轨道理论的基本内容和发展历程.

第 2 章对本书中用到的基础理论知识进行了介绍. 首先，给出了量子相空间分布函数的定义，介绍了 Wigner 分布函数、Husimi 分布函数、标准序和反标准序分布函数，以及正则序和反正则序分布函数四种常用的分布函数及其相应的函数性质. 接着介绍了数理统计中的一些基本概念，以及几种常用的密度估计方法. 最后详细介绍了相空间动力学性质，以及纠缠轨线分子动力学方法.

第 3 章给出 Wigner 分布函数的量子轨线方程的详细推导过程.

第 4 章根据纠缠轨线分子动力学方法给出了一维模型体系的自关联函数，发现结果与精确量子力学结果符合得较好. 通过详细分析单条轨线对关联函数的贡献，形象地给出了单条轨线相应关联函数的物理图像，对纠缠轨线分子动力学理论进行了很好的拓展.

第 5 章发展了高维体系的纠缠轨线分子动力学方法，给出了轨线方程详细的推导过程. 然后具体计算了两个二维模型，发现用纠缠轨线方法和量子力学方法得到的反应概率结果基本一致. 本章还详细分析了模型中的量子隧穿现象，并且给出了相应的物理图像. 最后讨论了纠缠轨线分子动力学方法的计算量随体系维数的变化关系.

第 6 章分别研究了一维和二维的共线 $H + H_2$ 模型，计算了不同能量的初始波包所对应的反应概率，计算结果表明纠缠轨线分子动力学和量子力学方法有一定的差异，但是反应概率趋势符合得比较好.

第 7 章利用纠缠轨道分子动力学方法解释了高斯波包在一维和二维双势阱中的量子隧穿过程现象.

第 8 章把纠缠轨道分子动力学方法扩展到耗散系统模型，通过求解 Klein-Kramers 方程，研究了三个简单模型体系的耗散过程.

第 9 章应用半经典理论，特别是闭合轨道理论对静电场中的氢负离子在弹性墙表面附近的自关联函数进行了研究. 结果显示较短的激光脉冲，自关联函数有明显的回归峰，并发现回归峰与电子的闭合轨道存在一一对应关系. 但是随着激光脉冲宽度的加大，回归峰逐渐变宽，由于相邻峰间的干涉效应，这种对应关系最终消失. 同样，随着电场强度的增加，时间回归谱峰值的大小和数目都增加了许多.

第 10 章通过量子力学方法，研究了氢负离子的光剥离电子在强电场弹性表面附近波包的时间演化和量子拍谱，并且分析了电场强度和脉冲动量对波包演化的影响. 通过计算包含不同簇量子态波包的时间演化，实现了电场对波包演化的调控. 结果表明包含更多态的电子波包呈现更剧烈的空间分布变化，随着电场强度的增加会使波包的分布更贴近表面. 另外，本体系波包时间演化谱和双光子光电效应信号能很好地对应起来.

第 11 章应用量子理论研究了静电场中金属表面光剥离电子的自关联函数. 通过不同簇波包的时间演化解析表达式，考虑了寿命对波包演化的影响. 结果发现，通过改变激光中心能量和外场强度可以实现波包的量子调节，发现寿命对波包的影响明显，另外实现了量子力学与经典力学的对应关系.

第 12 章通过三种小分子抑制剂 5SW、5U2 和 5U6 与 BRD9 结合，进行了 200 ns 的分子动力学模拟，研究了抑制剂的结合对 BRD9 的构象变化、内部动力学和运动模式的影响，希望这项研究工作能为设计靶向 BRD9 的高效药物提供有用的信息.

第 13 章通过三种小分子抑制剂 2SJ、21Q 和 LOC 与 BRD4(1)的结合，进行了 200 ns 的分子动力学模拟，研究抑制剂的结合对 BRD4(1)的构象变化、内部动力学和运动模式的影响，希望这项研究工作能为设计靶向 BRD4(1)的高效药物提供有用的信息.

第 14 章对研究工作进行了总结，提出了发展含有负值的纠缠轨线方法，展望了半经典闭合轨道理论、纠缠轨线分子动力学方法和量子轨线方法处理其他问题时的应用与发展.

希望广大读者可以了解基于轨线系综的方法模拟分子动力学，以全新的角度理解量子隧穿现象，更好地洞悉量子力学与经典力学的关联. 感谢我的导师杨光参教授、郑雨军教授在研究过程中对我的悉心指导，感谢陈建中教授、李洪云教授及山东交通学院物理系全体教师对我的帮助，同时感谢中国水利水电出版社雷顺加、宋俊娥等为本书的出版所做的认真细致的工作.

本书由国家自然科学基金项目（项目编号：11347156）、山东省自然科学基金项目（项目编号：ZR2016AP14）、山东交通学院自然科学基金（基金编号：Z201703，Z201206，Z201202，Z201516，Z201930，Z201933）以及山东交通学院分子建模与仿真计算平台资助出版.

限于作者的水平和能力，书中难免存在纰漏之处，敬请同行、专家批评指正.

王立飞

2020 年 1 月

目　　录

第1章 综 述

1.1 背景介绍

相空间一词最早出现在经典哈密顿动力学中，它允许同时使用坐标和动量来精确描述宏观粒子的运动状态. 粒子在每一时刻的运动状态（q_1，q_2，…，q_f；p_1，p_2，…，p_f）可以用相空间中的点来表示. 但是当描述微观体系的运动状态时，由于海森堡不确定关系，波函数及其满足的薛定谔方程，或者只有坐标变量，或者只有动量变量，从而发展成为量子力学的两种数学表象——坐标表象和动量表象. 然而，量子力学理论体系建立后不久，为了修正统计热力学体系的量子效应，Wigner 引入量子相空间分布函数的概念，提出量子力学的相空间表述形式，其核心为引入量子相空间分布函数. 量子相空间分布函数不仅是量子相空间理论的基础，而且是实际应用中最有力的工具. 特别是 Wigner 分布函数，在整个量子相空间理论中起到奠基性作用，尤其是由此建立起来的准概率分布函数理论成为物理化学领域中应用非常广泛的计算工具. 引入量子相空间分布函数的目的是建立一个线性映射，使得所有的密度矩阵对应于相空间中的实函数，从而避免了复杂的算符运算.

量子相空间理论发展至今在许多领域都有广泛的应用，如量子光学[1,2]、统计物理[3]、碰撞理论[4,5]以及非线性物理[6,7]等. 在量子光学中引入密度算符定义了高次关联函数，继而讨论了量子光学相干现象. 在碰撞理论中，研究了粒子在无限深势阱和势能台阶中的运动情况，并且计算了氦原子与氢分子及氢原子和氢分子的反应概率. 目前量子相空间的应用主要有两个方面：一方面是运用相空间分布函数避免了复杂的算符运算，计算中可以作为一种有效的数学工具；另一方面根据准概率分布函数理论建立轨线运动方程从而模拟一些量子过程，类似于经典分子动力学理论. 量子相空间的重要意义在于，采用适当的量子相空间分布函数，可以用直观的经典力学图像来描述量子体系. 例如，像经典统计物理那样来计算力学量的平均值；用轨线来描述相应的量子运动现象，当然这里轨线的定义与经典理论中的概念有所不同.

自从量子力学诞生以来，寻求量子力学与经典力学对应关系一直是人们特别关注的课题. 目前已经形成了半经典理论和量子相空间理论. 半经典

(semiclassical) 理论是指通过经典力学的概念和方法研究微观量子体系的理论，而量子相空间理论提供了在同一个空间即相空间中，研究量子力学与经典力学，因此能比较容易讨论两者某些性质的对应关系，也有利于处理复杂的量子力学问题. 同时用量子相空间分布函数来描述量子力学态，允许人们采用尽可能多的经典语言来描述研究体系的量子特性.

1.2　量子相空间理论研究现状分析

1990 年，Torres-Vega 和 Frederick 共同建立了量子相空间理论（简称 TF 量子相空间理论），该理论对非相对论量子力学中的束缚态体系进行了比较详细的研究. 北京理工大学李前树教授等[8]在 TF 量子相空间理论框架下，主要讨论了量子力学中的非束缚态问题，并且对于非弹性散射、势散射和化学反应散射等问题都给出了详细的计算方案. 他们的工作主要分为以下几方面.

(1) 运用 TF 量子相空间理论处理非束缚态问题，进一步完善了该理论，并且为处理复杂反应散射问题打下了基础.

(2) 通过带有任意参数的高斯修正函数，改进了自由粒子能量本征函数的表示方式，使其模方能够描述相空间中自由粒子的概率密度分布.

(3) 将 TF 量子相空间理论拓展到含有负幂项坐标的相互作用势体系，并且给出了量子相空间中的平均值计算公式和维里定理.

(4) Torres-Vega 和 Frederick 构建了量子相空间理论的框架，并没有实际计算具体模型的薛定谔方程，而李前树等人运用波动力学方法计算了 Morse 势、δ 势和氢原子体系等一维物理体系.

中国科学技术大学的范洪义教授等[9]自创的有序算符内的积分（IWOP）技术以全新的视角讨论了相空间准概率分布函数，给出了相空间中的范氏变换，并且利用该变换研究了量子纠缠现象，丰富和发展了量子相空间理论.

韩国的 Lee[10,11]非常详细地讨论了量子相空间分布函数的理论和应用，分别介绍了 Wigner 函数、P 函数、Q 函数和 Husimi 等分布函数的基本性质和它们之间的关系. 他们列举了一些简单体系的分布函数，给出了相空间分布函数的动力学性质及其应用，并且利用 Wigner 分布函数计算了共线 $H + H_2$ 的反应概率. 美国的 Heller 研究小组[12]，利用 Wigner 相空间中的经典轨线方法计算了 ICN 分子光解反应的部分横截面. 另外，他们在量子相空间中建立了一种新的研究含时量子力学的方法[13]，该方法直接从一个实轨线系综出发构建任意初始波函数的完整半经典格林函数演化，利用此方法计算了高斯波包在 Morse 势能中的关联函数相对应的光谱.

1.3　量子轨线方法

计算量子动力学是处理许多物理化学现象的重要工具之一. 随着计算机技术和计算方法的共同发展，用严格的量子理论处理一些简单的、自由度比较少的量子系统是可行的. 但是对于多体的相对比较复杂的量子体系，直接解薛定谔方程却比较困难. 运用经典分子动力学方法处理复杂量子体系时有一定的优越性，但是由于采用了经典近似，用这种方法模拟的量子过程，不能得到理想的结果. 近年来，人们结合系统的经典性和量子性发展了一些量子轨线方法.

1. 基于量子水动力学形式的轨线方法

量子力学的水动力学形式首先由 Broglie 和 Madelung 提出[14~16]，然后由 Bohm 在 1952 年发展形成一门系统的物理理论[17,18]. 此方法将复数形式的波函数 $\psi(\vec{r},\ t)=R(\vec{r},\ t)\mathrm{e}^{iS(\vec{r},t)/\hbar}$ 代入含时薛定谔方程，得到概率密度和相位的耦合运动方程[19]：

$$\frac{\partial\rho(\vec{r},\ t)}{\partial t}+\vec{\nabla}\cdot\left(\rho\frac{1}{m}\vec{\nabla}S\right)=0, \tag{1.1}$$

$$-\frac{\partial S(\vec{r},\ t)}{\partial t}=\frac{1}{2m}(\vec{\nabla}S)^2+V(\vec{r},\ t)+Q(\rho;\ \vec{r},\ t), \tag{1.2}$$

其中密度概率表达式为 $\rho(\vec{r},\ t)=R(\vec{r},\ t)^2$. 式（1.1）为连续性方程，式（1.2）为量子哈密顿－雅可比方程，与经典水动力学方程相比，额外加上了量子势 $Q(\rho;\ \vec{r},\ t)$. 含时量子势具体表达式为

$$Q(\rho;\ \vec{r},\ t)=-\frac{\hbar^2}{2m}\frac{1}{R}\nabla^2R=-\frac{\hbar^2}{2m}\rho^{-1/2}\nabla^2\rho^{1/2}. \tag{1.3}$$

求解式（1.2）的梯度可以得到运动方程

$$m\frac{\mathrm{d}\vec{v}}{\mathrm{d}t}=-\vec{\nabla}(V+Q)=\vec{f}_c+\vec{f}_q. \tag{1.4}$$

通过加权最小二乘法（MWLS）计算出式（1.4）的导数，可以得到体系的量子势和所受的量子力. 量子水动力学方法中最核心的公式为描述了粒子运动的量子牛顿方程，此方程中的势包括经典势和量子势两部分，其中量子势体现水动力学中的量子效应. 可以认为粒子在经典力和量子力共同作用下运动. 量子水动力学方法关于隧穿过程给出了一个非常有趣的物理图像，粒子在经典势和量子势的共同作用下运动，当粒子靠近势垒时，由于量子势的作用使总有效势变得很低，因而允许一些能量低于经典势垒的粒子越过势垒，发生量子隧穿现象.

水动力学形式下的量子轨线方法有以下几个特点.

(1) 这种方法唯一的近似是运用有限个粒子表示体系概率密度函数，但该方法运用很少的轨线就能得到非常精确的结果.

(2) 计算中采用运动自适应节点的拉格朗日算法，没有用到基组展开、固定空间格点和格点边缘的吸收势等方法.

(3) 即使对经典禁区势垒隧穿，轨线和能量都只是实数.

(4) 这种方法和计算程序编码可以很容易地拓展到高维情况.

(5) 对于每个自由度，通过标度量子力，能够得到量子或者经典的结果.

2. 基于 Wigner 分布函数的轨线方法

(1) Wigner 轨线方法. 根据 Wigner 轨线方法所建立的轨线方程和哈密顿正则方程在形式上保持一致，只是方程中传统势能被这里的有效势能代替[10]，即

$$\frac{\mathrm{d}q}{\mathrm{d}t}=\frac{p}{m},$$

$$\frac{\mathrm{d}p}{\mathrm{d}t}=-\frac{\partial V_{\mathrm{eff}}(q,\ p,\ t)}{\partial q},\tag{1.5}$$

其中 V_{eff}表示有效势能，不同于传统的势能，这个有效势取决于坐标和整个系统的状态. Wigner 轨线方法的局限性是这种方法只适用于和谐振子模型或者自由波包运动行为相差不是很大的体系.

(2) 纠缠轨线分子动力学方法. 纠缠轨线分子动力学方法 (entangled trajectory molecular dynamics) 分为两种情况. 一种情况是把势能进行泰勒展开，可以看出第一项形式与哈密顿正则方程一样，后面的部分可以看作对正则方程的逐级量子修正. 其轨线运动方程为[20]

$$\frac{\mathrm{d}q}{\mathrm{d}t}=\frac{p}{m},$$

$$\frac{\mathrm{d}p}{\mathrm{d}t}=-V'(q)+\frac{\hbar^2}{24}V'''(q)\frac{1}{\rho}\frac{\partial^2\rho}{\partial p^2}+\cdots.\tag{1.6}$$

从式 (1.6) 运动方程可以看出，由于分布函数存在于轨线方程中，所以轨线之间存在相互作用，整个轨线系综相互纠缠作为一个整体向前演化.

另外一种情况是不对势能进行泰勒展开，把 Wigner 变换直接代入量子刘维尔方程，可以得到微积分形式的轨线运动方程. 相比于上面的方法，如果势能泰勒展开高阶项不收敛，运用上面计算公式就需要做截断处理，而运用微积分形式的轨线方法不需要做任何近似，所以可以得到更为精确的结果. 其轨线演化方程可以表示为[21,22]

$$\frac{\mathrm{d}q}{\mathrm{d}t} = \frac{p}{m},$$

$$\frac{\mathrm{d}p}{\mathrm{d}t} = \frac{1}{\rho^w(q, p)}\int\Theta(q, p-\xi)\,\rho^w(q, \xi)\,\mathrm{d}\xi, \tag{1.7}$$

其中 Θ 表达式为

$$\Theta(q, \eta) = \frac{1}{2\pi\hbar}\int_{-\infty}^{\infty}\left[V\left(q+\frac{y}{2}\right)-V\left(q-\frac{y}{2}\right)\right]\frac{\mathrm{e}^{-i\eta y/\hbar}}{y}\mathrm{d}y. \tag{1.8}$$

3. 基于 Husimi 分布函数的轨线方法

由于 Wigner 分布函数在相空间中会出现负值，并不能表示真正的概率分布，这是 Wigner 函数的一大缺陷. Husimi 提出，用带任意参数的高斯函数对 Wigner 函数作相空间上的粗粒平均，得到相空间中第一个处处为正的分布函数. Husimi 轨线方程和 Wigner 轨线方程形式上相近，只是在 p 左右用算符 S_p 和 S_p^{-1} 做了高斯平滑处理，同样在 q 左右用算符 S_q 和 S_q^{-1} 做了高斯平滑处理. 这样得到的轨线方程[23]

$$\frac{\mathrm{d}q}{\mathrm{d}t} = \frac{S_p p S_p^{-1}}{m},$$

$$\frac{\mathrm{d}p}{\mathrm{d}t} = -[S_q V'(q) S_q^{-1}] + \frac{\hbar^2}{24}\frac{1}{\rho^H}[S_q V'''(q) S_q^{-1}]\rho^H_{\mathrm{ppp}} + \cdots. \tag{1.9}$$

Husimi 分布函数虽然在相空间中处处为正，却不满足边缘条件，并且在做平滑处理时还引入了任意参数，这样就增加了计算难度. 然而正是由于对 Wigner 分布函数进行粗粒平滑处理，使得 Husimi 分布函数在相空间结构比 Wigner 分布函数简单，所以该函数更适合处理复杂体系的量子动力学问题.

4. 随机薛定谔方程方法

随机薛定谔方程方法中把量子轨线看作随机薛定谔方程的解. 首先看马尔可夫形式的主方程[24]

$$\frac{\mathrm{d}}{\mathrm{d}t}\rho_t = -i[H, \rho_t] + \frac{1}{2}([L\rho_t, L^\dagger] + [L, \rho_t L^\dagger]), \tag{1.10}$$

其中密度算符ρ_t表示随机薛定谔方程解的系综平均

$$\rho_t = \overline{|\psi_t(z)\rangle\langle\psi_t(z)|}, \tag{1.11}$$

式中，z 代表经典的随机驱动过程.

对于马尔可夫主方程（1.10）的解，包含许多种形式，其中有些解包含随机跳跃，另外一些为连续的扩散解. 量子态的传播方程为

$$\frac{\mathrm{d}}{\mathrm{d}t}\psi_t = -iH\psi_t + (L-\langle L\rangle_t)\psi_t\circ(z_t+\langle L^\dagger\rangle_t) - \frac{1}{2}(L^\dagger L-\langle L^\dagger L\rangle_t)\psi_t, \tag{1.12}$$

其被复数形式的白噪声 z_t 驱动，这里表示成 Stratonovich 形式的随机薛定谔方程. 接下来给出非马尔可夫量子态的扩散方程

$$\frac{\mathrm{d}}{\mathrm{d}t}\tilde{\psi}_t = -iH\tilde{\psi}_t + (L - \langle L\rangle_t)\ \tilde{\psi}_t\tilde{z}_t - \int_0^t \alpha(t,s)[\Delta L_t^{\dagger}\hat{O}(t,s,\tilde{z}) - \langle\Delta L_t^{\dagger}\hat{O}(t,s,\tilde{z})\rangle_t]\mathrm{d}s\tilde{\psi}_t, \tag{1.13}$$

其中变换的噪声为 $\tilde{z}_t = z_t + \int_0^t \alpha^*(t,s)\langle L^{\dagger}\rangle_s\mathrm{d}s$, $\Delta L_t^{\dagger} = L^{\dagger} - \langle L^{\dagger}\rangle_t$. Strunz 等[25,26]根据随机薛定谔方程方法模拟了开放体系和布朗运动的量子轨线，得到了理想的结果. 此方法中只需要计算体系的量子态而不用计算复杂矩阵，极大地减少了运算资源，更适合处理高维体系的量子轨线.

1.4　波包动力学理论

自量子力学从经典物理学派生出来后，就得到了迅速发展，如今量子力学已经成为人们对原子和分子等微观体系进行研究与分析的主要工具. 应用波包分析量子体系的动力学性质一直是人们研究量子经典相互作用的一个重要方面. 为了架起对自然界经典描述和量子力学描述之间的桥梁，薛定谔在 1926 年引入了波包的概念，并指出波包的运动遵循经典的轨迹. 随后，爱伦斯菲特发展了这个概念，并指出在经典极限下，量子力学的期望值遵循经典力学的规律. 在过去很长一段时间里，波包的概念一直没有受到重视，大部分散射理论侧重于不含时的量子力学方法. 在原子与分子物理学中，研究光与物质的相互作用首先要找到体系所有量子态的波函数，然后计算静止的重叠积分. 其中每个态的时间演化都假定不依赖其他态并且是幺正的，因此只体现在相应量子态波函数的相位中. 几十年来，含时波包法的流行与两方面因素有直接的关系，计算方法与计算技术的飞速发展为求解含时的薛定谔方程提供了可能性. 人们发展了各种近似方法来处理含时薛定谔方程的空间部分和时间部分. Heller[27,28]和 Kosloff[29~32]等人作出了开创性的工作. Heller 采用半经典的高斯波包来描述粒子的运动，还不算是严格的量子力学计算. Kosloff 等人推广了傅立叶网格点方法，从而使波包方法很快流行起来. 还有其他许多研究小组为含时波包方法的发展作出了贡献，如 Feit 小组[33]引入了分裂算符傅立叶变换方法，Light 小组[34]发展了不连续变量表示方法，Zhu 小组[35]引入辛算法等. 另一个重要因素，飞秒激光技术的出现及其迅速发展特别是在物理和化学中的应用在客观上促进了含时波包的发展. 如图 1.1 所示[36]，从 19 世纪 60 年代第一台激光器的诞生到现在，激光强度已经比原来

增强了12个数量级，而激光的时间分辨也从几百皮秒（picosecond，ps）发展到现在的几飞秒（femtosecond，fs）甚至阿秒（attosecond，as）量级.

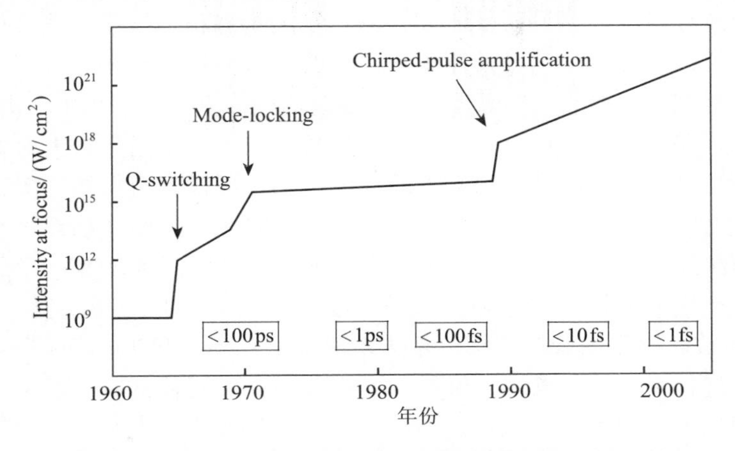

图1.1　激光可达到的峰值以及脉冲宽度随时间的发展历程

随着实验上探测量子与经典对应关系技术的提高，人们对许多量子体系的能量本征值谱和所对应经典体系的运动之间的对应关系进行了详细的研究. 薛定谔等人通过对一些基本体系的波包解的研究，讨论了对世界的经典描述和量子描述的关系，这些基本体系有自由粒子、谐振子和均匀磁场的粒子等，这在一些早期量子力学教科书中都能找到. 超快、超强激光脉冲技术，泵浦探测技术和相位调控技术的发展，使得对体系波函数含时部分的探测成为可能，这些实验技术的发展引起了理论工作者对波包展开方法的浓厚兴趣. 人们对定态量子体系波包的长时间演化行为进行了大量的探索. 研究发现，里德堡原子被激光激发后产生定域波包，它在短时间内的运动是沿经典轨道的. 一段时间后，波包会发生扩散和塌陷，演化会变得很复杂. 然而，很长时间后会产生波包的复现或者部分复现现象. Parker 和 Stroud[37] 研究了短脉冲激光作用在里德堡原子上首次发现了量子波包复现. Yeazell 和 Stroud[38,39] 随后在试验上发现了波包的复现以及部分复现. 继此之后，许多科研小组对量子波包动力学进行了广泛的研究. 2004 年 Robinett 在《量子波包复现》[40] 一文中，分别从理论和试验方面对许多不同体系的波包复现和部分复现进行了详尽的描述，其中量子碰撞体系和本书要研究的体系非常相近，对本书的研究有很好的借鉴价值.

1.5　半经典闭合轨道理论的发展

在量子力学理论发展的同时，半经典理论也有着迅速发展. 闭合轨道理

论推广了波尔 - 索末菲的旧量子理论，进而把混沌系统的量子力学行为与经典周期轨道行为联系在一起. 通过经典力学的概念和方法来研究微观量子体系的理论统称半经典（semiclassical）理论. 近年来，半经典物理学得到了复兴，主要原因是量子力学在处理诸如核现象、基本粒子问题以及原子以上层次体系时遇到新的挑战. 许多半经典、准量子近似方法应运而生. 由于高维、非线性、强关联，要求对哈密顿量进行截断或在大的基函数组下对角化常常是不可避免的，即使可以得到丰富的数值结果，也很难给出物理图像和描述体系的动力学性质. 从理论发展的角度看，人们经常需要从物理直觉和图像中寻求解决问题的线索，可以说量子世界的发展需要经典物理. 半经典闭合轨道理论产生的直接诱因是强外场中原子光吸收谱实验的新发现. 1969 年，美国的 Argone 国家实验室的两位天体物理学家 Garton 和 Tomkins[41] 对磁场中的钡原子进行了研究，发现了奇异的光吸收谱：磁场较低时，清楚地看到谱线的分裂现象；增大磁场强度，谱线产生一系列振荡，其中包含间隔为 1.5 倍朗道能级间距的峰（因此这种谱被称为“准朗道振荡”），如图 1.2 所示.

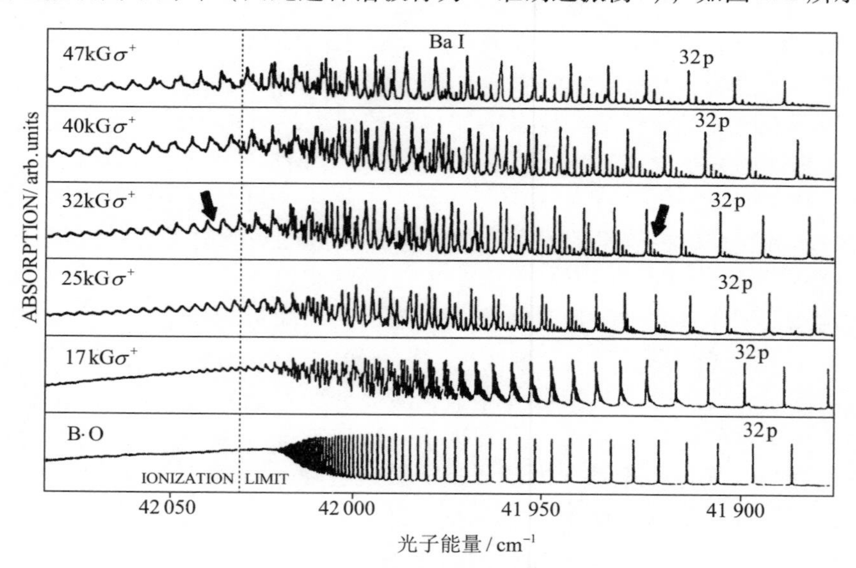

图 1.2　电离阈值附近钡原子光吸收谱

图 1.2 给出了钡原子在不同磁场强度下电离阈值附近的光吸收谱，图中横坐标表示为光子能量，虚线位置代表电离阈值. 通过分析可以看出，电离阈值附近，吸收谱可以看作在平坦的背景上叠加上一系列振荡，这种振荡一直延续到正能量区. 振荡周期也就是吸收谱相邻极大值之间的能量差大约为 1.5 倍朗道能级间距，称为“准朗道振荡”. 在低激发态，即 L 混合区，可以

用微扰论方法来处理；对于高激发态，即 N 混合区，由于运动已经出现了混沌现象，没有相应的理论来处理该问题. 物理学家们花了近 20 年的时间才对这一现象给出合理的解释. 1970 年，英国的 Edmonds[42] 对准朗道振荡给出了解释，他认为该振荡与电子在磁场中运动的周期轨道有密切关系，该解释与实验符合得非常好. 但当有混沌现象出现时该理论就不再适用了. 接下来，Gutzwiller[43~45] 指出由周期性经典轨道的存在，使得该量子体系的态密度发生振荡，继而表现出混沌现象，该理论被称为态密度的周期轨道理论.

1986 年，该理论在实验方面上也有了新突破，德国 Bielefeld 大学 Welge 教授[46~48] 首次对强磁场中的氢原子吸收谱研究时发现了回归谱的例子. 在电离阈值附近，低分辨率的情况下，氢原子的吸收谱出现振荡，可以看成许多振荡项的叠加，在吸收谱中可以观察到准朗道共振吸收峰. 当把能量的分辨率提高许多倍时，电离阈值附近的振荡突然消失了，测到的吸收谱非常杂乱，如图 1.3[46] 所示.

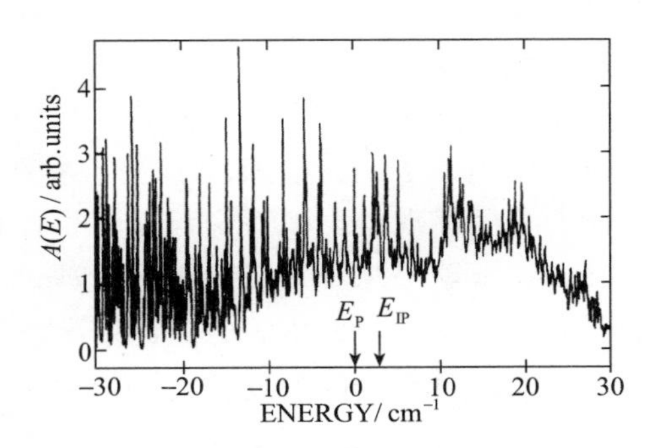

图 1.3　氢原子在 $B = 5.96$ T 的磁场中的吸收谱

通过傅立叶变换把实验中测量到的以能量为函数的吸收谱，转换为时间函数时，可以看出在很多时间标度值上，变换后的函数都有尖峰，发现一个振荡峰与半经典闭合轨道之间有很好的对应关系，并且轨道的数目与分辨率密切相关，如图 1.4[46] 所示.

1987 年，杜孟利和其导师 J. B. Delos 等[49~51] 在周期轨道理论基础上引入格林函数和库仑散射方法，进而提出了半经典闭合轨道理论，并定量给出了强磁场中氢原子的共振谱结构清晰的理论推导和物理图像描述. 该理论对周期轨道理论进行了修正和改进，由于其物理图像清晰、应用范围广，成为人们解决强外场中原子或分子光吸收现象的主要工具，是连接经典理论和量子理论的重要桥梁. 微观体系的量子力学和宏观体系的经典力学的相互联系是最基本、最重要的科学前沿问题. 半经典闭合轨道理论，适用于几乎所有的量子体系，是目前物理学界研究经典混沌的量子表现时的主要理论工具. 该

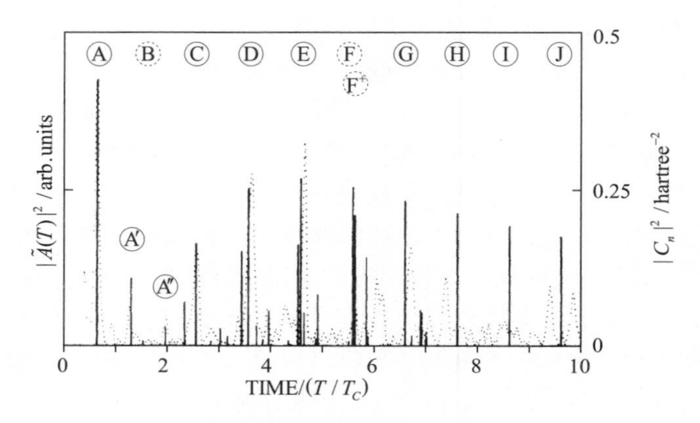

图 1.4　吸收谱的傅立叶变换

理论提出之后就引起广泛关注. 近年来，越来越多的理论和实验工作已经证明，闭合轨道理论方法是分析外场中激发态原子动力学性质的最有效方法之一，该理论适用于束缚态至正能区的宽广能域，是研究量子混沌的成功理论方法. 从闭合轨道理论提出到现在 20 多年来，在许多体系上取得了巨大的成功. 闭合轨道理论已被应用到原子、分子和离子等体系中，成功地解释了强外场不同体系复杂吸收谱的振荡现象. 该理论与光学手段相结合可开拓波包动力学、自动关联函数的测量等课题. 人们利用这一理论成功地对氢负离子在平行电磁场、垂直电磁场以及任意夹角的电磁场情况下的光剥离横截面做了比较完整的研究. 近年来，对于表面附近的光剥离也进行了研究，发现表面对光剥离横截面的影响是非常明显的. 围绕波包动力学，许多人从理论上和实验上分别做了大量的研究工作，国际上的主要研究有以下几个方面.

（1）1989 年，Noordam[52]、Broers 等在实验上利用双脉冲技术研究了里德堡波包在静电场中的演化，测量得到了 Rb 原子在电场中的自关联函数.

（2）1990 年，Michael Nauenberg 运用量子态展开的方法给出了自关联函数的表达式

$$C(t) = |\langle \psi(t) | \psi(0) \rangle| = \sum_{n=1}^{\infty} |C_n|^2 e^{iE_n t}. \tag{1.14}$$

其中，$|C_n|^2$ 采用的是以 $n=n_0$ 为中心，宽度为 $\delta_n=\sigma$ 的高斯分布.

（3）1991 年，Averbukh 和 Perelman 在《高激发态的原子与分子的波包动力学》一文中给出了关于量子波包复现与部分复现的详细讨论，并给出了实验中观察到的量子波包复现和部分复现的精确描述.

（4）1996 年，Bluhm 和 Kostelecky[53] 以更容易理解的方式讨论了量子波包动力学，分别对谐振子、无限深势阱、刚性转子和氢原子四个模型进行了

具体说明.

（5）1997年，U. Höfer等[54,55]研究了金属表面时间分辨相干光电子光谱，实验中观察到了波函数相邻本征态间的干涉.

（6）2004年，R. W. Robinett详细地研究了许多原子和分子体系的量子波包复现. 量子波包复现指的是初始的量子定域态，有较短的准经典的时间演化，经过许多变化之后重新形成初始的量子态形式，波包重新定域化，半经典周期性又显现出来了，其中复现包括完全复现和部分复现. 文献[56~61]中讨论的量子碰撞体系和本书要研究的体系非常相近，对本书的研究有很好的借鉴价值. 具体到金属表面还要考虑各个镜像势态的寿命问题[62~64].

国内科研人员在波包动力学研究方面也取得了许多开拓性成果，主要是中科院物理所杜孟利研究员[65]提出了运用闭合轨道理论（closed-orbit theory）求解自关联函数的方法. 山东师范大学的林圣路研究小组，也是基于闭合轨道理论，对磁场中氢原子自关联函数进行了详细的研究.

第2章 理论基础

本章首先给出了量子相空间分布函数的定义，介绍了相空间中几种常用的分布函数及其性质，接着给出了数据统计与分析的密度估计理论，最后对相空间中的量子轨线方法做了基本介绍.

2.1 量子相空间分布函数

量子相空间分布函数是量子相空间理论的基础，提供了一个理想的桥梁来理解和研究经典力学与量子力学的变换关系以及展示相空间中的量子效应. 在经典统计力学中，通常用相空间中的分布函数 $f_C(q, p)$ 来描述宏观粒子的运动. 力学量函数 $A_C(q, p)$ 的平均值计算公式为[8]

$$\langle A\rangle_C = \int_{-\infty}^{+\infty}\mathrm{d}q\int_{-\infty}^{+\infty}\mathrm{d}p A_C(q, p) f_C(q, p). \tag{2.1}$$

然而在量子力学中，用波函数或密度算符来描述微观粒子的运动状态. 可以在量子相空间中构造类似于经典分布函数 $f_C(q, p)$ 的量子分布函数 $f_Q(q, p)$，其力学量的平均值表达式为

$$\begin{aligned}\langle \hat{A}\rangle_Q &= \mathrm{tr}[\hat{A}_Q(\hat{q}, \hat{p})\hat{\rho}(\hat{q}, \hat{p})] \\ &= \int_{-\infty}^{+\infty}\mathrm{d}q\int_{-\infty}^{+\infty}\mathrm{d}p A_Q(q, p) f_Q(q, p).\end{aligned} \tag{2.2}$$

在量子相空间分布函数理论中，根据不同算符与经典力学量函数之间的对应规则，会产生不同的量子相空间分布函数[66~72]. 所以首先要确定算符对应规则，然后才能定义相应的量子相空间分布函数. Cohen 根据已有量子相空间分布函数的理论，推广得到一般量子相空间分布函数的定义

$$\begin{aligned}&\mathrm{tr}[\exp(i\alpha\hat{q} + i\beta\hat{p})\hat{\rho}(\hat{q}, \hat{p})g(\alpha, \beta)] \\ &= \int_{-\infty}^{+\infty}\mathrm{d}q\int_{-\infty}^{+\infty}\mathrm{d}p\exp(i\alpha q + i\beta p) f_Q^g(q, p),\end{aligned} \tag{2.3}$$

或者其逆定义

$$\begin{aligned}&f_Q^g(q, p) \\ &= \frac{1}{4\pi^2}\int_{-\infty}^{+\infty}\mathrm{d}\alpha\int_{-\infty}^{+\infty}\mathrm{d}\beta\,\mathrm{tr}[\exp(i\alpha\hat{q} + i\beta\hat{p})\hat{\rho}(\hat{q}, \hat{p})g(\alpha, \beta)]\exp(-i\alpha q - i\beta p) \\ &= \frac{1}{4\pi^2}\int_{-\infty}^{+\infty}\mathrm{d}\alpha\int_{-\infty}^{+\infty}\mathrm{d}\beta\int_{-\infty}^{+\infty}\mathrm{d}q'\langle q' + \frac{\beta\hbar}{2}|\hat{\rho}|q' - \frac{\beta\hbar}{2}\rangle g(\alpha, \beta)\end{aligned}$$

$$\times \exp[i\alpha(q'-q)-i\beta p], \tag{2.4}$$

式中，$g(\alpha,\beta)$ 为一待定函数．可以通过选择不同的 $g(\alpha,\beta)$，定义不同的量子相空间分布函数．这里应当指出，Cohen 的定义只是目前已经提出的几种量子相空间分布函数的概括和总结，并不是指绝对意义上的一般．根据不同的算符规则定义函数 $g(\alpha,\beta)$，从而得到不同的量子相空间分布函数 $f_Q^g(q,p)$．对于纯态量子体系

$$\hat{\rho}=|\psi\rangle\langle\psi|, \tag{2.5}$$

量子相空间分布函数可以简化为

$$\begin{aligned} &f_Q^g(q,p)\\ &=\frac{1}{4\pi^2}\int_{-\infty}^{+\infty}\mathrm{d}\alpha\int_{-\infty}^{+\infty}\mathrm{d}\beta\int_{-\infty}^{+\infty}\mathrm{d}q'\psi^*\left(q'-\frac{\beta\hbar}{2}\right)\psi\left(q'+\frac{\beta\hbar}{2}\right)g(\alpha,\beta)\\ &\quad\times\exp[i\alpha(q'-q)-i\beta p], \end{aligned} \tag{2.6}$$

其中 ψ 表示该体系运动状态的波函数．下面列举几种常用的量子相空间分布函数．

1. Wigner 分布函数

1932 年，著名的物理学家 Wigner[73] 为了修正统计热力学体系的量子效应，引入了量子相空间中的 Wigner 分布函数

$$\begin{aligned} &f_Q^W(q,p)\\ &=\frac{1}{4\pi^2}\int_{-\infty}^{+\infty}\mathrm{d}\alpha\int_{-\infty}^{+\infty}\mathrm{d}\beta\int_{-\infty}^{+\infty}\mathrm{d}q'\langle q'+\frac{\beta\hbar}{2}|\hat{\rho}|q'-\frac{\beta\hbar}{2}\rangle\exp[i\alpha(q'-q)-i\beta p]\\ &=\frac{1}{2\pi}\int_{-\infty}^{+\infty}\mathrm{d}\beta\langle q+\frac{\beta\hbar}{2}|\hat{\rho}|q-\frac{\beta\hbar}{2}\rangle\exp(-i\beta p)\\ &=\frac{1}{\pi\hbar}\int_{-\infty}^{+\infty}\mathrm{d}q'\langle q+q'|\hat{\rho}|q-q'\rangle\exp\left(\frac{-2ipq'}{\hbar}\right)\\ &=\frac{1}{2\pi\hbar}\int_{-\infty}^{+\infty}\mathrm{d}q'\langle q+\frac{q'}{2}|\hat{\rho}|q-\frac{q'}{2}\rangle\exp\left(\frac{-ipq'}{\hbar}\right), \end{aligned} \tag{2.7}$$

其中 $\hat{\rho}$ 表示密度算符．可以看出，Wigner 分布函数可由 Cohen 公式（2.4）中取 $g(\alpha,\beta)=1$ 得到，其对应于 Weyl 算符对应规则[74]

$$\exp(i\alpha\hat{q}+i\beta\hat{p})\Leftrightarrow\exp(i\alpha q+i\beta p). \tag{2.8}$$

对于纯态量子体系，Wigner 分布函数表示为

$$f_Q^W(q,p)=\frac{1}{2\pi\hbar}\int_{-\infty}^{+\infty}\mathrm{d}q'\psi^*\left(q-\frac{q'}{2}\right)\psi\left(q+\frac{q'}{2}\right)\exp\left(\frac{-ipq'}{\hbar}\right). \tag{2.9}$$

对于 $2n$ 维相空间中，其中 $q=\{q_1,q_2,\cdots,q_n\}$ 和 $p=\{p_1,p_2,\cdots,p_n\}$ 表示 n 维欧氏空间中的坐标和动量，则相应 Wigner 分布函数为

$$f_Q^W(q,p) = \frac{1}{(2\pi\hbar)^n}\int_\Omega \mathrm{d}q'\psi^*\left(q-\frac{q'}{2}\right)\psi\left(q+\frac{q'}{2}\right)\exp\left(\frac{-ip\cdot q'}{\hbar}\right). \tag{2.10}$$

式中，积分区域 Ω 遍及整个欧氏空间.

Wigner 分布函数的性质有以下几个.

（1）边缘条件. 对 Wigner 分布函数 $f_Q^W(q,p)$ 动量 p 进行积分，可以得到坐标空间的概率分布

$$\begin{aligned}&\int_{-\infty}^{+\infty}\mathrm{d}p f_Q^W(q,p)\\ &= \int_{-\infty}^{+\infty}\mathrm{d}q'\langle q+\frac{q'}{2}|\hat{\rho}|q-\frac{q'}{2}\rangle\delta(q')\\ &= \langle q|\hat{\rho}|q\rangle\\ &= \rho(q),\end{aligned} \tag{2.11}$$

同样地对坐标 q 整个空间进行积分，可以得到动量空间的概率分布

$$\begin{aligned}&\int_{-\infty}^{+\infty}\mathrm{d}q f_Q^W(q,p)\\ &= \int_{-\infty}^{+\infty}\mathrm{d}q\int_{-\infty}^{+\infty}\mathrm{d}q'\frac{1}{2\pi\hbar}\langle q+\frac{q'}{2}|\hat{\rho}|q-\frac{q'}{2}\rangle\exp\left(\frac{-ipq'}{\hbar}\right)\\ &= \int_{-\infty}^{+\infty}\mathrm{d}p'\langle p'|\hat{\rho}|p'\rangle\delta(p'-p)\\ &= \langle p|\hat{\rho}|p\rangle\\ &= \rho(p).\end{aligned} \tag{2.12}$$

另外，Wigner 分布函数是相空间中的实函数，并且是归一化的，

$$\begin{aligned}\mathrm{tr}(\rho) &= \int_{-\infty}^{+\infty}\mathrm{d}q\int_{-\infty}^{+\infty}\mathrm{d}p f_Q^W(q,p)\\ &= 1.\end{aligned} \tag{2.13}$$

（2）分别用坐标空间和动量空间表示的 Wigner 分布函数之间的关系. 对于一般密度算符 $\hat{\rho}$ 的 Wigner 分布函数为

$$\begin{aligned}f_Q^W(q,p) &= \frac{1}{2\pi\hbar}\int_{-\infty}^{+\infty}\mathrm{d}q'\langle q+\frac{q'}{2}|\hat{\rho}|q-\frac{q'}{2}\rangle\exp\left(\frac{-ipq'}{\hbar}\right)\\ &= \frac{1}{2\pi\hbar}\int_{-\infty}^{+\infty}\mathrm{d}p'\langle p+\frac{p'}{2}|\hat{\rho}|p-\frac{p'}{2}\rangle\exp\left(\frac{-ip'q}{\hbar}\right).\end{aligned} \tag{2.14}$$

（3）力学量算符. 力学量算符 $\hat{A}_Q(q,p)$ 相对应的量子相空间分布函数表示为

$$A_Q^W(q,p) = \int_{-\infty}^{+\infty}\mathrm{d}q'\langle q+\frac{q'}{2}|\hat{A}_Q(\hat{q},\hat{p})|q-\frac{q'}{2}\rangle\exp\left(\frac{-ipq'}{\hbar}\right). \tag{2.15}$$

该力学量算符在 Wigner 相空间中的平均值计算公式为

$$\mathrm{tr}(\hat{\rho},\ \hat{A}_Q) = \int_{-\infty}^{+\infty}\mathrm{d}q\int_{-\infty}^{+\infty}\mathrm{d}pA_Q^W(q,\ p)f_Q^W(q,\ p), \tag{2.16}$$

两个力学量算符乘积在 Wigner 相空间的迹表达式为

$$\mathrm{tr}(\hat{A}_Q\hat{B}_Q) = \frac{1}{2\pi\hbar}\int_{-\infty}^{+\infty}\mathrm{d}q\int_{-\infty}^{+\infty}\mathrm{d}pA_Q(q,\ p)B_Q(q,\ p). \tag{2.17}$$

（4）量子态间的跃迁概率．体系的两个量子态 ψ_1 和 ψ_2 之间的跃迁概率在 Wigner 相空间中的表达式为

$$|\langle\psi_2|\psi_1\rangle|^2 = 2\pi\hbar\int_{-\infty}^{+\infty}\mathrm{d}q\int_{-\infty}^{+\infty}\mathrm{d}p f_{\psi_2}^W(q,\ p)f_{\psi_1}^W Q(q,\ p), \tag{2.18}$$

式中，$f_{\psi_1}^W(q,\ p)$ 和 $f_{\psi_2}^W(q,\ p)$ 分别对应于量子态 ψ_1 和 ψ_2 的 Wigner 分布函数．

（5）正则变换．在经典相空间中刘维尔方程的解处处为正，并且能代表空间中严格的概率分布，Wigner 分布函数虽然性质上与经典相空间的刘维尔方程的解不同，但仍然满足经典正则变换．

以上关于二维 Wigner 函数的几条重要性质可以直接拓展到高维情况．

2. Husimi 分布函数

1940 年，日本著名的物理学家 Husimi[75] 用高斯函数对 Wigner 分布函数进行加权平均处理，得到了相空间中第一个处处为正的概率分布函数

$$f_Q^H(q,\ p) = \frac{1}{\pi\hbar}\int_{-\infty}^{+\infty}\mathrm{d}q'\int_{-\infty}^{+\infty}\mathrm{d}p' f_Q^W(q',\ p')\exp\left\{-\frac{\mu\kappa(q'-q)^2}{\hbar}-\frac{(p'-p)^2}{\hbar\mu\kappa}\right\}, \tag{2.19}$$

式中，μ 代表粒子质量，κ 代表任意正定参数．由 Cohen 定义式（2.4），取

$$g(\alpha,\ \beta) = \exp\left\{-\frac{\hbar\alpha^2}{4\mu\kappa}-\frac{\hbar\mu\kappa\beta^2}{4}\right\}, \tag{2.20}$$

得到的函数与 Husimi 分布函数的定义式（2.19）是等价的．

力学量算符 $\hat{A}_Q(\hat{q},\ \hat{p})$ 在 Husimi 相空间中的平均值公式为

$$\begin{aligned}\mathrm{tr}(\hat{\rho}\hat{A}_Q) &= \int_{-\infty}^{+\infty}\mathrm{d}q\int_{-\infty}^{+\infty}\mathrm{d}pA_C^H(\xi,\ \xi^*)f_Q^H(q,\ p)\\ &= \int_{-\infty}^{+\infty}\mathrm{d}q\int_{-\infty}^{+\infty}\mathrm{d}pA_C^H\left[\frac{1}{\sqrt{2\hbar\mu\kappa}}(\mu\kappa q+ip),\ \frac{1}{\sqrt{2\hbar\mu\kappa}}(\mu\kappa q-ip)\right]f_Q^H(q,\ p).\end{aligned} \tag{2.21}$$

3. 标准序和反标准序分布函数

Kirkwood[76] 根据坐标算符 $\hat{q}$ 和动量算符 $\hat{p}$ 的乘积顺序不同划分为标准序（standard ordering）和反标准序（anti-standard ordering）分布函数，其中坐标算符 $\hat{q}$ 和幂算符 $\hat{q}^n$ 总位于动量算符 $\hat{p}$ 和幂算符 $\hat{p}^n$ 之前，为标准序分布函数，记为 f_Q^S，相反，坐标算符位于动量算符之后，则为反标准序分布函数，记为 f_Q^{AS}．

在 Cohen 定义式（2.4）中，取

$$g(\alpha,\ \beta)=\exp\left(\frac{-i\alpha\beta\hbar}{2}\right), \tag{2.22}$$

即得到标准序分布函数

$$\begin{aligned}
& f_Q^S(q,\ p) \\
&= \frac{1}{4\pi^2}\int_{-\infty}^{+\infty}\mathrm{d}\alpha\int_{-\infty}^{+\infty}\mathrm{d}\beta\,\mathrm{tr}[\exp(i\alpha\hat{q})\exp(i\beta\hat{p})\hat{\rho}(\hat{q},\ \hat{p})]\exp(-i\alpha q-i\beta p) \\
&= \frac{1}{2\pi}\int_{-\infty}^{+\infty}\mathrm{d}\beta\langle q+\beta\hbar|\hat{\rho}|q\rangle\exp(-i\beta p),
\end{aligned} \tag{2.23}$$

若取

$$g(\alpha,\ \beta)=\exp\left(\frac{i\alpha\beta\hbar}{2}\right), \tag{2.24}$$

则可以得到反标准序分布函数

$$\begin{aligned}
& f_Q^{AS}(q,\ p) \\
&= \frac{1}{4\pi^2}\int_{-\infty}^{+\infty}\mathrm{d}\alpha\int_{-\infty}^{+\infty}\mathrm{d}\beta\,\mathrm{tr}[\exp(i\beta\hat{p})\exp(i\alpha\hat{q})\hat{\rho}(\hat{q},\ \hat{p})]\exp(-i\alpha q-i\beta p) \\
&= \frac{1}{2\pi}\int_{-\infty}^{+\infty}\mathrm{d}\beta\langle q|\hat{\rho}|q-\beta\hbar\rangle\exp(-i\beta p).
\end{aligned} \tag{2.25}$$

经过验证，标准序和反标准序分布函数互为复共轭

$$[f_Q^S(q,\ p)]^*=f_Q^{AS}(q,\ p). \tag{2.26}$$

纯态量子体系对应的标准序和反标准序函数分别为

$$f_Q^S(q,\ p)=\frac{1}{\sqrt{2\pi\hbar}}\psi^*(q)\phi(p)\exp\left(\frac{ipq}{\hbar}\right) \tag{2.27}$$

和

$$f_Q^{AS}(q,\ p)=\frac{1}{\sqrt{2\pi\hbar}}\psi(q)\phi^*(p)\exp\left(-\frac{ipq}{\hbar}\right), \tag{2.28}$$

式中，$\phi(p)$ 为动量表象下的波函数，是坐标表象下波函数 $\psi(q)$ 的傅里叶变换

$$\phi(p)=\frac{1}{\sqrt{2\pi\hbar}}\int_{-\infty}^{+\infty}\mathrm{d}p\psi(q)\exp\left(\frac{-ipq}{\hbar}\right). \tag{2.29}$$

4. 正则序和反正则序分布函数

所谓正则序分布函数，是指产生算符$\hat{a}^\dagger$和其幂算符（$\hat{a}^\dagger$）^{n}位于湮灭算符$\hat{a}$和其幂算符$\hat{a}^n$之前. 研究中取质量为μ，频率为 ω 的谐振子，则湮灭算符$\hat{a}$为

$$\hat{a}=\frac{1}{\sqrt{2\hbar\mu\omega}}(\mu\omega\hat{q}+i\hat{p}), \tag{2.30}$$

和产生算符$\hat{a}^\dagger$为

$$\hat{a}^\dagger=\frac{1}{\sqrt{2\hbar\mu\omega}}(\mu\omega\hat{q}-i\hat{p}). \tag{2.31}$$

在 Cohen 定义式（2.4）中，取

$$g(\alpha,\beta)=\exp\left(\frac{\hbar\alpha^2}{4\mu\omega}+\frac{\hbar\mu\omega\beta^2}{4}\right), \tag{2.32}$$

可以得到正则序分布函数，即

$$f_Q^N(q,p)=\frac{1}{4\pi^2}\int_{-\infty}^{+\infty}\mathrm{d}\alpha\int_{-\infty}^{+\infty}\mathrm{d}\beta\,\mathrm{tr}[\exp(z\hat{a}^\dagger)\exp(-z^*\hat{a})\hat{\rho}(\hat{a}^\dagger,\hat{a})]\exp(-i\alpha q-i\beta p). \tag{2.33}$$

这是量子光学中应用非常广泛的 Glauber-Sudarshan 分布函数，也叫作 P 函数. Glauber[77] 根据 P 函数定义了复杂场的连续关联函数，研究了量子理论的光学相干性. 与之相对应的反正则序分布函数，是指湮灭算符$\hat{a}$和其幂算符$\hat{a}^n$位于产生算符$\hat{a}^\dagger$和其幂算符（$\hat{a}^\dagger$）^{n}之前. 在 Cohen 定义式（2.4）中，取

$$g(\alpha,\beta)=\exp\left(-\frac{\hbar\alpha^2}{4\mu\omega}-\frac{\hbar\mu\omega\beta^2}{4}\right), \tag{2.34}$$

可以得到相应的反正则序分布函数，也叫作 Q 函数，即

$$f_Q^{AN}(q,p)=\frac{1}{4\pi^2}\int_{-\infty}^{+\infty}\mathrm{d}\alpha\int_{-\infty}^{+\infty}\mathrm{d}\beta\,\mathrm{tr}[\exp(-z^*\hat{a})\exp(z\hat{a}^\dagger)\hat{\rho}(\hat{a},\hat{a}^\dagger)]\exp(-i\alpha q-i\beta p). \tag{2.35}$$

Q 函数在相空间中处处为正，在量子光学中有着广泛的应用，如研究了电磁场的统计理论，指出 Fock 表示的密度矩阵可以通过 Q 函数唯一确定[78].

2.2　数据统计与分析的密度估计

在数理统计中，概率密度函数是一个最基本的概念[79~83]. 例如研究某一数组 X 时，可以用概率密度函数 f 来表述该数组的分布情况. 关于 X 的概率可以由下面的关系式得到

$$P(a<X<b)=\int_a^b f(x)\mathrm{d}x. \tag{2.36}$$

在数理统计问题中，所研究对象的全体组成的集合称为总体（population），而其中每个元素称为个体. 研究过程中总体的分布是未知的，通常的做法是通过从总体中抽样出部分个体，根据获得的数据反过来推断出

总体分布情况，这些被抽取的部分个体在统计学上称为样本. 样本中所含个体的数目称为样本容量. 抽样的目的是对总体分布或者它的数字特征进行推断分析，这样就要求抽取的样本能很好地反映出总体的特征. 通常对抽样方法有以下两点要求.

1. 代表性

总体中每个个体都有同等概率被抽入样本，从而意味着样本中每个个体与所研究的总体具有同样的分布.

2. 独立性

样本中每个个体取什么值并不影响其他个体的取值情况，也就是说样本容量为 n 的样本（X_1，X_2，…，X_n），可以看作 n 维独立随机变量.

样本作为总体的代表和反映，在获得样本之后，下面就要对样本进行统计分析，也就是对样本进行加工、整理，针对不同的问题构造一些特殊的样本函数，这样可以把样本中所含的信息集中起来，并利用样本函数进行统计推断. 例如设（X_1，X_2，…，X_n）是总体 X 的一个样本，$g(X_1, X_2, \cdots, X_n)$ 是（X_1，X_2，…，X_n）的 n 元函数，且 g 中不含未知函数，则称 $g(X_1, X_2, \cdots, X_n)$ 为一个统计量. 也可以认为统计量是不含任何未知参数的样本函数，其完全取决于样本. 由于（X_1，X_2，…，X_n）是随机变量，而统计量 $g(X_1, X_2, \cdots, X_n)$ 是随机变量的函数，所以统计量也是一个随机变量. 例如，设x_1，x_2，…，x_n是相应于样本（X_1，X_2，…，X_n）的样本值，则称 $g(x_1, x_2, \cdots, x_n)$ 为 $g(X_1, X_2, \cdots, X_n)$ 的观测值.

2.2.1 抽样分布

统计量的分布称为抽样分布. 在数理统计问题中，为了统计推断的需要，要考虑各种统计量的概率分布. 下面介绍正态总体的几种常见抽样分布.

1. χ^2分布

1863 年，阿皮（Abbe）首先给出了χ^2分布的概念，然后分别在 1875 年和 1900 年由海尔默（Hermert）和 K. 皮尔逊（K. Pearson）独立地推出. 设 X_1，X_2，…，X_n为相互独立的随机变量，且都服从标准正态分布 $N(0, 1)$，那么随机变量

$$Y = X_1^2 + X_2^2 + \cdots + X_n^2 \tag{2.37}$$

代表自由度为 n 的χ^2分布.

随机变量χ^2的概率密度函数为

$$y=\begin{cases}\dfrac{1}{2^{\frac{n}{2}}\Gamma\left(\dfrac{n}{2}\right)}x^{\frac{n}{2}-1}e^{-\frac{x}{2}}, & x>0,\\ 0, & x\leqslant 0.\end{cases} \tag{2.38}$$

χ^2分布的性质有以下两点.

(1) 假设$\chi_1^2\sim\chi^2(n_1)$, $\chi_2^2\sim\chi^2(n_2)$, 且χ_1^2和χ_2^2相互独立, 则有$\chi_1^2+\chi_2^2\sim\chi^2(n_1+n_2)$.

(2) 假设$\chi^2\sim\chi^2(n_1)$, 则有$E(\chi^2)=n$, $D(\chi^2)=2n$, 即χ^2分布的均值等于其自由度, 方差等于自由度的2倍.

对于给定的数值α, 其中$0<\alpha<1$, 则满足条件

$$P[\chi^2>\chi_\alpha^2(n)]=\int_{\chi_\alpha^2(n)}^{\infty}f(x)\,dx=\alpha \tag{2.39}$$

的点$\chi_\alpha^2(n)$ 为$\chi^2(n)$ 分布上的α分位点.

2. t分布

1908年, 戈赛特 (W. S. Gosset) 在一篇论文题目为 "Student" 的文章中首先提出来的, 因此又称学生氏分布. 设随机变量$X\sim N(0, 1)$ 和$Y\sim\chi^2(n)$, 并且X和Y相互独立, 称随机变量

$$t=\frac{X}{\sqrt{Y/n}} \tag{2.40}$$

是自由度为n的t分布. 那么随机变量t的概率密度函数为

$$f(t)=\frac{\Gamma\left(\dfrac{n+1}{2}\right)}{\Gamma\left(\dfrac{n}{2}\right)\sqrt{n\pi}}\left(1+\frac{t^2}{n}\right)^{-\frac{n+1}{2}},\quad -\infty<t<+\infty. \tag{2.41}$$

对于给定的数值α, 其中$0<\alpha<1$, 则满足条件

$$P[t>t_\alpha(n)]=\int_{t_\alpha(n)}^{\infty}f(t)\,dt=\alpha \tag{2.42}$$

的点$t_\alpha(n)$ 是$t(n)$ 分布上的α分位点.

3. F分布

F分布是费希尔 (R. A. Fisher) 最早提出的, 以其姓氏的第一个英文字母命名. 假设随机变量$X\sim\chi_m^2$和$Y\sim\chi_n^2$, 并且X与Y相互独立, 则随机变量

$$F=\frac{X/m}{Y/n} \tag{2.43}$$

为自由度 (m, n) 的F分布, 记为$F\sim F_{m,n}$.

$F_{m,n}$分布的概率密度函数为

$$y=\begin{cases}\dfrac{\Gamma\left(\dfrac{n_1+n_2}{2}\right)}{\Gamma\left(\dfrac{n_1}{2}\right)\Gamma\left(\dfrac{n_2}{2}\right)}\cdot\dfrac{n_1}{n_2}\left(\dfrac{n_1}{n_2}x\right)^{\frac{n_1}{2}-1}\left(1+\dfrac{n_1}{n_2}x\right)^{-\frac{n_1+n_2}{2}}, & x>0,\\ 0, & x\leqslant 0.\end{cases} \tag{2.44}$$

F 分布具有如下重要性质.

(1) 设 $X\sim F_{m,n}$，记为 $Y=1/X$，则有 $Y\sim F_{n,m}$.

(2) 设 $X\sim t_n$，则有 $X^2\sim F_{1,n}$.

4. 正态总体的样本均值和样本方差分布

对于正态总体而言，样本均值和样本方差及统计量的抽样分布具有非常重要的理论意义，它们为研究统计问题奠定了坚实的基础. 该分布具有如下性质.

设 X_1，X_2，…，X_n是取自正态总体 $N(\mu,\sigma^2)$ 的样本，则有以下几点成立.

(1) $\overline{X}\sim N\left(\mu,\dfrac{\sigma^2}{n}\right)$.

(2) $(n-1)S^2/\sigma^2\sim\chi^2_{n-1}$.

(3) $\overline{X}$与 S^2相互独立.

(4) $\dfrac{\overline{X}-\mu}{S/\sqrt{n}}\sim t_{n-1}$.

其中$\overline{X}$表示样本均值，S^2代表样本方差，即

$$\overline{X}=\frac{1}{n}\sum_{i=1}^{n}X_i,\ S^2=\frac{1}{n-1}\sum_{i=1}^{n}(X_i-\overline{X})^2. \tag{2.45}$$

2.2.2 总体分布的估计

1. 分布函数估计

在许多问题中，并不知道总体分布函数 $F(x)$ 的具体分布类型，却要估计出 $F(x)$. 为了得到总体分布函数 $F(x)$ 对应的统计量——经验分布函数，可以通过下面的做法来实现. 设 X_1，X_2，…，X_n为总体 X 的一个样本，用 $S(x)(-\infty<x<\infty)$ 代表 X_1，X_2，…，X_n中不大于 x 的随机变量的个数. 经验分布函数 $F_n(x)$ 可以表示为

$$F_n(x)=\frac{1}{n}S(x),\quad -\infty<x<+\infty. \tag{2.46}$$

根据一个样本值，可以很容易得到经验分布函数 $F_n(x)$ 的观测值. 例

如，设总体 X 具有一个样本值1，2，3，相应的经验分布函数 $F_3(x)$ 的观测值为

$$F_3(x)=\begin{cases}0, & x<1,\\ \frac{1}{3}, & 1\leqslant x<2,\\ \frac{2}{3}, & 2\leqslant x<3,\\ 1, & x\geqslant 3.\end{cases} \tag{2.47}$$

一般而言，设 x_1，x_2，…，x_n 是容量为 n 的总体 X 的一个样本值. 先将 x_1，x_2，…，x_n 按从小到大的顺序排列，并且重新编号

$$x_{(1)}\leqslant x_{(2)}\leqslant\cdots\leqslant x_{(n)}, \tag{2.48}$$

那么经验分布函数 $F_n(x)$ 的观测值为

$$F_n(x)=\begin{cases}0, & x<x_{(1)},\\ \frac{k}{n}, & x_{(k)}\leqslant x<x_{(k+1)},\\ 1, & x\geqslant x_{(n)}.\end{cases} \tag{2.49}$$

将 x 固定，那么 $F_n(x)$ 是样本中事件“$x_i\leqslant x$”发生的概率. 将 n 固定，$F_n(x)$ 表示样本的函数，是一个随机变量，可以证明 $F_n(x)$ 为一个分布函数.

2. 概率密度估计

目前已经有很多种概率密度估计方法，这里主要介绍几种应用较为广泛的估计方法. 此类估计方法是基于概率密度分布函数的一个基本性质：设 x 的小区间为 $[\alpha, \beta]$，那么

$$f(x)\approx\frac{P(\alpha\leqslant X\leqslant\beta)}{\beta-\alpha}. \tag{2.50}$$

用 (α, β) 代表样本 X_1，X_2，…，X_n 中落入区间 $[\alpha, \beta]$ 的个数，根据频率估计概率的基本原理

$$\hat{P}(\alpha\leqslant X\leqslant\beta)=\frac{M(\alpha, \beta)}{n}, \tag{2.51}$$

取

$$f(x)=\frac{\hat{P}(\alpha\leqslant X\leqslant\beta)}{\beta-\alpha}=\frac{1}{n(\beta-\alpha)}M(\alpha, \beta), \quad x\in[\alpha, \beta]. \tag{2.52}$$

具体做法分为以下两种：一种是“根据 $[\alpha, \beta]$ 定 x”，就是把实轴分割成各个不同的并且不相交的区间 $[\alpha, \beta]$，每个 $[\alpha, \beta]$ 内的所有 x 都使用同一个 $[\alpha, \beta]$；另一种方法是“根据 x 定 $[\alpha, \beta]$”，就是对每个 x 选择一

个合适的包含 x 的区间 $[\alpha_x, \beta_x]$，并且只对这个 x 使用 $[\alpha_x, \beta_x]$. 下面具体介绍三种常用的概率密度估计方法.

1）直方图法

具体做法如下.

（1）找出样本 $x_1, x_2, \cdots, x_n$ 的最小值和最大值，分别记为 $x_{(1)}, x_{(n)}$.

（2）选取区间 $[a, b]$，其下限略小于 $x_{(1)}$，上限略大于 $x_{(n)}$.

（3）将区间 $[a, b]$ 分成 m 个小区间（这种区间长度可以不相等）. 如果采用等长度法，分割成 m 个小区间，设

$$a = t_0 < t_1 < t_2 < \cdots < t_m = b, \tag{2.53}$$

其中 $t_{i+1} - t_i = \dfrac{b-a}{m}$，$i = 0, 1, \cdots, m$.

（4）数出样本值落在各小区间的个数，计算 X 在各小区间的频率 $f_i = \dfrac{n_i}{n}$，$i = 0, 1, \cdots, m-1$.

（5）在每个小区间 $[t_i, t_{i+1}]$ 内，根据式（2.52）有

$$\hat{f}(x) = \frac{f_i}{t_{i+1} - t_i}. \tag{2.54}$$

（6）画出直方图，横轴 x 上标出各个小区间 $[t_i, t_{i+1}]$，并以其为底，以 $y_i = \dfrac{f_i}{t_{i+1} - t_i}$ 为高作矩形. 这样作出的一排矩形叫作频率直方图.

可以看出当 n 很大时，频率接近于概率，即每个小区间上的矩形面积接近于概率密度曲线之下的曲边梯形面积. 一般而言，直方图的外廓曲线接近于总体 X 的概率密度曲线，n 越大，直方图的外廓曲线更接近于总体 X 的概率密度曲线. 直方图估计方法简单易行，可以反映密度函数的基本特征. 但是由于直方图不连续，从统计角度看该方法效率比较低.

2）核估计法

对应于每个 x，可以构造区间 $\left(x - \dfrac{h}{2}, x + \dfrac{h}{2}\right)$，设样本值 $x_1, x_2, \cdots, x_n$ 落入该区间的个数为 $M(x, h)$，根据式（2.52），取

$$\hat{f}(x) = \frac{1}{nh} M(x, h). \tag{2.55}$$

式（2.55）为 R. 布拉特（R. Blatt）估计.

设

$$k(x) = \begin{cases} 1, & -\dfrac{1}{2} \leqslant x \leqslant \dfrac{1}{2}, \\ 0, & \text{其他}, \end{cases} \tag{2.56}$$

则式（2.55）可以变换成

$$\hat{f}(x) = \frac{1}{nh}\sum_{i=1}^{n} k\left(\frac{x - x_i}{n}\right). \tag{2.57}$$

在式（2.56）中 $k(x)$ 只能是 $\left[-\frac{1}{2}, \frac{1}{2}\right]$ 区间上均匀分布的密度函数. 然而，1962 年，帕尔森（Parze）将 $k(x)$ 推广为一般密度函数.

设 $k(x)$ 为 $(-\infty, +\infty)$ 区间上的非负函数，并且满足归一化条件

$$\int_{-\infty}^{+\infty} k(x)\,\mathrm{d}x = 1, \tag{2.58}$$

则称

$$\hat{f}(x) = \frac{1}{nh}\sum_{i=1}^{n} k\left(\frac{x - x_i}{h}\right) \tag{2.59}$$

为未知密度函数 $f(x)$ 的核估计，其中 $k(x)$ 为核函数.

3）最近邻估计法

1965 年，G. D. 罗夫（Lofts Gar Den）和 B. 乔森（Quesen Berrg）首先提出的最近邻估计方法，该方法与核估计法顺序相反，即先选样本落入的频数再建立区间. 选定和 n 相关的整数 $k = k_n$，$1 \leqslant k < n$，如 $k_n = \left[\frac{n}{2}\right]$，对于固定的 $x \in R$，记为

$a_n(x) = \min\{a$：$[x-a, x+a]$ 中包含样本值 x_1，x_2，…，x_n 中的 k_n 个$\}$.

对每个 $a_n(x)$，有

$$P(x \in [x - a_n(x), x + a_n(x)]) \simeq 2a_n(x)f(x). \tag{2.60}$$

那么在 X_1，X_2，…，X_n 中落入区间 $[x - a_n(x), x + a_n(x)]$ 中大约有 $[2na_n(x)f(x)]$ 个观测值，因此 $f(x)$ 的估计可以令 $2na_n\hat{f}(x) = k_n$ 得到，于是定义

$$\hat{f}(x) = \frac{k_n}{2a_n(x)n}, \tag{2.61}$$

表示 $f(x)$ 的最近邻估计.

2.2.3　参数估计

在许多实际统计问题中，根据问题本身的专业知识或者适当的统计方法，有时候可以判断出总体分布的类型，但是总体分布函数的参数往往是未知的，还需要通过样本进行估计. 例如，假设某城市在单位时间（如一个月）内发生交通事故的次数服从泊松分布 $p(\boldsymbol{\lambda})$，但参数 $\boldsymbol{\lambda}$ 是未知的，需要样本来估计. 通过从总体中抽取样本估计总体分布中包含的未知参数，称为参数估计

(parameter estimation). 参数估计是统计推断的一种基本形式，是数理统计学的一个重要分支，包含点估计和区间估计两部分. 点估计是根据样本估计总体分布中所含的未知参数或未知参数的函数，通常为总体的某个特征值，如方差、数学期望值和相关系数等.

点估计方法为：假设已知总体 X 的分布函数 $F(x, \theta)$ 的形式，其中 θ 为未知参数. 从总体 X 中抽取样本 $X_1, X_2, \cdots, X_n$，构造一个适当的统计量 $\hat{\theta}(X_1, X_2, \cdots, X_n)$ 作为参数 θ 的估计，称 $\hat{\theta}(X_1, X_2, \cdots, X_{-n})$ 为参数 θ 的点估计量；用该统计量的观测值 $\hat{\theta}(x_1, x_2, \cdots, x_n)$ 作为未知参数 θ 的近似值，则称 $\hat{\theta}(x_1, x_2, \cdots, x_n)$ 为 θ 的点估计值. 现在介绍两种构造点估计的常用方法.

1. 矩估计法

19 世纪末，K. Pearson 首先提出的矩估计法，用样本矩估计总体矩，从而得到总体分布中未知参数估计量，如用样本均值估计总体均值. 矩估计法的具体实现途径如下：

设总体分布函数有 m 个参数 $\theta_1, \theta_2, \cdots, \theta_m$，那么 X 的前 m 阶矩记为

$$\mu_k = \mu_k(\theta_1, \theta_2, \cdots, \theta_m),\ k = 1, 2, \cdots, m. \tag{2.62}$$

取样本的 k 阶原点矩 A_k 为总体 k 阶原点矩 μ_k 的估计量为

$$\hat{\mu}_k = \frac{1}{n}\sum_{i=1}^{n} X_i^k,\ k = 1,2,\cdots,m. \tag{2.63}$$

可以得到方程组

$$\begin{cases} \mu_1(\theta_1, \theta_2, \cdots, \theta_m) = \hat{\mu}_1, \\ \mu_2(\theta_1, \theta_2, \cdots, \theta_m) = \hat{\mu}_2, \\ \cdots\cdots \\ \mu_m(\theta_1, \theta_2, \cdots, \theta_m) = \hat{\mu}_m. \end{cases} \tag{2.64}$$

解方程组得

$$\begin{cases} \hat{\theta}_1 = \hat{\theta}_1(X_1, X_2, \cdots, X_n), \\ \hat{\theta}_2 = \hat{\theta}_2(X_1, X_2, \cdots, X_n), \\ \cdots\cdots \\ \hat{\theta}_m = \hat{\theta}_m(X_1, X_2, \cdots, X_n). \end{cases} \tag{2.65}$$

其中 $\hat{\theta}_1, \hat{\theta}_2, \cdots, \hat{\theta}_m$ 分别是 $\theta_1, \theta_2, \cdots, \theta_m$ 的矩估计量. 矩估计法计算较为简单，原则上样本容量 n 越大，矩估计值越可能接近参数真实值. 从以上步骤可以看出矩法的本质就是替换，用样本矩替换总体矩，此方法优点是可操作性强.

2. 最大似然估计

最大似然估计法思想首先是由高斯提出来的，1912 年由英国统计学家 R. A. 费希尔在一篇文章中重新提出该方法，并取名最大似然估计，证明了该方法的某些性质. 设总体的概率密度函数为 $f(x, \theta_1, \cdots, \theta_n)$，$X_1$，$X_2$，…，$X_n$是从总体抽出的样本，那么 X_1，X_2，…，X_n的联合概率密度函数可以表示为

$$L(x_1, x_2, \cdots, x_n; \theta_1, \theta_2, \cdots, \theta_k) = \prod_{i=1}^{n} f(x_i, \theta_1, \cdots, \theta_k), \quad (2.66)$$

其中 θ_1，θ_2，…，θ_k表示固定但未知的参数. 如果把 x_1，x_2，…，x_n看成固定的，则 $L(x_1, x_2, \cdots, x_n; \theta_1, \theta_2 \cdots, \theta_k)$ 为θ_1，θ_2，…，θ_k的函数，称其为似然函数. 如果对两组不同的参数值 θ_1'，θ_2'，…，θ_k'和 θ_1''，θ_2''，…，θ_k^k，它们的似然函数关系为

$$L(x_1, x_2, \cdots, x_n; \theta_1', \theta_2' \cdots, \theta_k') > L(x_1, x_2, \cdots, x_n; \theta_1'', \theta_2'', \cdots, \theta_k''). \quad (2.67)$$

由于 $L(x_1, x_2, \cdots, x_n; \theta_1', \theta_2', \cdots, \theta_k')$ 表示概率密度函数，那么式（2.67）表示参数 θ_1'，θ_2'，…，θ_k'比 θ_1''，θ_2''，…，θ_k''使 x_1，x_2，…，x_n出现的可能性大，说明参数 θ_1'，θ_2'，…，θ_k'比θ_1''，θ_2''，…，θ_k''更接近真实的参数. 若用使似然函数为最大值的点 θ_1^*，θ_2^*，…，θ_k^* 作为未知参数的估计，则称为最大似然估计.

当然还有许多其他估计方法，如最小二乘法，该方法主要用于估计线性统计模型中的参数；贝叶斯估计法，该方法是基于贝叶斯统计观点而提出的估计方法. 用来估计未知参数的估计量有很多，这就产生了如何选择一个优良估计量的问题. 首先必须给出优良性的准则，这种准则并不是唯一的，可以根据实际问题和理论研究的方便性进行选择. 一般来说，优良性准则分为两大类：一类是小样本准则，即当样本大小固定时的优良性准则；另一类是大样本准则，即当样本大小接近无穷时的优良性准则. 最重要的小样本优良性准则是无偏性，无偏估计实际是指估计量无系统误差. 其次还有容许性准则、最优同变准则和最小化最大准则等. 大样本优良性准则包括相合性、渐近有效估计和最优渐近正态估计等.

用统计量对未知参数进行估计，根据样本的具体观测值可以得出未知参数的近似值. 在实际问题中，不仅要知道未知参数的近似值，还需要知道估计误差，即要知道近似值的精确度. 所求真值的范围以及这个范围所包含参数真值的可信度，这样的范围一般以区间的形式给出，这种形式的估计为区间估计，该区间为置信区间. 设总体 X 的分布函数 $F(x, \theta)$ 有未知参数 θ，θ

$\in \Theta$（Θ 为 θ 的可能取值范围），给定值 $\alpha(0<\alpha<1)$，若由样本 X_1，X_2，…，X_n 确定的两个统计量 $\hat{\theta}_1(X_1, X_2, \cdots, X_n)$ 和 $\hat{\theta}_2(X_1, X_2, \cdots, X_n)$ 满足关系

$$P(\hat{\theta}_1<\theta<\hat{\theta}_2) \geqslant 1-\alpha, \ \forall \theta \in \Theta, \tag{2.68}$$

则随机区间（$\hat{\theta}_1$，$\hat{\theta}_2$）是 θ 的置信水平为 $1-\alpha$ 的置信区间，$\hat{\theta}_1$ 和 $\hat{\theta}_2$ 表示置信水平为 $1-\alpha$ 的双侧置信区间的置信上限和置信下限，$1-\alpha$ 表示置信水平. 区间估计的意义：如果反复抽样多次（各次样本容量相同），每个样本值确定一个区间（$\hat{\theta}_1$，$\hat{\theta}_2$），θ 的真值要么在区间中，要么不在该区间. 在这些随机区间中，大约有 $100\times(1-\alpha)\%$ 的区间包含 θ 的真值，仅有 $100\alpha\%$ 的区间不包含 θ 的真值. 可以理解为，同一参数 θ 有很多的置信区间，相同长度的置信区间中，置信水平越高越好；而在相同置信水平的区间中，区间短者好. 寻求未知参数的具体步骤如下.

（1）寻找一个含有未知参数的样本函数 $Z(X_1, X_2, \cdots, X_n; \theta)$，并且分布已知.

（2）对于给定的置信度 $1-\alpha$，给出两个常数 a、b，使

$$P[a<Z(X_1, X_2, \cdots, X_n; \theta)<b] \geqslant 1-\alpha. \tag{2.69}$$

（3）从 $a<Z(X_1, X_2, \cdots, X_n; \theta)<b$ 解出等价的不等式 $\hat{\theta}_1<\theta<\hat{\theta}_2$，其中

$$\hat{\theta}_1=\hat{\theta}_1(X_1, X_2, \cdots, X_n) \tag{2.70}$$

和

$$\hat{\theta}_2=\hat{\theta}_2(X_1, X_2, \cdots, X_n) \tag{2.71}$$

都为统计量，（$\hat{\theta}_1$，$\hat{\theta}_2$）表示 θ 的一个置信水平为 $1-\alpha$ 的置信区间.

2.3　相空间中的量子轨线

自从古人用镰刀在土地上的划痕来描述物体的运动，人们就知道轨线（路径随时间的演化）能本质地描述动力学现象. 该理论最终形成了由牛顿、拉格朗日、哈密顿等描述粒子运动的经典动力学. 尽管经典动力学中包含许多复杂的数学思想，其基础仍然是粒子的运动状态，可以用它在每一时刻的坐标和动量来精确描述.

当考虑物质原子分子水平上的结构及其运动属性时，只有运用量子力学理论才能够正确处理[84,85]. 众所周知，量子力学理论在解释各种实验现象和在许多领域上的应用已取得了令人惊叹的成就. 例如，利用该理论可以解释许多问题，如不确定性原理、波粒二相性、波函数坍缩、纠缠等. 在这段历史中，主要期望用隐变量来描述粒子在量子体系中的实际运动，就像经典轨

迹能明确描述粒子运动状态一样. 沿着这条道路发展，特别是 Bell 定理，排除了隐变量并且强制保留了量子力学中非经典和非直观元素.

大多数理论的应用，无论是基于经典力学或者量子力学来描述体系，都是为解决实际问题而不是由于哲学方面的原因. 这通常是经典力学比量子力学有利的一方面. 这里考虑用经典轨线和系综平均来模拟分子体系的量子过程. 主要考虑如何应用这种方法来模拟分子动力学问题而不是为了解释这种观点.

对于简单体系，可以非常容易地用数值求解含时薛定谔方程. 对于复杂的多体体系，标准量子力学方法计算耗时随着维数和粒子数目的增多而指数型增大，所以这种方法很难拓展到高维，必须引入近似方法进行处理. 目前已经发展了许多近似方法，其中包括平均场方法、半经典和混合的经典量子方法以及现象约化描述等.

在许多情况下，一个行之有效的处理办法即简单地忽略量子效应，运用经典力学描述分子体系中原子的运动，该方法称为经典分子动力学方法. 通常根据此方法描述多粒子体系的运动，其中高温、大质量或者其他在原子运动中会产生量子效应的因素都被忽略了. 经典分子动力学模拟一般通过下面步骤来实现，首先选取合适的初始条件，然后通过求解适当的哈密顿方程或者牛顿运动方程得到它们之间的相互作用力. 对于高维问题，计算单条轨线，要比数值积分相应量子体系的含时波包容易得多. 除非所需信息通过单条轨线可以完全得到，大多数情况需要计算包含足够多条轨线的系综. 轨线系综在相空间中的演化，可以看作量子波包演化最直接的经典对应，同样基于系综的力学量统计平均值与量子力学算符的期望值相对应.

2.3.1　相空间动力学

经典体系的态可以用相空间概率分布函数 $\rho(q,\ p,\ t)$ 表示. 概率分布函数 $\rho(q,\ p,\ t)$ 在相空间中的演化遵循经典刘维尔方程[86]

$$\frac{\partial \rho}{\partial t}=\{H,\ \rho\}. \tag{2.72}$$

为了方便，这里只考虑一维体系. q 和 p 分别表示正则坐标和动量，$H(q,\ p)=p^2/2m+V(q)$ 表示体系的哈密顿量，其中 m 为质量，$V(q)$ 为势能函数，$\{H,\ \rho\}$ 为关于 H 和 ρ 的泊松括号

$$\{H,\ \rho\}\equiv\frac{\partial H}{\partial q}\frac{\partial \rho}{\partial p}-\frac{\partial \rho}{\partial q}\frac{\partial H}{\partial p}. \tag{2.73}$$

在经典分子动力学中，从初始概率分布函数 $\rho(q,\ p,\ 0)$ 中取样出 N 个点 $q_k(0)$ 和 $p_k(0)(k=1,\ 2,\ \cdots,\ N)$ 来表示一个轨线系综. 相空间轨线的演

化可以通过对哈密顿方程进行积分得到

$$\dot{q} = \frac{\partial H}{\partial p}, \tag{2.74}$$

$$\dot{p} = -\frac{\partial H}{\partial q}, \tag{2.75}$$

其中 $q_k(0)$ 和 $p_k(0)$ 为初始条件. 除了由于取有限个点产生的统计误差以外，$\rho(q, p, t)$ 由点（q, p）附近演化轨线（$q_k(t)$, $p_k(t)$）的定域相空间密度得到. 经典函数 $\rho(q, p, t)$ 和相空间轨线系综（$q_k(t)$, $p_k(t)$）演化之间的关系，可以由图 2.1（a）表示. 从图中可以看出，轨线之间没有相互作用，系综成员之间是相互独立的演化.

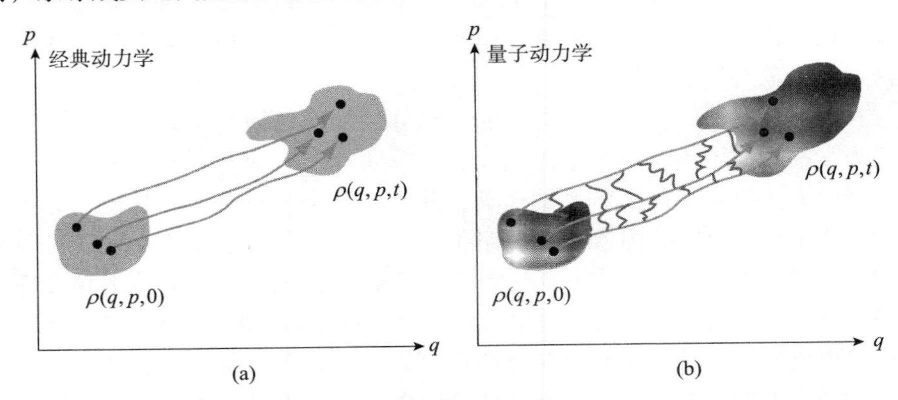

图 2.1　相空间中经典轨线和量子轨线的演化示意图.（a）图表示经典轨线，轨线相互独立地演化，（b）图表示量子轨线，轨线成员之间存在相互作用，打破了系综成员的统计独立性关系（本图形选自文献［87］第 97 页）

本节的目标是用类似相空间轨线系综观点来描述量子力学. 为了实现这个目标，采用量子力学的 Wigner 相空间表述形式[73,88]. 上面用的是经典力学方法来描述体系量子态，现在采用波函数 $\psi(q, t)$ 来描述该体系的态，其中波函数为含时薛定谔方程的解. 与波函数等价的相空间描述可以由 Wigner 函数 $\rho_w(q, p, t)$ 具体给出. 密度算符 $\hat{\rho}$ 相应的 Wigner 函数表达式为

$$\rho_w(q, p, t) = \frac{1}{2\pi\hbar}\int_{-\infty}^{+\infty}\left\langle q - \frac{y}{2}\right|\hat{\rho}(t)\left|q + \frac{y}{2}\right\rangle e^{ipy/\hbar}\mathrm{d}y. \tag{2.76}$$

对于纯态体系的含时波函数 $\psi(q, t)$ 的 Wigner 函数可以表示成

$$\rho_w(q, p, t) = \frac{1}{2\pi\hbar}\int_{-\infty}^{+\infty}\psi^*\left(q + \frac{y}{2}, t\right)\psi\left(q - \frac{y}{2}, t\right)e^{ipy/\hbar}\mathrm{d}y. \tag{2.77}$$

Wigner 函数的运动方程为

$$\frac{\partial\rho_w}{\partial t}=-\frac{p}{m}\frac{\partial\rho_w}{\partial q}+\int_{-\infty}^{+\infty}J(q,p-\xi)\rho_w(q,\xi,t)\mathrm{d}\xi, \tag{2.78}$$

其中

$$J(q,p)=\frac{i}{2\pi\hbar^2}\int_{-\infty}^{+\infty}\left[V\left(\frac{q+y}{2}\right)-V\left(\frac{q-y}{2}\right)\right]\mathrm{e}^{-ipy/\hbar}\mathrm{d}y. \tag{2.79}$$

如果体系的势能 $V(q)$ 可以展开成坐标 q 乘方幂的形式

$$V\left[\left(q+\frac{y}{2}\right)-V\left(q-\frac{y}{2}\right)\right]=V'(q)y+\frac{1}{24}V'''(q)y^3+\frac{2}{2^5 5!}V^{(5)}y^5+\cdots, \tag{2.80}$$

则核 $J(q,p)$ 可以表示成

$$J(q,p)=\frac{i}{2\pi\hbar^2}\int_{-\infty}^{+\infty}\left[V'(q)y+\frac{1}{24}V'''(q)y^3+\cdots\right]\mathrm{e}^{-ipy/\hbar}\mathrm{d}y. \tag{2.81}$$

利用 delta 函数的定义式

$$\delta(p)=\frac{1}{2\pi\hbar}\int_{-\infty}^{+\infty}\mathrm{e}^{\pm ipy/\hbar}\mathrm{d}y, \tag{2.82}$$

及其满足的等式

$$\begin{aligned}\frac{1}{2\pi\hbar}\int_{-\infty}^{+\infty}y^k\,\mathrm{e}^{\pm ipy/\hbar}\mathrm{d}y&=(\mp i\hbar)^k\frac{\mathrm{d}^k}{\mathrm{d}p^k}\frac{1}{2\pi\hbar}\int_{-\infty}^{+\infty}\mathrm{e}^{\pm ipy/\hbar}\mathrm{d}y\\&=(\mp i\hbar)^k\frac{\mathrm{d}^k\delta(p)}{\mathrm{d}p^k},\end{aligned} \tag{2.83}$$

可以得到

$$J(q,p)=-V'(q)\delta'(p)+\frac{\hbar^2}{24}V'''(q)\delta'''(p)+\cdots, \tag{2.84}$$

那么相应的$\hbar$乘方幂的运动方程可以写成

$$\frac{\partial\rho_w}{\partial t}=-\frac{p}{m}\frac{\partial\rho_w}{\partial q}+V'(q)\frac{\partial\rho_w}{\partial p}-\frac{\hbar^2}{24}V'''(q)\frac{\partial^3\rho_w}{\partial p^3}+\cdots, \tag{2.85}$$

式中的“′”表示势能对坐标 q 的导数. 式（2.85）中$\hbar$的高阶偶次项，势能 V 对于坐标的高阶奇数次求导以及相应 Wigner 函数对 p 的导数都省略了. 可以看出在经典近似下（$\hbar\to 0$），也就是式（2.85）中含有$\hbar$ 的项消失了，Wigner 函数成了相空间中经典刘维尔方程的解.

把 Wigner 函数看作概率分布是非常吸引人的，类似于经典刘维尔方程和相空间概率密度. 虽然 Wigner 函数为实函数，但是 Wigner 函数演化过程中会有负值出现，所以使这个过程变得非常复杂了. 可以在相空间中建立正定的概率分布函数来真实地描述量子力学，其中一个典型的例子就是 Husimi 分布函数[89]. Husimi 分布函数是由相空间中的最小不确定高斯函数来平滑处理 Wigner 函数而得到的. 本节后面的内容会详细说明这个问题. 在经典力学中可以建立分布函数和单条轨线之间的关系，然而由于量子力学的非定域性，不允许把量子分布函数任意细分成相互独立的元素. 更为准确地表述，量子力学认为整个量子态必须作为一个整体向前传播. 如果想基于轨线系综来描述量子运动的非定域性，必须摒弃轨线的统计独立性，轨线系综成员之间必须有相互作用. 这种相互作用或者纠缠可以用图 2.1（b）形象地描述. 从图中可以看出，轨线之间存在相互作用，整个轨线系综相互纠缠作为一个整体向前演化.

2.3.2　量子轨线

最近，Martens 等人用经典轨线模拟的方法来求解 Wigner 表象下的量子刘维尔方程[90~92]. 在这个方法中，他们用轨线系综来表示该体系的含时态 $\rho(q, p, t)$. 正如上面所说，在经典力学中，轨线遵循经典哈密顿正则方程，所以轨线成员可以独立地演化. 但是由于量子态的非定域性，不能将其任意细分和独立处理，因为这违背不确定性原理. 在他们的研究方法中，把量子力学的非定域性，看作破坏轨线系综成员间统计独立性的原因. 他们用轨线成员间的非经典力来模拟相应波包演化的量子效应. 近年来物理化学文献中涌现出许多关于量子轨线方法的研究[87,93~97]. 可以基于分布函数在相空间的连续性和守恒性推导出轨线运动方程，Wigner 函数在相空间中的迹是守恒的：$\mathrm{Tr}\rho_w = \int \rho \mathrm{d}q\mathrm{d}p = 1$，相空间的流 $j=\rho v$，轨线系综的演化必须满足连续性方程

$$\frac{\partial \rho}{\partial t} + \nabla \cdot j = 0, \tag{2.86}$$

其中∇表示相空间梯度. 根据运动方程，分辨出概率流 j 在刘维尔方程中的具体分叉形式，从而找出相应矢量场 $v=j/\rho$，然后利用（$\dot{q}$，$\dot{p}$）$=v$ 来得到相空间轨线的运动形式.

首先考虑严格的经典近似. 在经典近似情况下，式（2.85）中含有的$\hbar$项消失了，相空间概率密度满足经典刘维尔方程

$$\frac{\partial \rho}{\partial t} = -\nabla \cdot j = \{H, \rho\}. \tag{2.87}$$

注意 $\partial \dot{q} / \partial q + \partial \dot{p} / \partial p = 0$，可以确定相空间流的矢量形式

$$j = \begin{pmatrix} \partial H/\partial p \\ -\partial H/\partial q \end{pmatrix} \rho. \tag{2.88}$$

除以 ρ 就可以得到熟悉的经典哈密顿正则方程 $\dot{q} = v_q = \partial H/\partial p$，$\dot{p} =$

$v_p = -\partial H/\partial q$.

接下来讨论 Wigner 表象中的量子刘维尔方程. 连续性方程包含式（2.85）的所有项，概率流的分叉形式为

$$\nabla \cdot j = \frac{\partial}{\partial q}\left(\frac{\partial H}{\partial p}\rho\right) + \frac{\partial}{\partial p}\left[-V'(q)\rho + \frac{\hbar^2}{24}V'''(q)\ \frac{\partial^2\rho}{\partial p^2} + \cdots\right], \tag{2.89}$$

上式中除以相应的分布函数ρ，就可以得到相空间中点（q，p）的运动方程

$$\dot{q} = v_q = \frac{p}{m},$$

$$\dot{p} = v_p = -V'(q) + \frac{\hbar^2}{24}V'''(q)\frac{1}{\rho}\ \frac{\partial^2\rho}{\partial p^2} + \cdots. \tag{2.90}$$

注意分布函数ρ存在运动方程中，所以整个轨线系综是相互纠缠的. 与经典哈密顿正则方程的最大区别是，现在矢量场取决于该体系总的态以及相空间的点（q，p）. 由于轨线方程中附加了含有ρ的元素，因此单条轨线的能量是不守恒的

$$\frac{\mathrm{d}H}{\mathrm{d}t} = \dot{q}\ \frac{\partial H}{\partial q} + \dot{p}\ \frac{\partial H}{\partial p} = \frac{p}{m}\left[\frac{\hbar^2}{24}V'''(q)\frac{1}{\rho}\ \frac{\partial^2\rho}{\partial p^2} + \cdots\right] \neq 0. \tag{2.91}$$

实际上由于轨线之间存在相互作用，轨线成员的能量可以发生转移，单条轨线能量不守恒是可以接受的. 只需要轨线系综的平均能量守恒就可以

$$\left\langle\frac{\mathrm{d}H}{\mathrm{d}t}\right\rangle = \iint\rho\frac{\mathrm{d}H}{\mathrm{d}t}\mathrm{d}q\mathrm{d}p = \iint\frac{p}{m}\left[\frac{\hbar^2}{24}V'''(q)\ \frac{\partial^2\rho}{\partial p^2} + \cdots\right]\mathrm{d}q\mathrm{d}p = 0. \tag{2.92}$$

这样单条轨线可以表现出非经典性，也正是因为如此，这种方法才能体现研究体系的量子效应.

2.3.3 纠缠轨线分子动力学

纠缠轨线分子动力学就是建立类似于经典分子动力学模拟的量子相空间方法. 根据初始 Wigner 分布函数$\rho_w(q, p, 0)$构建一个轨线系综的初始条件，然后根据运动方程（2.90）进行演化. 在实际运算过程中，必须对奇异分布函数ρ进行平滑处理，也就是建立类似于平滑量子动力学的真实表示形式. 这个含有ρ的非经典力项可以由该时刻轨线系综平滑局域的高斯函数来确定. 特别是，$\rho^{-1}\partial^2\rho/\partial p^2$以及相空间点（$q_j$，$p_j$）的高阶导数值，可以通过在$\Gamma_j(q_j, p_j)$附近的高斯近似来计算

$$\rho(q, p, t) \approx \rho_0 \mathrm{e}^{-[\Gamma-\Gamma_j(t)]\cdot\beta_j(t)\cdot[\Gamma-\Gamma_j(t)]+\alpha_j(t)\cdot[\Gamma-\Gamma_j(t)]}. \tag{2.93}$$

分布函数$\rho(t)$的每条轨线在相空间位置（q_j，p_j）都可以用矩阵β_j和矢量α_j中的随时间变化参数来描述. 在实际运算中，可以通过计算在参考点Γ_j

附近的轨线系综定域力矩来得到. 该项由整个系综动力学量适当的幂次求和组成，以所考虑的点为中心进行高斯加权截断处理，其中 h 的值由最小不确定波包 ϕ 得到，与平滑正定的量子相空间分布函数相一致. 通过上面的计算，可以推断出每个点 β_j 和 α_j 的参数值. 修正的力矩形式可以表示成

$$\tilde{I} = \int_{-\infty}^{\infty}\int_{-\infty}^{+\infty} e^{-\beta_q\xi^2-\beta_p\eta^2-2\beta_{qp}\xi\eta+\alpha_q\xi+\alpha_p\eta}\,\phi_{h_q,\,h_p}(\xi,\ \eta)\,d\xi d\eta, \tag{2.94}$$

其中包括定域的高斯窗口函数 ϕ，为

$$\phi_{h_q,h_p}(\xi,\ \eta) = \exp(-h_q\xi^2 - h_p\eta^2). \tag{2.95}$$

修正的 ξ 的 m 次和 η 的 n 次力矩为

$$\langle \xi^{\tilde{m}}\eta^n\rangle \equiv \frac{\langle \xi^m\eta^n\phi\rangle}{\langle\phi\rangle} = \frac{\iint \xi^m\eta^n\phi(\xi,\ \eta)\rho(\xi,\ \eta)\,d\xi d\eta}{\iint \phi(\xi,\ \eta)\rho(\xi,\ \eta)\,d\xi d\eta}. \tag{2.96}$$

对于一个定域高斯函数 ρ，它们的力矩可以由 $\tilde{I}$ 的导数得到

$$\langle \xi^m\eta^n\rangle = \frac{1}{\tilde{I}}\frac{\partial^{m+n}}{\partial\alpha_q^m\partial\alpha_p^n}\tilde{I}. \tag{2.97}$$

定义一般变量和它们之间的相互关系

$$\begin{aligned}
\tilde{\sigma}_\xi^2 &= \langle \tilde{\xi}^2\rangle - \langle \tilde{\xi}\rangle^2,\\
\tilde{\sigma}_\eta^2 &= \langle \tilde{\eta}^2\rangle - \langle \tilde{\eta}\rangle^2,\\
\tilde{\sigma}_{\xi\eta}^2 &= \langle \tilde{\xi}\eta\rangle - \langle \tilde{\xi}\rangle\langle \tilde{\eta}\rangle.
\end{aligned} \tag{2.98}$$

最初的高斯函数参数可以通过一般力矩得到，如

$$\begin{aligned}
\alpha_p &= \frac{\tilde{\sigma}_\xi^2\langle \tilde{\eta}\rangle - \tilde{\sigma}_{\xi\eta}^2\langle \tilde{\xi}\rangle}{\tilde{\sigma}_\xi^2\tilde{\sigma}_\eta^2 - \tilde{\sigma}_{\xi\eta}^4},\\
\beta_p &= \frac{\tilde{\sigma}_\xi^2}{2(\tilde{\sigma}_\xi^2 - \tilde{\sigma}_\eta^2 - \tilde{\sigma}_{\xi\eta}^4)} - h_p.
\end{aligned} \tag{2.99}$$

这些需要的力矩可以根据轨线系综的演化很容易地计算出来

$$\langle \xi^{\tilde{m}}\eta^n\rangle_k = \frac{\sum_{j=1}^{N}(q_j-q_k)^m(p_j-p_k)^n\phi(q_j-q_k,\ p_j-p_k)}{\sum_{j=1}^{N}\phi(q_j-q_k,\ p_j-p_k)}. \tag{2.100}$$

根据拟合函数的定域性，可以通过离散的轨线系统精确地拟合有多个峰值的密度函数.

2.3.4 Husimi 分布

2.3.3 小节中根据定域平滑处理等途径给出了 Wigner 表象中的纠缠轨线

方法. 现在根据这个思想，基于量子相空间中严格正定的分布——Husimi 分布，给出纠缠轨线分子动力学更一般的表示形式. Husimi 分布函数可以看作对 Wigner 分布函数进行定域平滑处理后的函数

$$\rho_H(q, p) = \frac{1}{\pi\hbar}\int_{-\infty}^{+\infty} \rho_w(q', p')\mathrm{e}^{-\frac{(q-q')^2}{2\sigma_q^2}}\mathrm{e}^{-\frac{(p-p')^2}{2\sigma_p^2}}\mathrm{d}q'\mathrm{d}p', \tag{2.101}$$

其中这个平滑项为相空间中最小不确定高斯函数，满足

$$\sigma_q\sigma_p = \frac{\hbar}{2}. \tag{2.102}$$

这个平滑项可以用平滑算符$\hat{Q}$和$\hat{P}$表示

$$\hat{Q} = \mathrm{e}^{\frac{1}{2}\sigma_q^2\frac{\partial^2}{\partial q^2}}, \tag{2.103}$$

$$\hat{P} = \mathrm{e}^{\frac{1}{2}\sigma_p^2\frac{\partial^2}{\partial p^2}}. \tag{2.104}$$

Husimi 分布可以写成平滑后的 Wigner 分布函数

$$\rho_H(q, p) = \hat{Q}\hat{P}\rho_w(q, p). \tag{2.105}$$

上面的推导过程中利用了恒等式

$$\mathrm{e}^{-a(x-x')^2} = \mathrm{e}^{\frac{1}{4a}\frac{\partial^2}{\partial x^2}}\delta(x-x'), \tag{2.106}$$

平滑算符的逆算符可以表示成

$$\hat{Q}^{-1} = \mathrm{e}^{-\frac{1}{2}\sigma_q^2\frac{\partial^2}{\partial q^2}}, \tag{2.107}$$

$$\hat{P}^{-1} = \mathrm{e}^{-\frac{1}{2}\sigma_p^2\frac{\partial^2}{\partial p^2}}. \tag{2.108}$$

所以 Wigner 函数也可以用 Husimi 分布表示

$$\rho_w(q, p) = \hat{Q}^{-1}\hat{P}^{-1}\rho_H(q, p). \tag{2.109}$$

Husimi 分布函数的运动方程为

$$\frac{\partial\rho_H}{\partial t} = -\frac{1}{m}\hat{P}p\hat{P}^{-1}\frac{\partial\rho_H}{\partial q} + \int_{-\infty}^{+\infty}\hat{Q}J(q, \eta)\hat{Q}^{-1}\rho_H(q, p+\eta, t)\mathrm{d}\xi. \tag{2.110}$$

注意，在这里没有引入近似，Husimi 分布提供了另外一种精确描述量子力学的形式. 在 Husimi 表示中，坐标和动量的乘方幂为不同的算符

$$\hat{Q}q\hat{Q}^{-1} = q + \sigma_q^2\frac{\partial}{\partial q}, \tag{2.111}$$

$$\hat{P}p\hat{P}^{-1} = p + \sigma_p^2\frac{\partial}{\partial p}, \tag{2.112}$$

$$\hat{Q}q^2\hat{Q}^{-1} = q^2 + \sigma_q^2 + 2\sigma_q^2 q\frac{\partial}{\partial q} + \sigma_q^4\frac{\partial^2}{\partial q^2}. \tag{2.113}$$

Husimi 表象中的连续性方程为

$$\frac{\partial \rho_H}{\partial t} + \vec{\nabla} \cdot \vec{j_h} = 0, \tag{2.114}$$

然后通过分叉处理，就可以得到 Husimi 表象中的轨线方程[23]

$$\dot{q} = \frac{(S_p p S_p^{-1})}{m},$$

$$\dot{p} = -[S_q V'(q) S_q^{-1}] + \frac{\hbar^2}{24}\frac{1}{\rho_H}[S_q V'''(q) S_q^{-1}]\rho_{\rm ppp}^H + \cdots, \tag{2.115}$$

上式轨线方程中的 Husimi 分布函数 ρ_H 是完全正定的，可以表示真正的概率分布.

2.3.5 相空间自由分配原则

在纠缠轨线分子动力学方法中，定义相空间矢量场有类似于自由分配的性质. 连续性方程为

$$\frac{\partial \rho_w}{\partial t} + \nabla \cdot j_w = 0. \tag{2.116}$$

上式可以分解为

$$\frac{\partial}{\partial q}(\dot{q}\rho_w) = \frac{\partial}{\partial q}\left(\frac{p}{m}\rho_w + \theta_q \rho_w\right),$$

$$\frac{\partial}{\partial p}(\dot{p}\rho_w) = \frac{\partial}{\partial p}[-V'(q)\rho_w + \theta_p \rho_w], \tag{2.117}$$

其中定义了量子矢量场 $\theta = (\theta_q, \theta_p)$. 运动方程中的非经典项为

$$\nabla \cdot (\theta \rho_w) = \frac{\hbar^2}{24} V'''(q) \frac{\partial^3 \rho_w}{\partial p^3}. \tag{2.118}$$

可以看出关于矢量 θ 的微分方程表达式有一定的自由性. 如果取 $\theta_q = 0$，那么式（2.118）积分后为

$$\theta_p = \frac{\hbar^2}{24} V'''(q) \frac{1}{\rho_w} \frac{\partial^2 \rho_w}{\partial p^2}. \tag{2.119}$$

还有许多种选择方式，如可以选 $\theta_p = 0$，则积分后为

$$\theta_q = \frac{\hbar^2}{24}\frac{1}{\rho_w}\int^q V'''(q') \frac{\partial^3 \rho_w(q', p)}{\partial p^3} {\rm d}q'. \tag{2.120}$$

根据这个定义，就可以得到另外一种形式的量子轨线方程. 通过上面的分析知道，根据同样的量子刘维尔方程，关于矢量场 q 和 p 方向有许多种选取方法. 一般而言，可以建立一种量子轨线方法，在非经典项 θ 中加入矢量场的另外一个附加项，如 $\theta \to \theta + \psi$，另外选取 $\nabla \cdot \psi = 0$，就可以得到另外一种量子轨线方法. 量子轨线这种定义形式类似于径向自由选取方法，这只是简

单表示在整个计算过程中分布函数 ρ_w 在数学上可以有多种分法，而不代表实际的量子轨迹.

2.4　本 章 小 结

本章给出了关于量子相空间和数理统计的一些基本概念，介绍了纠缠轨线分子动力学方法. 在 2.1 节中，介绍了几种常见的量子相空间分布函数及其性质. 在 2.2 节中，首先给出了数理统计的基本概念，然后介绍了几种常见的密度估计方法. 在 2.3 节中，首先引入了相空间中量子轨线的概念，然后详细介绍了纠缠轨线分子动力学方法.

第3章　Wigner 相空间中的量子轨线方程

3.1　一维体系

为了方便，先考虑质量为 m 的粒子在一维体系 $V(q)$ 中的运动情况. 所研究体系的量子态可由波函数 $\psi(q, t)$ 表示，其为含时 Schrödinger 方程

$$i\hbar \frac{\partial}{\partial t}\psi(x, t) = \left[-\frac{\hbar^2}{2m} \frac{\partial^2}{\partial x^2} + V(x) \right]\psi(x, t) \tag{3.1}$$

的解. 在相空间中，Wigner 函数可以包含与量子态波函数同样的信息[73,88]. 含时波函数 $\psi(q, t)$ 相应的 Wigner 函数为

$$\rho_w(q, p, t) = \frac{1}{2\pi\hbar} \int_{-\infty}^{+\infty} \psi^* \left(q + \frac{y}{2}, t\right)\psi\left(q - \frac{y}{2}, t\right)e^{ipy/\hbar}dy. \tag{3.2}$$

Wigner 函数是相空间中的实函数，通常称其为准概率分布函数. 不能把 Wigner 函数看作坐标和动量的分布函数，因为这违反 Heisenberg 不确定关系，只是对其单侧积分才能得到坐标和动量的分布函数. 另外，在很多情况下，Wigner 函数在相空间某些位置可以取负值，也正因为如此才能反映出其非经典特性.

将波函数的 Wigner 变换代入含时 Schrödinger 方程（3.1），则可以在相空间中建立类似于 Schrödinger 方程的 Wigner 分布函数的运动方程

$$\frac{\partial \rho_w}{\partial t} = -\frac{p}{m} \frac{\partial \rho_w}{\partial q} + \int_{-\infty}^{+\infty} J(q, p - \xi)\rho_w(q, \xi, t)d\xi, \tag{3.3}$$

其中

$$J(q, p) = \frac{i}{2\pi\hbar^2} \int_{-\infty}^{+\infty} \left[V(\frac{q+y}{2}) - V(\frac{q-y}{2}) \right] e^{-ipy/\hbar}dy, \tag{3.4}$$

这样使得量子相空间分布函数的演化同样具有动力学特性. 从运动方程式（3.3）可以知道，点（q, p）处的 Wigner 函数 $\rho(q, p)$ 随时间的变化速率，取决于 $\xi \neq p$ 的动量积分. 这就是纠缠轨线方法中轨线之间相互作用的来源，Wigner 函数 $\rho(q, p)$ 值不完全取决于点（q, p），还与其他轨线有关系，这就体现了量子力学非定域性的基本原理. Wigner 函数相空间中的迹是守恒的，具有经典相空间分布函数的性质，概率分布函数的演化必须满足连续性方程. 那么 Wigner 函数的运动方程必须满足连续性条件

$$\frac{\partial \rho_w}{\partial t} + \nabla \cdot j = 0, \tag{3.5}$$

其中 $j = (j_q,\ j_p)$ 表示相空间中的流矢量，$\nabla = (\partial/\partial q,\ \partial/\partial p)$ 代表相空间梯度. 概率流的分叉形式可以表示为

$$\nabla \cdot j = \frac{\partial}{\partial q}\left(\frac{p}{m}\rho_w\right) - \int_{-\infty}^{+\infty} J(q,\ \xi - p)\rho_w(q,\ \xi,\ t)\,\mathrm{d}\xi'', \tag{3.6}$$

其中概率流的坐标部分可以表示为

$$j_q = \frac{p}{m}\rho_w. \tag{3.7}$$

概率流的动量部分为

$$\frac{\partial}{\partial p} j_p = -\int_{-\infty}^{+\infty} J(q,\ \xi - p)\rho_w(q,\ \xi,\ t)\,\mathrm{d}\xi. \tag{3.8}$$

对其进行积分可以得到

$$j_p = -\int_{-\infty}^{+\infty} \Theta(q,\ \xi - p)\rho_w(q,\ \xi,\ t)\,\mathrm{d}\xi, \tag{3.9}$$

其中

$$\Theta(q,\ \xi - p) = \int_{-\infty}^{p} J(q,\ \xi - z)\,\mathrm{d}z. \tag{3.10}$$

可以得到 Θ 关于势能 $V(q)$ 的具体表达式

$$\Theta(q,\ \xi - p) = \frac{1}{2\pi\hbar}\int_{-\infty}^{\infty}\left[V\left(q + \frac{y}{2}\right) - V\left(q - \frac{y}{2}\right)\right]\frac{\exp[-i(\xi - p)y/\hbar]}{y}\mathrm{d}y. \tag{3.11}$$

概率流密度可以表示成密度和相空间速度场的乘积：$j = \rho v$. 根据概率流构成形式，建立速度场

$$v = \begin{pmatrix} v_q \\ v_p \end{pmatrix} = \frac{1}{\rho_w}\begin{pmatrix} j_q \\ j_p \end{pmatrix}. \tag{3.12}$$

因此，量子相空间中的纠缠轨线运动方程可以表示为[21,22]

$$\begin{aligned} \dot{q} &= \frac{p}{m}, \\ \dot{p} &= -\frac{1}{\rho_w(q,\ p)}\int \Theta(q,\ p - \xi)\,\rho_w(q,\ \xi)\,\mathrm{d}\xi. \end{aligned} \tag{3.13}$$

此时得到了 Wigner 相空间中微积分形式的轨线方程，而没有对势能函数进行泰勒展开，也就不需要对核函数进行截断近似处理，因此可以得到更为精确的数值结果. 可以看出由于 Wigner 函数 ρ_w 存在于轨线运动方程中，所以整个轨线系综相互纠缠作为一个整体向前演化，从而体现出量子力学的非定域性.

为了求解式（3.3），根据初始的 Wigner 函数 ρ_w^0 取样得到相空间轨线系综的初始条件，然后根据轨线运动方程（3.13）进行演化. 虽然精确的 Wigner 函数不是一个真实的概率分布函数，但这里假设其为一个正的连续分布函数.

3.2 高维体系

下面将轨线方程拓展到高维情况. 一个质量为 m 的粒子在势能为 $V(q_1, q_2, \cdots, q_n)$ 的高维体系中运动，该体系波函数可以用 $\psi(q_1, q_2, \cdots, q_n)$ 表示. 为了方便，本章中用 q 代表 $(q_1, q_2, \cdots, q_n)$，p 代表 $(p_1, p_2, \cdots, p_n)$. 接下来给出了与量子力学等价的 Wigner 相空间表述形式. 波函数 $\psi(q; t)$ 相对应的 Wigner 分布函数表达式为[73]

$$\rho(q, p; t) = \left(\frac{1}{2\pi\hbar}\right)^n \int \mathrm{d}y \psi^*(q + y/2; t)\psi(q - y/2; t)\, \mathrm{e}^{\frac{i}{\hbar}p \cdot y}. \quad (3.14)$$

本节中除非特别说明，积分范围均表示从 $-\infty$ 到 $+\infty$. Wigner 函数可以精确地描述量子力学. Wigner 表象中的量子刘维尔方程可以表示成如下形式[73]：

$$\frac{\partial \rho(q, p; t)}{\partial t} = -\sum_{k=1}^{n} \frac{p_k}{m} \frac{\partial \rho(q, p; t)}{\partial q_k} + \int \mathrm{d}\xi J(q, \xi - p)\rho(q, \xi; t), \quad (3.15)$$

其中

$$J(q, \xi) = \frac{i}{2^n \pi^n \hbar^{n+1}} \int \mathrm{d}z \left[V\left(q + \frac{z}{2}\right) - V\left(q - \frac{z}{2}\right) \right] \mathrm{e}^{-\frac{i}{\hbar}z \cdot \xi}. \quad (3.16)$$

纠缠轨线分子动力学方法利用一个轨线系综来表示 Wigner 函数随时间的演化. Wigner 分布函数在相空间中的迹是守恒的，所以它可以近似地由分布函数中取样有限个点的轨线系综表示. 对于概率分布函数的轨线系综必须满足连续性方程[20]

$$\frac{\partial \rho}{\partial t} + \nabla \cdot j = 0, \quad (3.17)$$

其中 $j = (j_q, j_p)$ 和 $\nabla = \left(\frac{\partial}{\partial q}, \frac{\partial}{\partial p}\right)$ 分别表示概率流矢量和相空间梯度算符. 概率流分叉可以表示成

$$\nabla \cdot j = \sum_{k=1}^{n} \frac{p_k}{m} \frac{\partial}{\partial q_k} \rho(q, p; t) - \int \mathrm{d}\xi J(q, \xi - p)\rho(q, \xi; t), \quad (3.18)$$

概率流 $j = (j_q, j_p)$ 可以从式（3.18）中推导出来. j_q 的表达式为

$$j_q = \frac{p}{m}\rho. \quad (3.19)$$

概率流的动量部分为

$$\frac{\partial j_p}{\partial p} = -\int \mathrm{d}\xi J(q, \xi - p)\rho(q, \xi; t). \tag{3.20}$$

基于相空间中的规范不变性原则，动量部分会有许多种不同分法，根据不同分法可以定义出许多不同形式的量子轨线. 在计算过程中，改变动量分叉对最终的反应概率几乎没有影响. 可以选择其中一种形式给出动量部分的表达形式. 根据式（3.20）可以得到

$$\frac{\partial j_{p_k}}{\partial p_k} = -\int \mathrm{d}\xi J_k(q; \xi - p)\rho(q, \xi; t), \tag{3.21}$$

其中

$$J_k(q; \xi - p) = \frac{i}{2^n \pi^n \hbar^{n+1}}\int \mathrm{d}y(V_k^+ - V_k^-)\mathrm{e}^{-iy\cdot(\xi-p)/\hbar}, \tag{3.22}$$

式中 $V_k^{\pm} = V(q_1, q_2, \cdots, q_k \pm y_k/2, \cdots, q_n)$，$k = 1, 2, \cdots, n-1$. 式（3.21）积分可以得到

$$j_{p_k} = -\int \mathrm{d}\xi \Theta_k(q, \xi - p)\rho(q, \xi; t), \tag{3.23}$$

其中

$$\Theta_k(q, \xi - p) = \left[\int_{-\infty}^{p_k} \mathrm{d}z_k J(q, \xi - z)\right]_{z=p}. \tag{3.24}$$

求出上式的积分可以得到 Θ_k 的表达式

$$\Theta_k(q, \xi - p) = \frac{1}{(2\pi\hbar)^n}\int \mathrm{d}y \frac{V_k^+ - V_k^-}{y_k}\mathrm{e}^{-iy\cdot(\xi-p)/\hbar}. \tag{3.25}$$

Θ 中 $k = n$ 成分的表达式可以表示为

$$\begin{aligned}\Theta_n(q, \xi - p) = {} & \frac{1}{(2\pi\hbar)^n}\int \mathrm{d}y \times \\ & \left\{[V(q + y/2) - V(q - y/2)] - \sum_{k=1}^{n-1}[V_k^+ - V_k^-]\right\}\frac{\mathrm{e}^{-\frac{i}{\hbar}y\cdot(\xi-p)}}{y_n}.\end{aligned} \tag{3.26}$$

根据概率流的形式 $j = \rho v$，可以得到 $2n$ 维相空间中的轨线方程[95]

$$\begin{aligned}\dot{q}_k &= \frac{p_k}{m}, \\ \dot{p}_k &= \frac{1}{\rho(q, p)}\int \mathrm{d}\xi \Theta_k(q, p - \xi)\rho(q, \xi),\end{aligned} \tag{3.27}$$

其中 $k = 1, 2, \cdots, n$. 以上根据分布函数满足连续性和守恒性推导出来 Wigner 函数的纠缠轨线运动方程. 为了求解轨线运动方程（3.15），首先从初始的 Wigner 函数 ρ_0 取样，然后轨线系综根据式（3.27）进行演化.

3.3　初 始 条 件

下面讨论如何对初始函数进行取样，才能更准确地表示该分布函数. 初始态为最小不确定高斯波包

$$\Psi^0(q,0)=\left(\frac{m\omega}{\pi\hbar}\right)^{\frac{1}{4}}\exp(ip_0q)\exp\left[-\frac{m\omega}{2\hbar}(q-q_0)^2\right], \tag{3.28}$$

相应于质量为 m、频率为 ω 的谐振子的基态，其中谐振子体系的哈密顿量表示为 $H=p^2/2m+\frac{1}{2}kq^2$，上式中 q_0 和 p_0 分别表示波函数的平均位置和平均动量. 通过 Wigner 变换可以得到初始 Wigner 分布函数

$$\rho_w^0(q,p)=\frac{1}{\pi\hbar}\exp\left[-\frac{(q-q_0)^2}{2\sigma_q^2}-\frac{(p-p_0)^2}{2\sigma_p^2}\right], \tag{3.29}$$

其中 $\sigma_q=\sqrt{\hbar/(2m\omega)}$，$\sigma_p=\sqrt{\hbar m\omega/2}$. 在构建轨线系综表示初始 Wigner 函数时，首先根据式（3.29），分别取 q 方向和 p 方向上两点间概率为 1/20，就得到了 400 个点组成的矩形格点来表示初始的轨线系综，如图 3.1（a）所示.

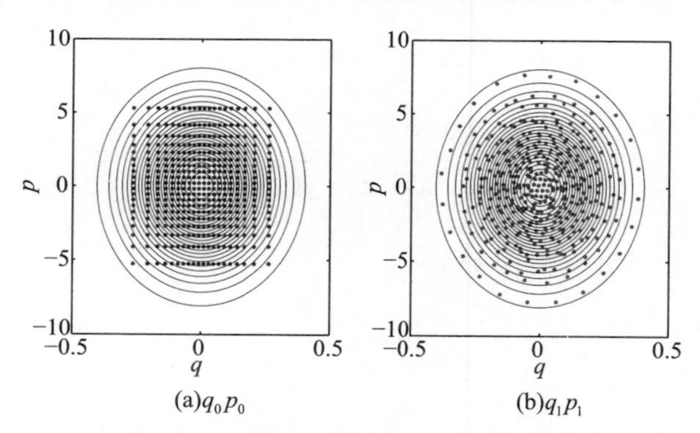

图 3.1　（a）图表示由初始 Wigner 函数两点间的概率为 1/20 得到的矩形分布.（b）图表示以（a）图矩形分布为初始条件，然后根据 Fokker-Planck 方程演化达到稳定的热平衡态. 初始 Wigner 函数的等高线展示在图中作为参考

根据 Fokker-Planck 方程将其演化到稳定的热平衡态[91]

$$\dot{q}_j=\frac{p_j}{m},$$

$$\dot{p}_j=-U'(q_j)-\gamma_0p_j-m\gamma_0k_BT\frac{1}{\rho(q_j,p_j)}\frac{\partial\rho}{\partial p}(q_j,p_j), \tag{3.30}$$

式中，γ_0 表示摩擦系数，其控制着到达平衡态的时间，而不会影响最终的分布结果. 热平衡态的表达式为

$$\begin{aligned}\rho_{eq}(q,\ p) &= Z^{-1}\exp[-H(q,\ p)/k_B T]\\ &= Z^{-1}\exp[-(p^2/2m + kq^2/2)/k_B T]\\ &= Z^{-1}\exp\left(-\frac{p^2}{2mk_B T} - \frac{kq^2}{2k_B T}\right),\end{aligned} \tag{3.31}$$

式中，Z 为归一化常数. 根据式（3.29）与式（3.31）的对应关系得到 Fokker-Planck 方程中的参数分别为 $k = m^{-1}(\sigma_p/\sigma_q)^2$ 和 $mk_B T = \sigma_p^2$，演化后得到稳定的热平衡态，如图 3.1（b）所示. 然后计算了 Wigner 函数的解析表达式 ρ_w^0 与矩形轨线系综拟合的初始 Wigner 函数 ρ_{juxing} 的差值，如图 3.2（a）所示，Wigner 函数的解析表达式 ρ_w^0 与热平衡态轨线系综拟合的初始 Wigner 函数 ρ_{equi} 的差值，如图 3.2（b）所示. 从图 3.2 中明显看出，稳定的热平衡态轨线系综拟合函数与解析表达式的差值小于矩形轨线系综拟合函数与解析表达式的差值. 选取其他取样方式，如图 3.3（a）中，选取任意正则取样方法，发现这样得到的初始分布函数也不如热平衡态轨线系综更能合理地表示初始分布函数，所以在所有的模拟工作中都选取稳定的热平衡态轨线系综作为初始条件.

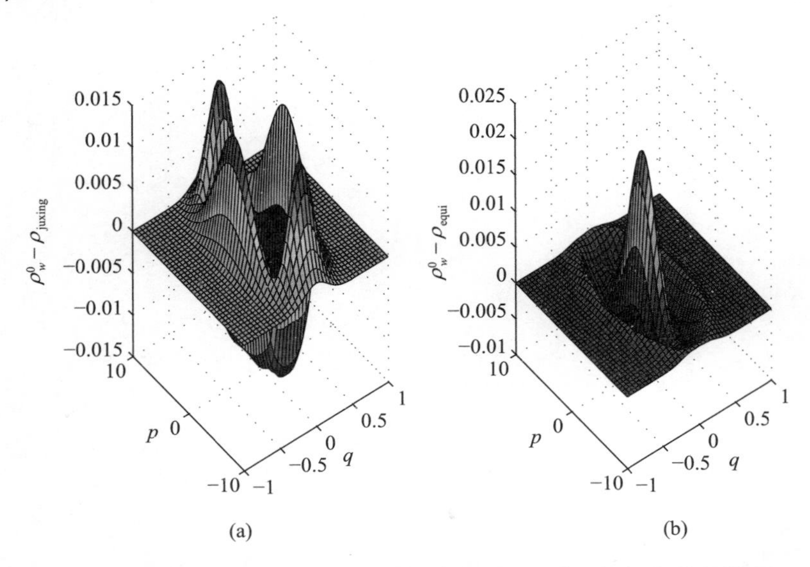

图 3.2　（a）图表示 Wigner 函数的解析表达式 ρ_w^0 与矩形轨线系综拟合的初始 Wigner 函数 ρ_{juxing} 的差值；（b）图表示 Wigner 函数的解析表达式 ρ_w^0 与热平衡态轨线系综拟合的初始 Wigner 函数 ρ_{equi} 的差值

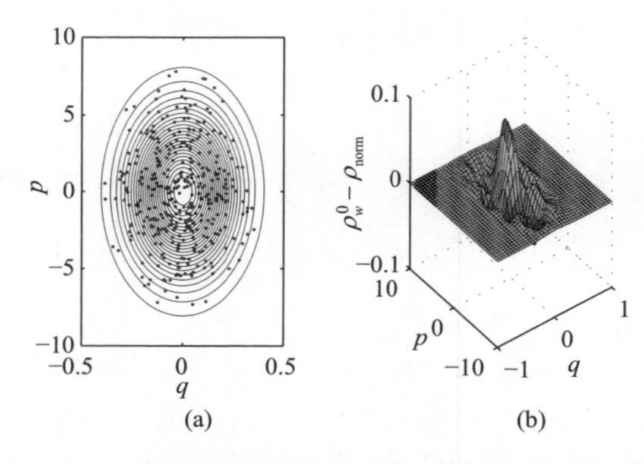

图 3.3 （a）图表示根据初始的 Wigner 函数 $\boldsymbol{\rho}_w^0$ 进行正则取样得到轨线系综的初始分布；（b）图表示 Wigner 函数的解析表达式 $\boldsymbol{\rho}_w^0$ 与正则取样轨线系综拟合的初始 Wigner 函数 $\boldsymbol{\rho}_{\rm norm}$ 的差值

3.4 小　　结

本章中给出了关于量子相空间轨线方程的详细推导过程. 在 3.1 节中推导出来一维体系的相空间轨线方程. 在 3.2 节中将轨线方程拓展到高维情况. 在 3.3 节中详细介绍了模拟工作中选取初始分布的方法.

第4章　自关联函数——纠缠轨线分子动力学方法

4.1　引　　言

在许多量子体系中，波包随着时间演化会逐渐扩散和坍塌，这就使得真实体系的波包动力学性质非常复杂. 量子体系有类似于经典周期形式的运动，也就是说该体系的波包短时间内就会全部或者部分回到初始态[98~100]，称为量子回归或部分回归现象. 人们分别从理论[98]和实验上[101,102]研究了里德伯电子波包的动力学性质，发现了部分量子回归现象. 随着计算机技术和计算方法的飞速发展，用严格的量子理论处理一些简单的、自由度比较少的量子系统是可行的. 但是对于多体的、比较复杂的量子体系，直接解该体系的薛定谔方程仍然比较困难. 经典分子动力学方法，也就是轨线方程遵循哈密顿正则方程. 在处理复杂的量子体系时有一定的优越性，但是由于采用了经典近似，当所研究体系的量子效应比较显著时，用这种方法模拟量子过程，不能得到理想的结果. 于是近年来，人们结合系统的经典性和量子性发展了一些其他半经典轨线方法，引入半经典方法代替严格的量子理论模拟分子动力学是非常有应用前景的. 自关联函数表示 t 时刻的波包向初始态的投影，体系的自关联函数能很好地反映波包动力学性质，并且是在实验上可以测量的重要参量. 国内外许多研究小组通过研究体系长时间的关联函数，讨论了量子回归现象[103~107]. 特别是中科院理论物理所杜孟利研究员基于闭合轨道理论推导出自关联函数的计算公式，发现了研究体系的闭合轨道正好对应于关联函数中的峰[65].

量子力学和经典力学的核心差别在于纠缠，目前量子理论中许多由于纠缠引出的现象，大多可以在相空间进行分析研究. 1932 年，著名的物理学家 Wigner 为了修正统计热力学体系的量子效应，引入量子相空间分布函数. Wigner 函数只能认为是准概率分布函数，因为即使初始值为非负的，在演化过程中 Wigner 函数也会出现负值. 迄今为止，Wigner 函数在许多领域都有广泛应用，如统计力学[108~110]、碰撞理论[111,112]、原子核理论[113]以及量子光学[114,115]等. 最近，Martens 等提出了纠缠轨线分子动力学方法来模拟量子过程，此方法基于用轨线系综来数值求解 Wigner 表象中的刘维尔方程[20]. 因为

Wigner 分布函数存在于轨线演化方程中，所以轨线系综作为一个相互纠缠的整体向前演化. Ashu 等人根据纠缠轨线分子动力学方法研究了一维模型体系的量子隧穿现象[21]，得到了非常理想的结果.

4.2 计算方法

选取初始态为最小不确定波包

$$\Psi^0(q,0)=\left(\frac{m\omega}{\pi\hbar}\right)^{\frac{1}{4}}\exp(ip_0q)\exp\left[-\frac{m\omega}{2\hbar}(q-q_0)^2\right],\tag{4.1}$$

其相应于质量为 m、频率为 ω 的谐振子的基态，相应谐振子体系的哈密顿量表示为 $H=p^2/2m+\frac{1}{2}kq^2$，上式中 q_0 和 p_0 分别表示波函数的平均位置和平均动量. 通过 Wigner 变换可以得到初始 Wigner 分布函数

$$\rho_w^0(q,p)=\frac{1}{\pi\hbar}\exp\left[-\frac{(q-q_0)^2}{2\sigma_q^2}-\frac{(p-p_0)^2}{2\sigma_p^2}\right],\tag{4.2}$$

其中 $\sigma_q=\sqrt{\hbar/(2m\omega)}$，$\sigma_p=\sqrt{\hbar m\omega/2}$. 在构建轨线系综表示初始 Wigner 函数时，首先根据式（4.2），分别取 q 方向和 p 方向上两点间概率为 1/20，就得到了 400 个点组成的矩形格点来表示初始的轨线系综，然后根据 Fokker-Planck 方程将其演化到稳定的热平衡态[91]. 稳定的热平衡态轨线系综能更准确地表示初始分布函数（原因在第 3 章中有详细的介绍），所以选取稳定后的热平衡态轨线系综作为模拟工作的初始条件.

目前已经有许多方法可以根据有限个取样点建立平滑分布函数. 连续分布函数可以由有限个点的轨线系综表示

$$\rho(q,p,t)=\frac{1}{N}\sum_{j=1}^{N}\delta([q-q_j(t)]\delta[p-p_j(t)].\tag{4.3}$$

在这里采用密度核估计方法去拟合演化方程中每步的 $\rho_w(q,p,t)$. 二维高斯核的表达式为

$$\phi(q,p)=\frac{1}{2\pi h_q h_p}\exp\left(-\frac{q^2}{2h_q^2}-\frac{p^2}{2h_p^2}\right),\tag{4.4}$$

其中 h_q 和 h_p 表示最优化的窗口宽度. 相应分布函数 $\rho(q,p,t)$ 可以表示为

$$\rho(q,p,t)=\frac{1}{N}\sum_{j=1}^{N}\phi[q-q_j(t),p-p_j(t)].\tag{4.5}$$

宽度参数（h_q，h_p）的值由式（4.5）拟合初始 Wigner 函数 ρ_w^0 来得到. 轨线方程的具体表达式为

$$\dot{q} = \frac{p}{m},$$

$$\dot{p} = -\frac{\sum_{j=1}^{N} \phi_q(q - q_j) \wedge (q - q_j, p - p_j)}{\sum_{j=1}^{N} \phi_q(q - q_j)\phi_p(p - p_j)}, \tag{4.6}$$

其中

$$\wedge(q - q_j, p - p_j) = \int \frac{V(q + z/2) - V(q - z/2)}{z} \exp\left[i \frac{(p - p_j)z}{\hbar} - \frac{h_p^2 z^2}{2\hbar^2}\right]. \tag{4.7}$$

首先计算了体系的反应概率随时间的变化情况，其中基于量子力学的反应概率公式为

$$\mathscr{P}(t) = \int_{q^{\ddagger}}^{+\infty} \mathrm{d}q \,|\Psi(q, t)|^2, \tag{4.8}$$

基于纠缠轨线分子动力学方法的反应概率计算公式为

$$\mathscr{P}(t) = \int_{q^{\ddagger}}^{+\infty} \mathrm{d}q \int_{-\infty}^{+\infty} \mathrm{d}p \rho_w(q, p, t) = \frac{1}{2}\left[1 + \frac{1}{N}\sum_{j=1}^{N} \mathrm{erf}\left(\frac{q_j - q^{\ddagger}}{\sqrt{2} h_q}\right)\right], \tag{4.9}$$

其中 $q^{\ddagger}$ 表示势垒所在位置，h_q 代表式（4.4）中定义的窗口宽度.

为了研究体系的波包动力学性质，接下来计算该体系的自关联函数

$$C(t) = |\langle \psi(t) | \psi(0) \rangle|, \tag{4.10}$$

关联函数表示 t 时刻的波函数 $|\psi(t)\rangle$ 与初始态 $|\psi(t=0)\rangle$ 的耦合. 在 Wigner 相空间中，自关联函数的一般表达式可以写成如下形式[116]

$$\begin{aligned} C(t)^2 &= \langle \psi(0) | \psi(t) \rangle \langle \psi(t) | \psi(0) \rangle \\ &= \mathrm{Tr}[\, |\psi(0)\rangle\langle\psi(0)| \mathrm{e}^{-iHt} |\psi(0)\rangle\langle\psi(0)| \mathrm{e}^{iHt}] \\ &= \mathrm{Tr}[\rho_w^0 \rho_w(t)]. \end{aligned} \tag{4.11}$$

把式（4.5）代入式（4.11）可以得到

$$\begin{aligned} C(t)^2 &= \iint 2\pi \rho_w^0(q, p, 0)\, \rho_w(q, p, t) \mathrm{d}q \mathrm{d}p \\ &= \frac{1}{N^2 h_q h_p} \sum_{j=1}^{N} \sum_{i=1}^{N} \exp\left\{-\frac{[q_j(t) - q_i(0)]^2}{2h_q^2} - \frac{[p_j(t) - p_i(0)]^2}{2h_p^2}\right\} \\ &\equiv \sum_{j=1}^{N} c_j(t)^2, \end{aligned} \tag{4.12}$$

式（4.12）表示与 Wigner 相空间中轨线系综相关的自关联函数. 自关联函数的这种表述形式可以理解为演化的轨线系综与初始时刻位置的差异. 此外，可以计算出单条轨线对关联函数的贡献，比如第 j 条轨线相应关联函数的表达式为

$$c_j(t)^2 = \frac{1}{N^2 h_q h_p}\sum_{i=1}^{N}\exp\left\{-\frac{[q_j(t)-q_i(0)]^2}{2h_q^2}-\frac{[p_j(t)-p_i(0)]^2}{2h_p^2}\right\}. \tag{4.13}$$

单条轨线的关联函数计算公式可以理解为该条轨线与轨线系综初始位置的差异. 根据这种方法可以研究轨线系综各成员对关联函数贡献的大小，通过分析可以知道不同轨线对关联函数的贡献是有区别的.

4.3 计算结果以及讨论

根据纠缠轨线分子动力学方法计算了三个典型一维模型体系的自关联函数.

4.3.1 三次势

质量 $m=2\ 000$ a. u. 的粒子在一个三次势中运动，势能表达式为

$$V(q) = \frac{1}{2}m\omega_0^2 q^2 - \frac{1}{3}bq^3, \tag{4.14}$$

其中参数 $\omega_0=0.01$，$b=0.298\ 1$. 这个三次势能曲线如图 4.1 所示，当 $q=0$ 时势能取最小值，势垒位于 $q^{\ddagger}=0.015$ 处能量为 $V_0=0.015$，在 $q\geqslant q_c$ 情况下，势能保持 $V(q)=-0.015$ 不变，其中 $q_c=1.125\ 56$. 这样选取的参量能粗略地模拟一个氢原子与两个亚稳态束缚在一起的情况，因此这样构成的体系会显示出很强的量子效应. 选取 Wigner 函数初始位置 $q_0=-0.2$，初始动量 $p_0=0.0$，相应初始波包的平均能量为 $E_0=0.75V_0$.

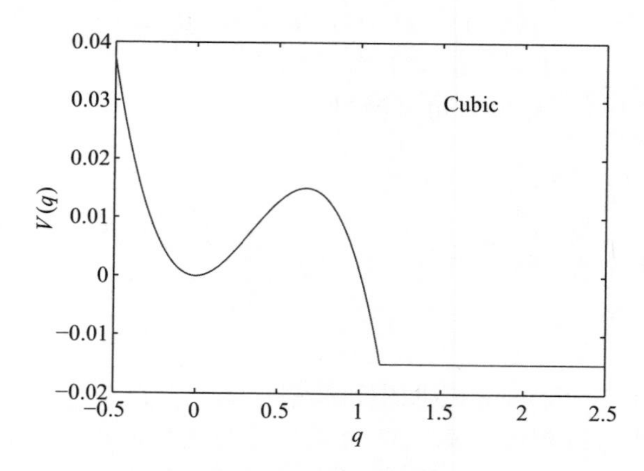

图 4.1 三次势能曲线

图 4. 2 给出了粒子在三次势能中的反应概率，纠缠轨线分子动力学模拟结果分别与精确量子力学和经典轨线结果进行了比较. 反应开始阶段，三种方法的模拟结果基本一致，在 $t = 500$ a. u. 之前都有一个很大的上升. 但是，随着时间的演化，经典反应概率就保持不变了，而另外两种方法的结果随时间演化还有缓慢的上升. 可以这样理解该现象：对于经典轨线，如果轨线初始能量低于势垒，轨线是独立演化的，根据单条轨线满足能量守恒定律，它永远不能越过势垒；而对于纠缠轨线而言，只要求轨线平均能量符合守恒定律，由于轨线成员间的相互作用，有些初始能量低于势垒的轨线，随时间演化，它可以从其他轨线成员“借取”一定的能量，使其能量高于势垒，从而发生反应. 从图 4. 2 中可以看出纠缠轨线分子动力学的模拟结果与量子力学计算结果符合得更好.

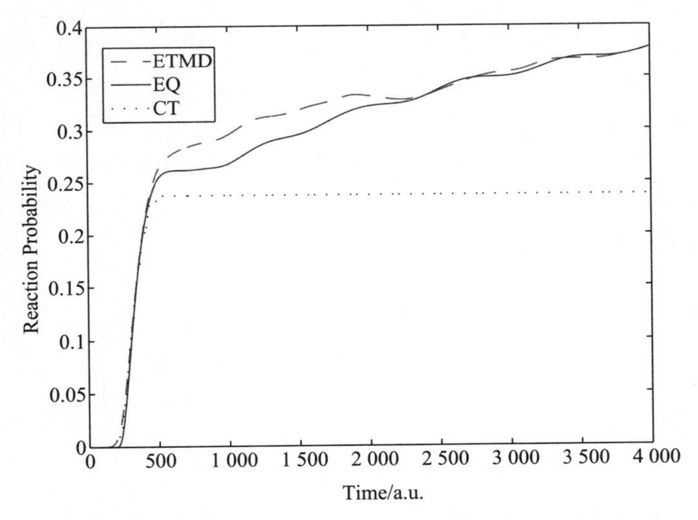

图 4. 2　三次势能体系中反应概率随时间的演化，其中实线、虚线和点线分别表示精确量子力学（EQ）、纠缠轨线分子动力学（ETMD）和经典轨线（CT）模拟的结果

图 4. 3 给出了三次势能体系中自关联函数随时间的演化. 分别基于精确量子力学、纠缠轨线分子动力学和经典轨线三种方法，计算了该体系的自关联函数，发现基于纠缠轨线分子动力学方法的关联函数与量子力学计算的结果符合得比较好. 从关联函数随时间演化图形中可以看出，初始时刻关联函数最大值为 1. 0，也就是波包位于初始位置，随时间演化关联函数幅值迅速下降到达最小值，又上升到最大值，接着又开始下降，类似于准周期运动，这

期间展现出来量子部分回归现象. 从图 4. 3 中还可以看出纠缠轨线分子动力学方法模拟的关联函数峰的位置与量子力学结果符合得比较好，而基于经典轨线方法的关联函数峰的出现时间明显比另外两种方法要早. 这是因为，在演化过程中经典轨线是相互独立的，初始能量大的轨线演化肯定要快，这些轨线较早地到达势垒，然后反弹回来，所以反映在关联函数上就是峰出现的时间要早一些. 对于纠缠轨线而言，轨线系综作为一个整体向前演化，所以初始能量大的轨线由于受能量小轨线的牵扯作用，而传播得没这么快，反映在关联函数峰的时间就稍微慢一些. 另外一点就是，基于经典轨线方法的关联函数幅值比另外两种方法明显偏大. 从反应概率图形中就明显看出来，当时间 $t>500$ 之后，经典轨线就不发生反应了，也就是有更多条轨线被囚禁在势垒左侧，相当于波包有更大部分在初始位置附近运动，那么反映在关联函数上就是其幅值要更大一些. 而对于纠缠轨线分子动力学来说，随着时间的演化，有许多轨线还会由于量子隧穿效应而越过势垒，也就是存在于初始位置附近的轨线数量减少了，那么反映在关联函数上就是其幅值相对于经典轨线方法要小些. 需要特别说明的是，目前基于轨线系综模拟方法计算出来的关联函数的最小值要比量子力学结果稍微大一些，原因是由于轨线模拟方法中的正定假设，并不能完全表示出体系的量子效应. 图 4. 4 详细给出了相空间中分布函数随时间的演化.

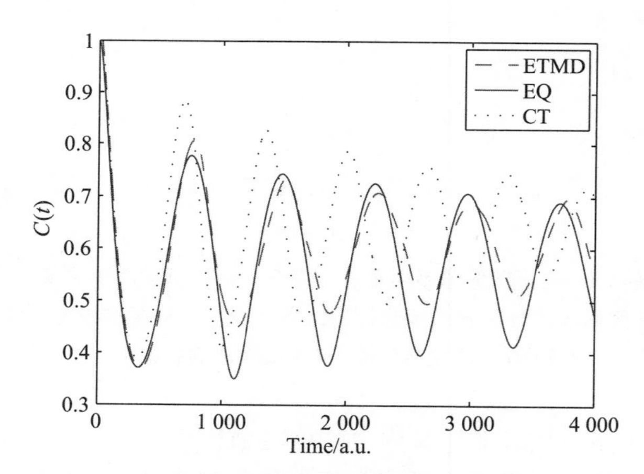

图 4. 3　三次势能体系中自关联函数随时间的演化，其中实线、虚线和点线分别表示精确量子力学（EQ）、纠缠轨线分子动力学（ETMD）和经典轨线（CT）模拟的结果

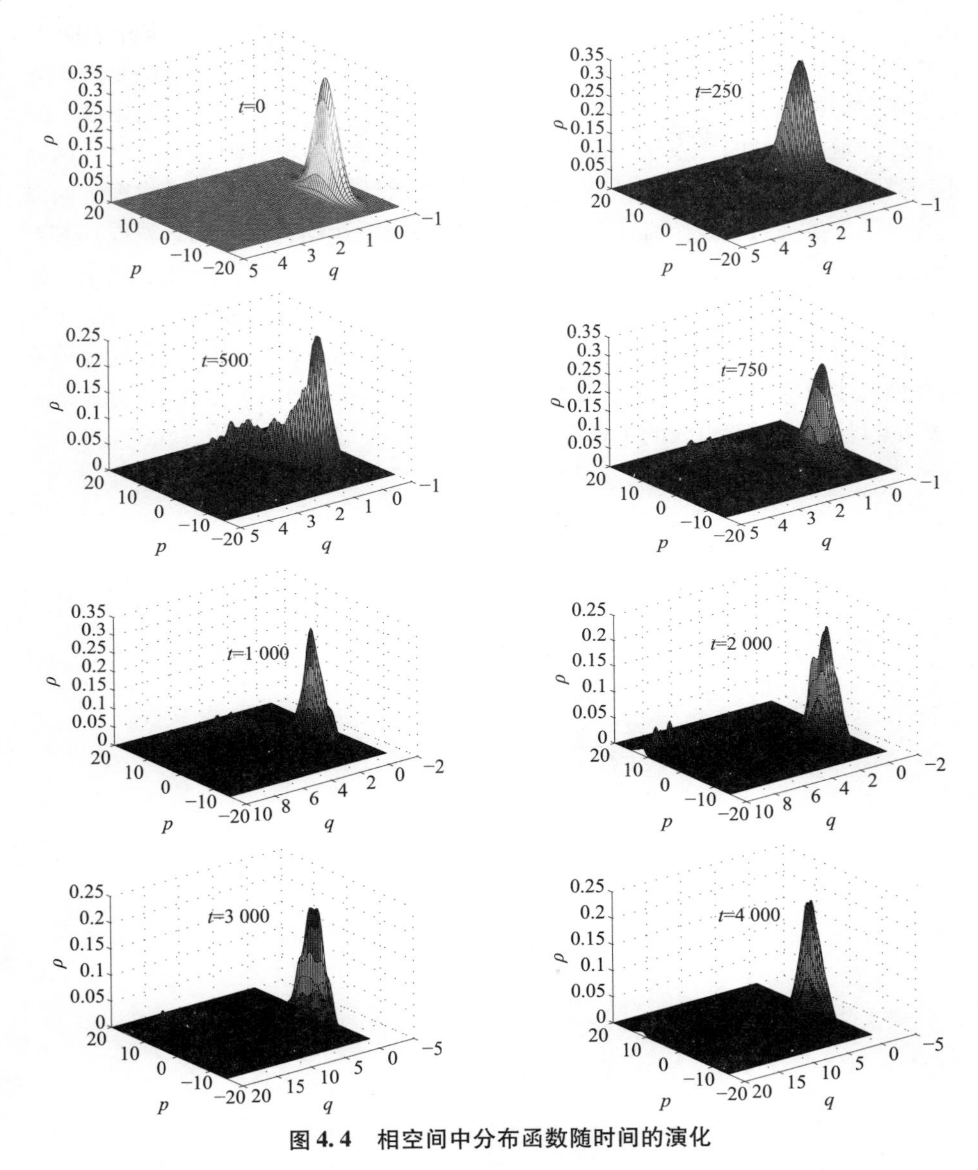

图 4.4　相空间中分布函数随时间的演化

图 4.5 给出了两种不同的相空间轨线及其对应的关联函数. 图 4.5（a）表示囚禁轨线随着时间的演化，当其到达距离 Wigner 函数最近的位置 A_1，那么相应地在关联函数上出现第一个峰. 同样随着时间的演化，轨线依次经过 A_2、A_3、A_4，在关联函数中相应地会出现标记为 A_2、A_3、A_4 的峰. 值得注意的是，因为 A_1、A_2、A_3、A_4 离 Wigner 函数中心位置的距离逐渐变大，所以相应关联函数峰的高度逐步递减. 同样在图 4.5（b）中表示反应轨线随时间演

化，三次经过距离初始 Wigner 函数中心最近的位置标记为 B_1、B_2、B_3，相应地在关联函数中会产生三个峰. 因为 B_1、B_2、B_3的位置距离很近，所以它们相应关联函数的幅值大小基本一样. 显然反应轨线随时间演化会越过势垒，然后跑到很远的地方，此时该条轨线相应的关联函数幅值降为零. 图 4.6 给出了两条不同类型轨线所对应的关联函数，图中实线表示经典轨线结果，虚线表示纠缠轨线结果. 第一条轨线始终在 Wigner 函数中心附近运动，称为囚禁轨线，其对应的关联函数呈现周期性振荡，这个周期为从距离中心位置最近开始到下一次距离中心最近的时刻结束. 第二条轨线很快就越过势垒发生反应，称为反应轨线，该条轨线对应的关联函数幅值迅速地降为零，然后保持不变. 从这两种不同类型轨线对应的关联函数可以得出结论：不同轨线对于关联函数的贡献是不一样的，比如说囚禁轨线的关联函数始终大于反应轨线所对应的关联函数.

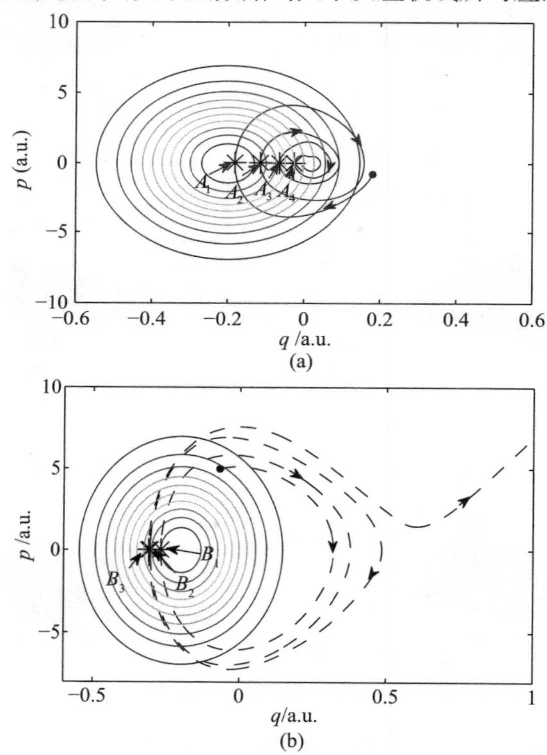

图 4.5 （a）表示根据纠缠轨线分子动力学方法模拟的单条轨线在相空间 $q-p$ 中的演化，被囚禁的轨线随时间演化有四次距离初始 Wigner 函数中心位置最近，用符号 A_1、A_2、A_3、A_4表示，同样在其对应的关联函数中标明 A_1、A_2、A_3、A_4相应的位置. 初始 Wigner 函数的等高线放在图中供参考.（b）表示反应轨线随时间演化有三次距离初始 Wigner 函数中心位置最近，用符号 B_1、B_2、B_3表示，同样在其对应的关联函数中标明 B_1、B_2、B_3相应的位置. 初始 Wigner 函数的等高线放在图中供参考

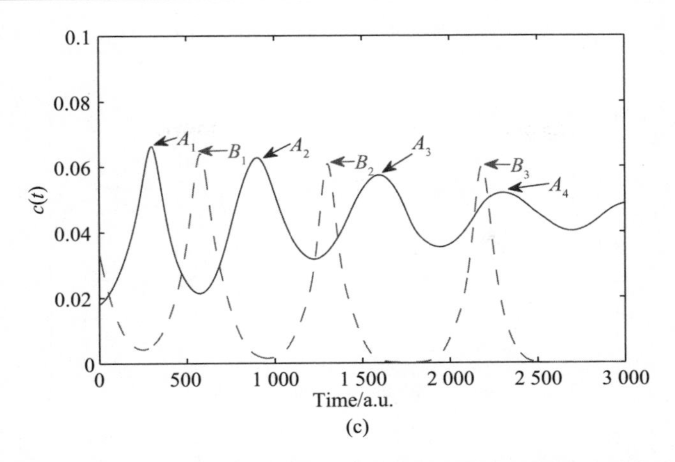

图 4.5（续）　（c）表示两条轨线相对应的关联函数及其峰所在位置

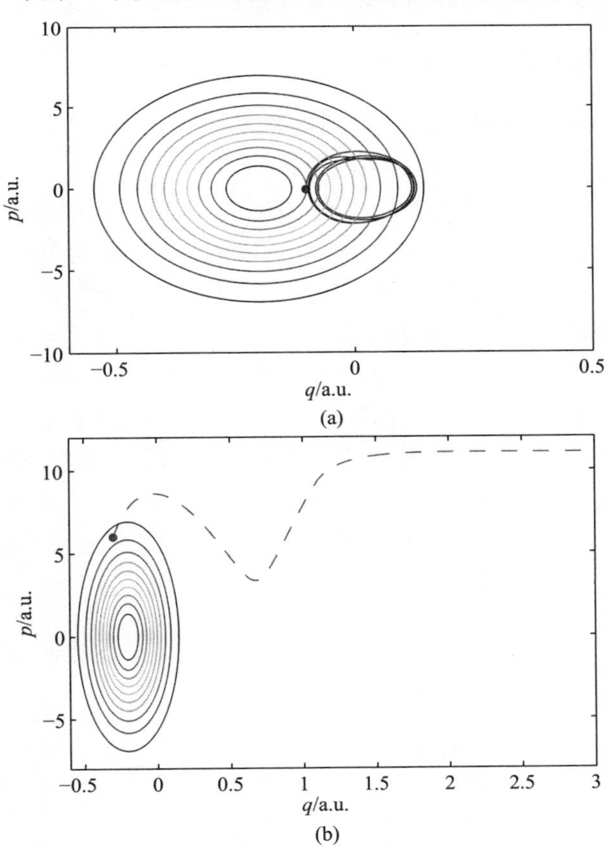

图 4.6　（a）表示轨线被囚禁在势垒的左侧．初始 Wigner 函数的等高线放在图中供参考．（b）表示直接越过势垒的轨线．初始 Wigner 函数的等高线放在图中供参考

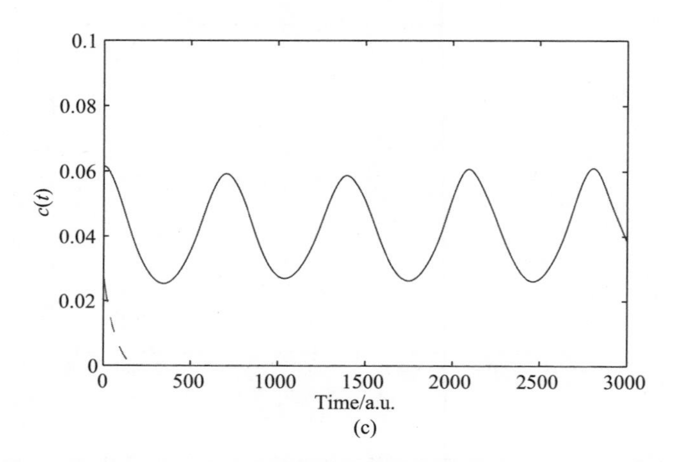

图 4.6（续）　（c）表示这两条轨线所对应的关联函数

4.3.2　对称的 Eckart 势垒

对称的 Eckart 势垒的表达式为[117]

$$V(q) = V_0 \mathrm{sech}^2(aq), \tag{4.15}$$

其中势垒宽度 $a=0.5$，势垒高度 $V_0=0.0364$. 势能曲线如图 4.7 所示. 选取初始波包的中心位置 $q_0=-7.0$，动量 $p_0=6.92$，那么波包具有的平均能量 $E_0=0.4V_0$. 图 4.8 给出了对称 Eckart 势垒体系中自关联函数随时间的演化. 本书分别基于精确量子力学、纠缠轨线分子动力学，计算了该体系的自关联函数，发现两种方法模拟结果符合得还是比较好的. 从图 4.8 中可以看出，关联函数由初始时刻最大值 1.0，逐渐趋于 0.0，没有出现量子回归现象. 从轨线演化图形可以知道，该体系轨线分成两种类型：一种直接越过势垒发生反应，另外一种就是被势垒反弹回来，然后沿着相反方向继续运动. 从该体系轨线演化过程可以看出，轨线不会在其初始位置来回运动，所以没有量子回归现象出现.

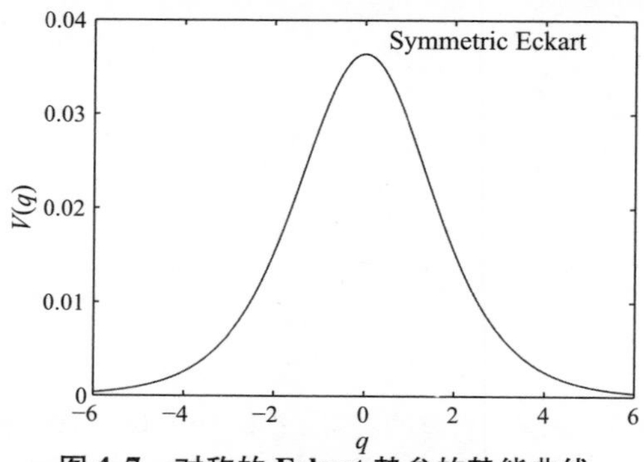

图 4.7　对称的 Eckart 势垒的势能曲线

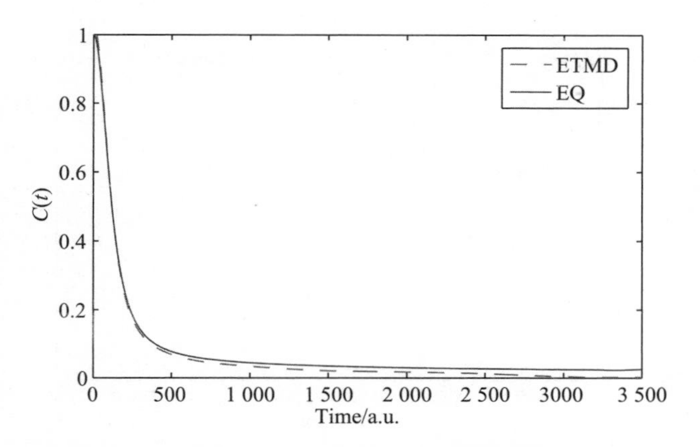

图 4.8　对称的 Eckart 势垒体系中自关联函数随时间的演化，其中实线和虚线分别表示精确量子力学（EQ）、纠缠轨线分子动力学（ETMD）模拟的结果

4.3.3　非对称的 Eckart 势垒

非对称的 Eckart 势垒的表达式为[118]

$$V(q) = \frac{A}{1 + \exp(-aq)} + \frac{B}{4\cosh^2(aq/2)}, \tag{4.16}$$

式中，$A = V_1 - V_2$，$B = (\sqrt{V_1} + \sqrt{V_2})^2$，参数 a、V_1和V_2的取值分别为 1.0、0.036 4 和0.014 6．势能曲线如图4.9 所示．同样计算了此体系中自关联函数随时间的演化，发现基于精确量子力学、纠缠轨线分子动力学两种方法计算的自关联函数符合得也比较好，如图 4.10 所示．

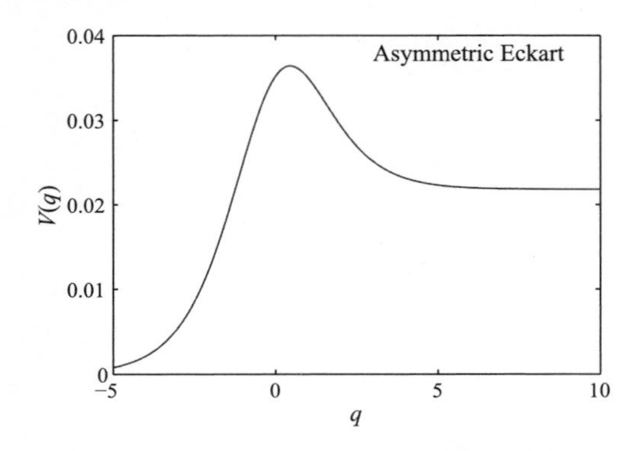

图 4.9　非对称的 Eckart 势垒的势能曲线

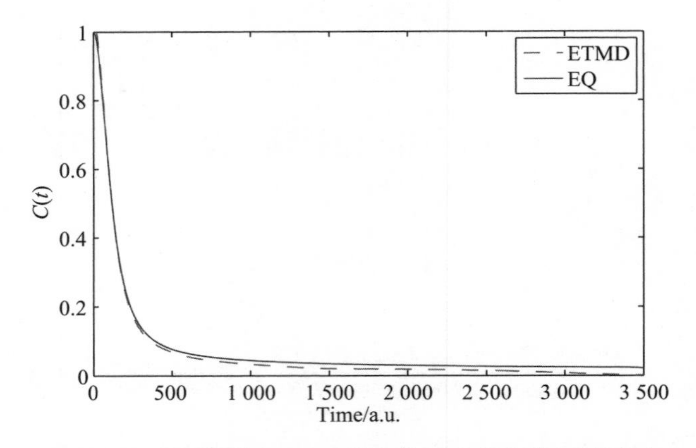

图 4.10　非对称的 Eckart 势垒体系中自关联函数随时间的演化，其中实线和虚线分别表示精确量子力学（EQ）、纠缠轨线分子动力学（ETMD）模拟的结果

4.4　本章小结

本节利用纠缠轨线分子动力学方法研究了三次势、对称和非对称的 Eckart 势垒体系的自关联函数，发现纠缠轨线分子动力学与量子力学两种方法模拟结果符合得比较好. 关联函数可以理解为演化的轨线系综与初始位置的差异. 另外，着重分析了在三次势中单条轨线相应的自关联函数，指出了不同轨线对关联函数的贡献是不一样的，并且当轨线距离初始 Wigner 函数中心最近的时候，会相应地在关联函数中出现一个峰值.

第 5 章　高维体系中的纠缠轨线分子动力学方法

5.1 引　　言

近年来，计算方法和计算机水平的共同发展，极大地提高了运算能力，但是利用完全量子力学方法模拟真实体系的分子动力学过程仍然是非常困难的. 为了突破这个局限性，人们发展了许多近似方法，其中包括平均场理论、半经典方法、经典与量子混合的方法、现象约化描述理论等. 但是基于经典轨线演化的近似方法，不能如实地反映体系本身的量子效应，比如说零点能问题以及量子隧穿现象等. 在相空间中研究体系动力学问题有助于理解经典理论与量子理论之间的对应关系. 1932 年，Wigner 引入了相空间分布函数，提供了在相空间中直接描述量子态演化的方法. Wigner 函数被称为“准概率分布”，因为即使初始的 Wigner 函数中没有负值，但是在其传播过程中也会有负值出现，所以不能代表真实的概率分布函数. 正是由于这个缺陷，人们尝试建立真正的相空间概率密度函数，如正定的 Husimi 分布函数. 虽然 Wigner 函数没有一个明确相对应的经典解释，但是在过去的几十年里，Wigner 分布函数仍然有着非常广泛的应用，如在量子化学、材料科学、分子动力学、散射理论以及量子光学等领域[119,120]. 此外，在物理化学文献中也涌现出来许多量子轨线方法模拟分子反应动力学问题[121~123]. 其中特别著名的是，Wyatt 研究小组[93]引入了一种基于量子水动力学理论的轨线方法，该方法是把极坐标形式的波函数代入含时薛定谔方程，推导出轨线运动方程. 量子水动力学方法中描述粒子是在经典力和量子力的共同作用下运动，其中后者反映出所研究体系的量子效应.

众所周知，对于较大的分子体系，直接数值求解其薛定谔方程是非常困难的，因为所需计算量通常随着维数的增加而以指数形式增大. 经典分子动力学方法对于处理多原子体系问题是非常具有优越性的[124]. 但是，当所研究体系的量子效应比较显著时，运用经典力学方法往往不能反映出其本质上的物理效应. 然而高维量子隧穿现象在物理、化学、生物等许多领域都有着非常重要的作用. 由于其计算上的复杂性，所以人们发展了许多基于经典轨线的方法去模拟高维散射反应[125~128].

纠缠轨线分子动力学（ETMD）方法是在 Wigner 相空间表述形式下基于轨线来模拟量子反应过程，该方法利用相空间轨线系综来数值求解量子刘维尔方程. 通过 Wigner 函数的运动方程推导出轨线演化的微分方程. 由于量子力学的非定域性，要求轨线系综成员之间相互纠缠作为一个统一的整体向前运动. 纠缠轨线分子动力学方法可以准确地模拟所研究体系的量子隧穿效应，特别是王阿署等[21]发展的能处理一般势能模型体系的新计算方法，到目前为止，该方法已经成功处理许多一维量子体系问题. 本章中主要把纠缠轨线分子动力学方法拓展到高维情况，作为一个具体例子，计算了由二维 Eckart 势表示的典型量子体系.

5.2 计算方法

本节给出了数值模拟过程中的计算方法，并且详细给出了二维模型的计算公式. 考虑二维模型体系，$q=(q_1,\ q_2)$ 和 $p=(p_1,\ p_2)$. 所有模拟过程中选取温度为 T 的热高斯分布为初始态. 中心位置为（q_{10}，q_{20}），动量为（p_{10}，p_{20}）的二维初始高斯波包表达式为

$$\Psi^0(q_1,\ q_2)=\left(\frac{m\omega}{\pi\hbar}\right)^{1/2}\exp[i(p_{10}q_1+p_{20}q_2)]\times$$
$$\exp\left[-\frac{m\omega}{2\hbar}(q_1-q_{10})^2-\frac{m\omega}{2\hbar}(q_2-q_{20})^2\right]. \tag{5.1}$$

相应初始 Wigner 函数的表达式为

$$\rho_0(q_1,\ q_2,\ p_1,\ p_2)=\frac{1}{(\pi\hbar)^2}\exp\left[-\frac{(q_1-q_{10})^2}{2\sigma_q^2}-\frac{(q_2-q_{20})^2}{2\sigma_q^2}\right.$$
$$\left.-\frac{(p_1-p_{10})^2}{2\sigma_p^2}-\frac{(p_2-p_{20})^2}{2\sigma_p^2}\right], \tag{5.2}$$

其中 $\sigma_q=\sqrt{\hbar/(2m\omega)}$ 和 $\sigma_p=\sqrt{\hbar m\omega/2}$. 根据初始 Wigner 函数 ρ_0，取相邻两点间的概率为 1/20，取样点相应矩形分布如图 5.1 所示. 所得矩形分布根据 Fokker-Planck 方程演化达到稳定的玻尔兹曼分布 $\rho_{eq}=Z\exp[-H/(k_BT)]$，如图 5.2 所示，其中 Z 表示归一化常数，哈密顿量为 $H=P^2/(2m)+\frac{1}{2}kq^2$[23].

根据玻尔兹曼分布 ρ_{eq} 和初始的 Wigner 分布函数相对应关系，可以得到 Fokker-Planck 方程中演化参数 $k=m^{-1}(\sigma_p/\sigma_q)^2$ 和 $mk_BT=\sigma_p^2$（这里需要强调的是，这个步骤只是为了得到绝对零度下的初始高斯波包相对应 Wigner 分布函数的取样. 实际上是模拟绝对零摄氏度情况下的分子反应动力学过程）. 这个热能化处理得到了与最小不确定宽度 σ_q 和 σ_p 的量子基态相对应的相空间中高斯分

布. 用以上这种方法得到的高斯分布比先前矩形分布更能合理地代表初始 Wigner 分布函数. 同样也选取了其他形式的取样方法，如任意正则取样，但是对于这里的模型而言，正则取样结果也不如根据上面演化得到的玻尔兹曼分布更能合理地表示初始 Wigner 分布函数.

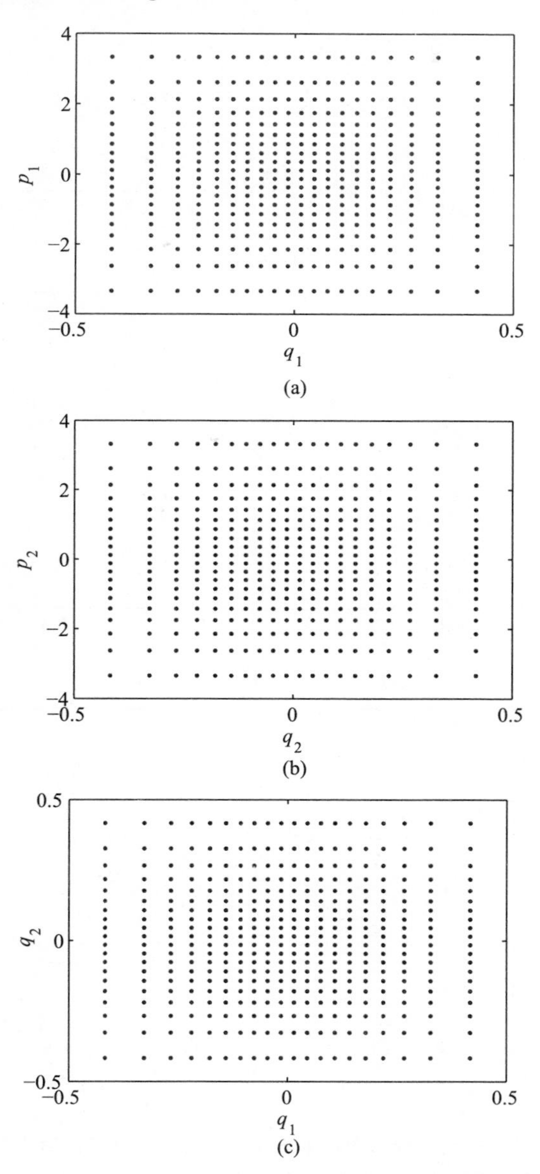

图 5.1　初始 Wigner 函数两点之间概率相等取样得到的矩形分布图（a）q_1-p_1；（b）q_2-p_2；（c）q_1-q_2

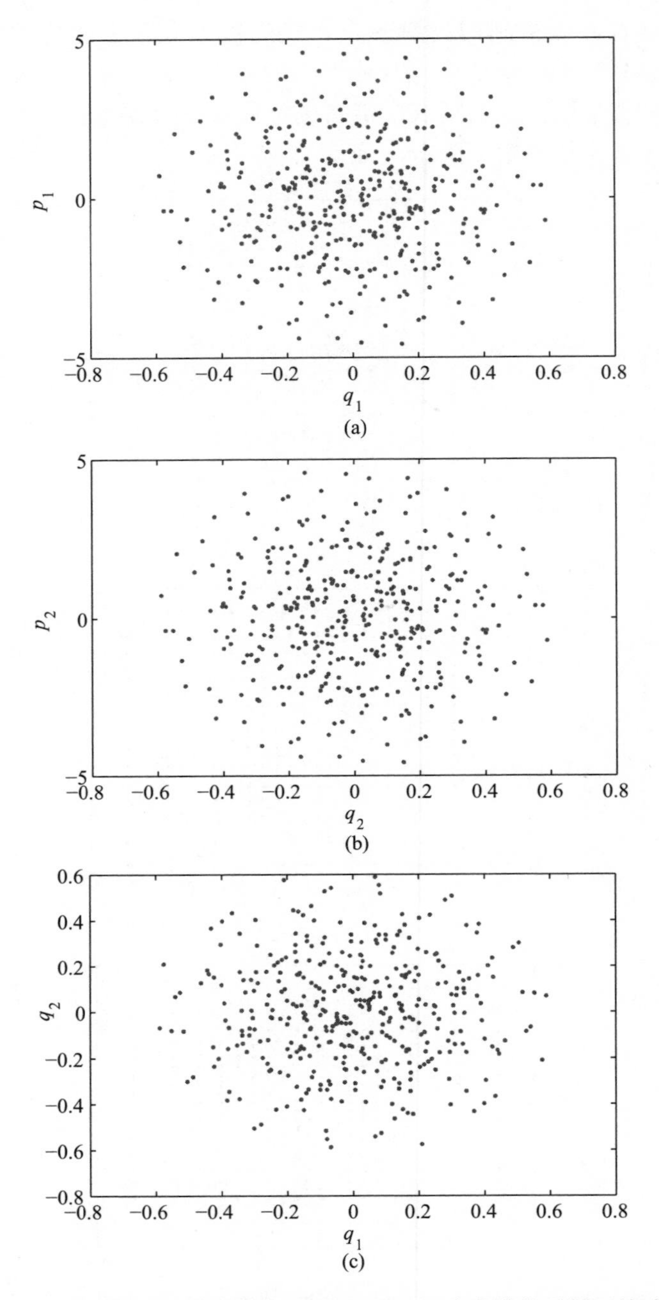

图 5.2　由最初矩形分布根据 Fokker-Planck 方程演化后得到的玻尔兹曼分布图，（a）q_1-p_1；（b）q_2-p_2；（c）q_1-q_2

目前已经有许多种方法能根据有限个取样点建立一个平滑正定的分布函数[129,130]．在模拟过程中，轨线演化的每一步都采取密度核估计理论建立平滑的分布函数$\rho(q_1, q_2, p_1, p_2; t)$．$d$ 维密度核估计函数的定义式为

$$\rho(X) = \frac{1}{Nh^d}\sum_{j=1}^{N}\phi\left[\frac{1}{h}(X - X_j)\right], \tag{5.3}$$

其中，h 表示窗口函数，ϕ 表示核函数，N 表示取样点的个数．核函数 $\phi(X)$ 必须满足关系式

$$\int_{R^d}\phi(X)\,\mathrm{d}X = 1. \tag{5.4}$$

在模拟过程中选取高斯核函数，其在相空间中表达式为

$$\phi(q_1, q_2, p_1, p_2) = \frac{1}{(2\pi h^2\sigma_q\sigma_p)^2}\exp\left[-\frac{q_1^2 + q_2^2}{2h^2\sigma_q^2} - \frac{p_1^2 + p_2^2}{2h^2\sigma_p^2}\right]. \tag{5.5}$$

由轨线系综表示的含时分布函数可以写成如下形式

$$\rho(q_1, q_2, p_1, p_2; t) = \frac{1}{N}\sum_{j=1}^{N}\phi[q_1 - q_{1j}(t), q_2 - q_{2j}(t), p_1 - p_{1j}(t), p_2 - p_{2j}(t)]. \tag{5.6}$$

注意这里正定形式的分布函数是引入的近似处理，因为实际 Wigner 函数会有负值出现．采用 400 条轨线进行数值模拟．这里需要说明的是，通过式（5.6）拟合初始 Wigner 分布函数可以得到最优的窗口宽度．通过实际模拟得到合适的参数，这与平滑处理 Wigner 分布函数得到量子相空间中正定 Husimi 分布函数是一致的[89]．比较了分别基于纠缠轨线分子动力学和精确量子力学方法得到的反应概率$\mathscr{P}(t)$．其中，基于量子力学方法的 t 时刻反应概率表达式为

$$\mathscr{P}(t) = \int_{q_1^\ddagger}^{+\infty}\mathrm{d}q_1\int\mathrm{d}q_2\,|\Psi(q_1, q_2; t)|^2, \tag{5.7}$$

而基于纠缠轨线分子动力学方法的表达式为

$$\mathscr{P}(t) = \int_{q_1^\ddagger}^{+\infty}\mathrm{d}q_1\int\mathrm{d}q_2\int\mathrm{d}p_1\int\mathrm{d}p_2\,\rho(q_1, q_2, p_1, p_2; t), \tag{5.8}$$

把式（5.6）代入式（5.8）中，得到基于纠缠轨线方法的反应概率计算公式

$$\mathscr{P}(t) = \frac{1}{2}\left[1 + \frac{1}{N}\sum_{j=1}^{N}\mathrm{erf}\left(\frac{q_{1j} - q_1^\ddagger}{\sqrt{2}h\sigma_q}\right)\right], \tag{5.9}$$

其中 h 表示式（5.3）中定义的窗口函数．

5.3　计算结果与讨论

考虑如下两个二维模型来分析量子隧穿现象，该体系已经用量子水动力

学方法计算了反应概率[131]：模型一是由分离的 Eckart 势和谐振子势求和组成的，模型二是在模型一的基础上加入了势能间的耦合项.

模型一：

$$V(q_1, q_2) = V_a \mathrm{sech}^2(2q_1) + \frac{1}{2}V_b q_2^2. \tag{5.10}$$

模型二：

$$V(q_1, q_2) = V_a \mathrm{sech}^2(2q_1) + \frac{1}{2}V_b \left[q_2 + V_c(q_1^2 - 1.0)\right]^2. \tag{5.11}$$

其中 V_a、V_b 和 V_c 分别表示势垒高度、谐振子势力学常数和两个坐标间的耦合常数. 在计算过程中统一采用原子单位. 模型参数的选取参照丙二醛分子间的质子转移[132,133]，其中 $V_a = 0.006\ 25$，$V_b = 0.010\ 6$，$V_c = 0.4$. 采用量子体系的初始态相应于质量为 2 000、频率为 0.004 的谐振子基态. 模拟过程中选取两个不同初始态，平均位置为 $q_{10} = -1.0$ 和 $q_{20} = 0.0$，平均动量为 $p_{10} = 3.0$ 和 $p_{10} = 4.0$，相应于模型一中初始波包的平均能量分别为 $E_0 = 0.85\ V_a$ 和 $E_0 = 1.12V_a$，模型二中波包的平均能量分别为 $E_0 = 0.88V_a$ 和 $E_0 = 1.15V_a$. 将模型一的势能表达式（5.10）代入式（3.27）中，就可以得到该模型相空间中纠缠轨线运动方程的具体表达式

$$\begin{aligned}
\dot{q}_1 &= \frac{p_1}{m_1}, \\
\dot{p}_1 &= \frac{1}{2\pi\rho(q_1, p_1, q_2, p_2)}\int \mathrm{d}\xi_1 \rho(q_1, p_1 + \hbar\xi_1, q_2, p_2) \\
&\quad \times \int \mathrm{d}z_1 \frac{V_a[\mathrm{sech}^2(2q_1 - z_1) - \mathrm{sech}^2(2q_1 + z_1)]}{z_1} \mathrm{e}^{-i\xi_1 z_1}, \\
\dot{q}_2 &= \frac{p_2}{m_2}, \\
\dot{p}_2 &= -V_b q_2.
\end{aligned} \tag{5.12}$$

图 5.3 给出了初始能量为 1.12 倍势垒高度的轨线系综随时间的演化分布，并且给出模型一的势能等高线作为参考. 四个子图分别对应某一时刻轨线系综在位置坐标中的分布情况. 图 5.3（a）表示初始时刻轨线系综为相空间中最小不确定波包的高斯分布，图 5.3（b）~ 图 5.3（d）分别表示 8 fs、16 fs 和 30 fs 时的轨线系综位置. 从图 5.3 中可以看出，随着时间的演化，轨线系综分为两部分，一部分轨线可以越过势垒发生反应，而另外一部分轨线被势垒反弹回来，沿着这个方向继续向前运动.

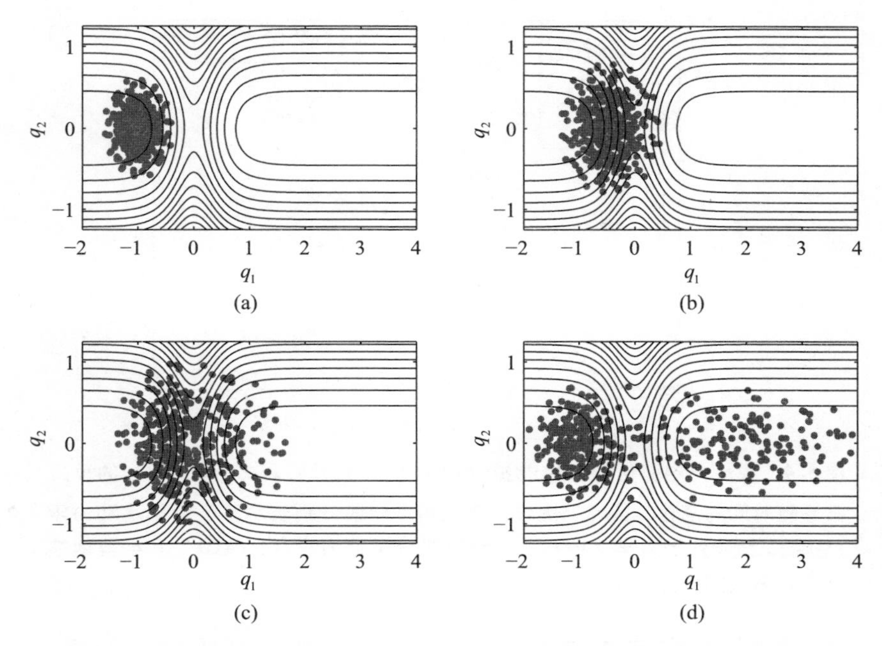

图 5.3　模型一中初始能量为 $E_0 = 1.12V_a$ 的轨线系综按照纠缠轨线分子动力学方法随时间演化分布，四个图形所对应的时间为分别 0 fs、8 fs、16 fs、30 fs. 图形中给出了模型一的势能等高线作为参考

图 5.4 给出模型一中两个不同初始能量波包所对应的反应概率 $\mathscr{P}(t)$ 随时间的变化情况，两个初始态所对应的能量分别为 $E_0 = 0.85V_a$ 和 $E_0 = 1.12V_a$. 精确量子力学方法是指通过快速傅立叶劈裂算符方法数值求解薛定谔方程. 量子水动力学模拟过程中，为了提高运算速度，监测了波包的边缘位置，忽略了吸收势能和作用小的区域，因此水动力学和精确量子力学结果相比有较小差异. 纠缠轨线分子动力学模拟结果与水动力学和精确量子力学计算结果都符合得非常好. 由于在经典力学中，初始能量低于势垒的轨线永远不能越过势垒，经典反应概率低于量子反应概率，从图 5.4 中可以看出此体系的量子隧穿效应还是非常明显的. 反应概率随着波包初始能量的增加而增大，经过很长时间的演化之后反应概率收敛于一个常数. 例如初始能量分别为 $E_0 = 0.85V_a$ 和 $E_0 = 1.12V_a$ 的波包，演化 24 fs 之后反应概率分别趋于 0.22 和 0.4. 图 5.5 给出了模型一中波包初始能量由 0.5 倍势垒高度到 5.5 倍势垒高度所对应的反应概率，发现在这样宽的能量范围之下，纠缠轨线分子动力学结果和精确量子力学结果符合得还是比较好的.

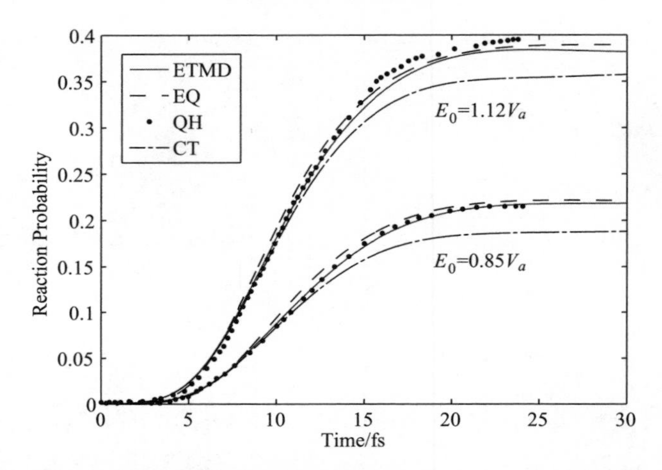

图 5.4 模型一中波包的初始能量分别为 $E_0=0.85V_a$ 和 $E_0=1.12V_a$ 的反应概率随时间的演化. 圆点、虚线、实线和点划线分别表示基于量子水动力学（QH）、精确量子力学（EQ）、纠缠轨线分子动力学（ETMD）和经典轨线（CT）方法的模拟结果

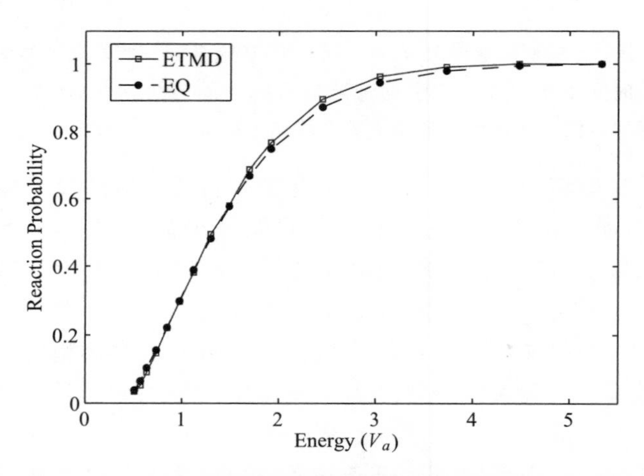

图 5.5 模型一中波包的不同初始能量所对应的反应概率，分别基于精确量子力学（EQ）和纠缠轨线分子动力学（ETMD）方法的模拟结果

将模型二的势能表达式（5.11）代入式（3.27）中，就可以得到该模型相空间中纠缠轨线运动方程的具体表达式

$$\dot{q}_1=\frac{p_1}{m_1},$$

$$\dot{p}_1=\frac{1}{2\pi\rho(q_1,p_1,q_2,p_2)}\int\mathrm{d}\xi_1\rho(q_1,p_1+\hbar\xi_1,q_2,p_2)$$

$$
\begin{aligned}
&\times \int \mathrm{d}z_1 \frac{V_a[\operatorname{sech}^2(2q_1 - z_1) - \operatorname{sech}^2(2q_1 + z_1)]}{z_1} \mathrm{e}^{-i\xi z_1} \\
&- 2V_b(V_c q_1 q_2 + V_c^2 q_1^3 - V_c^2 q_1) \\
&+ \frac{V_b V_c^2 q_1 \hbar^2}{2\rho(q_1, p_1; q_2, p_2)} \frac{\partial^2 \rho(q_1, p_1, q_2, p_2)}{\partial p_1^2},
\end{aligned}
\tag{5.13}
$$

$$
\begin{aligned}
\dot{q}_2 &= \frac{p_2}{m_2}, \\
\dot{p}_2 &= -v_b(q_2 + V_c q_1^2 - V_c) \\
&\quad + \frac{V_b V_c \hbar^2}{4\rho(q_1, p_1; q_2, p_2)} \frac{\partial^2 \rho(q_1, p_1, q_2, p_2)}{\partial p_1^2}.
\end{aligned}
$$

图 5.6 给出了初始能量为 1.15 倍势垒高度的轨线系综随时间的演化分布，并且给出模型二的势能等高线作为参考. 在这种情况下，由于坐标 q_1 和 q_2 之间的耦合作用，轨线系综和模型一中的演化是不一样的. 在图 5.7 中给出了模型二中两个初始能量分别为 0.88 倍和 1.15 倍势垒高度所对应反应概率随时间的演化，并且比较了分别基于纠缠轨线分子动力学、精确量子力学以及量子水动力学方法的模拟结果. 对于这两种不同初始能量波包随时间演

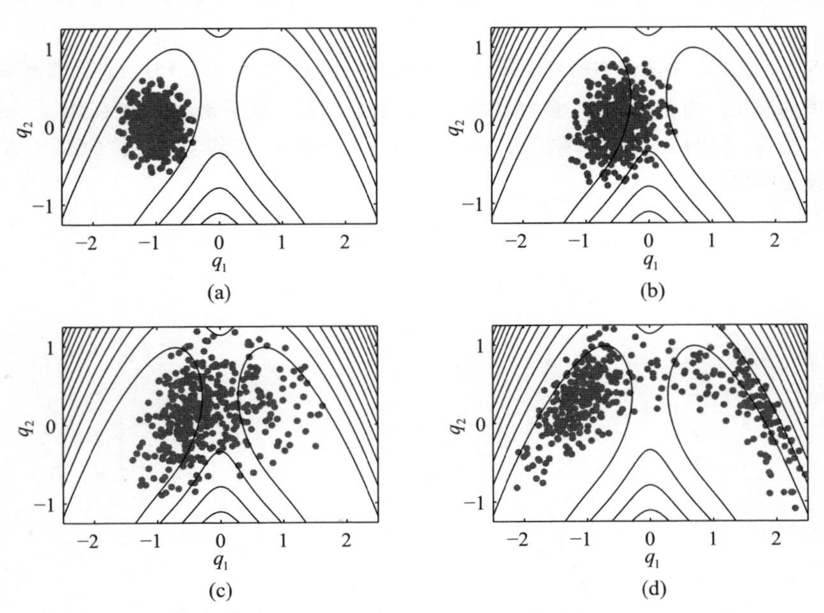

图 5.6　模型二中初始能量为 $E_0 = 1.15V_a$ 的轨线系综按照纠缠轨线分子动力学方法随时间演化的分布，四个图形所对应的时间为分别 0 fs、8 fs、16 fs、30 fs. 图形中给出了模型二的势能等高线作为参考

化 25 fs 之后，三种模拟方法的反应概率都收敛于 0. 2 和 0. 35. 可以看出对于这样一个坐标之间有相互耦合作用的复杂体系，纠缠轨线分子动力学方法与精确量子力学方法同样符合得非常好. 同样在图 5. 8 中给出模型二中不同初始能量波包所对应的反应概率，可以看出基于纠缠轨线分子动力学方法和精确量子力学方法模拟的结果符合得还是非常好的. 以上结果表明纠缠轨线分子动力学方法可以成功地运用到二维量子隧穿体系中.

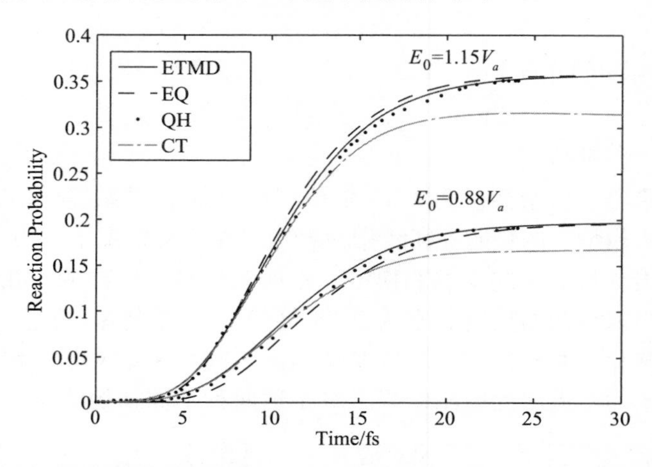

图 5. 7　模型二中波包的初始能量分别为 $E_0=0.88V_a$ 和 $E_0=1.15V_a$ 的反应概率随时间的演化. 圆点、虚线、实线和点划线分别表示基于量子水动力学（QH）、精确量子力学（EQ）、纠缠轨线分子动力学（ETMD）和经典轨线（CT）方法的模拟结果

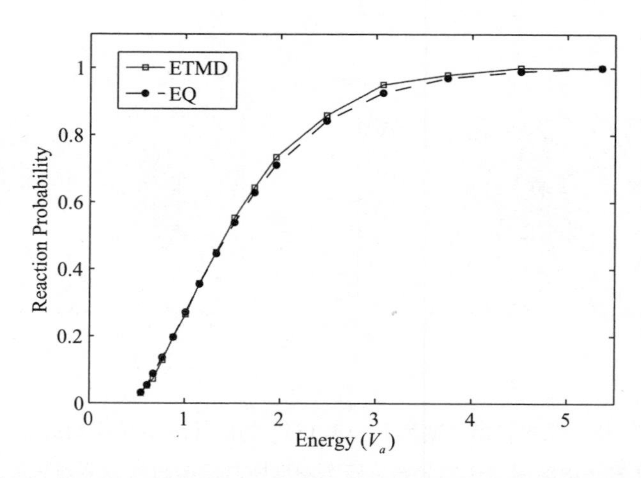

图 5. 8　模型二中不同初始能量的波包所对应的反应概率，其中 ETMD 表示基于纠缠轨线分子动力学方法，EQ 表示基于精确量子力学方法模拟的反应概率结果

图 5.9 给出了单条轨线在相空间 q_1-p_1 中的演化轨迹和该条轨线能量随坐标 q_1 的变化情况，其中的圆点表示该轨线初始时刻所在的位置. 对于初始能量高于势垒的情况，纠缠轨线和经典轨线都可以直接越过势垒发生反应. 对于单条轨线而言，经典轨线能量守恒，而纠缠轨线只要求整个轨线系综平均能量守恒，纠缠轨线系综成员间能量可以互相交换. 从图 5.9（a）可以看出，这种情况下经典轨线和纠缠轨线在相空间 q_1-p_1 中只有很小的差距. 它们所对应的能量随坐标 q_1 的变化如图 5.9（b）所示，经典轨线的能量保持为一个常数，而纠缠轨线的能量随坐标发生了变化. 在势垒处，纠缠轨线能量恰好达到最大值，可以认为这段时间内该条轨线主要从其他系综成员借取能量，越过势垒之后，迅速降低，也就是把能量返还给其他轨线成员. 图 5.10 中给出了初始能量低于势垒的情况，可以看出两条轨线都没有越过势垒. 经典轨线能量保持守恒，其能量始终低于势垒高度，纠缠轨线能量虽然有所增加，但是它借取的能量不足以让其越过势垒，当然也可以认为该条轨线在演化过程中被其他成员借取能量，因此其本身也就无法发生反应.

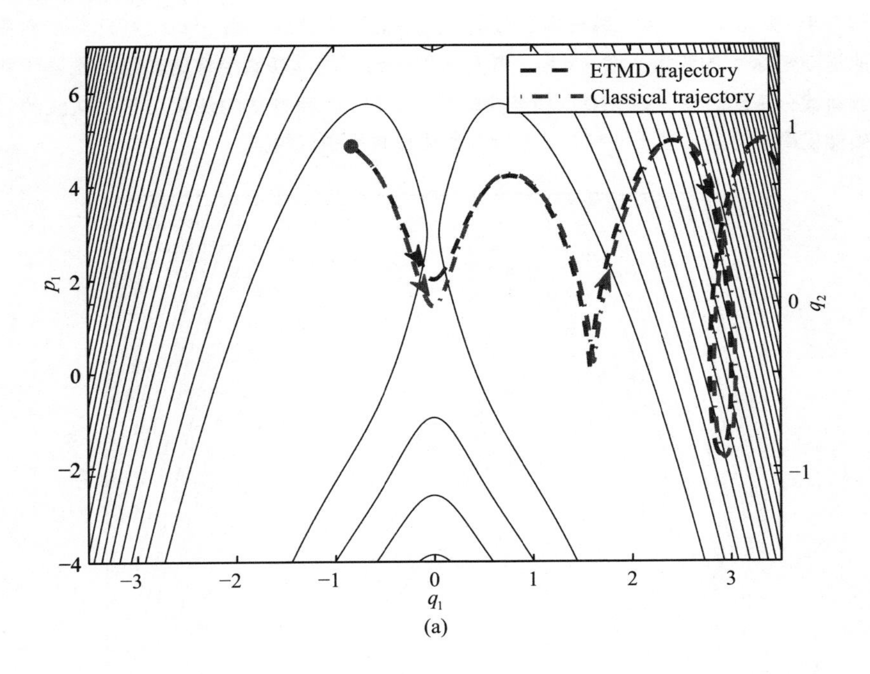

(a)

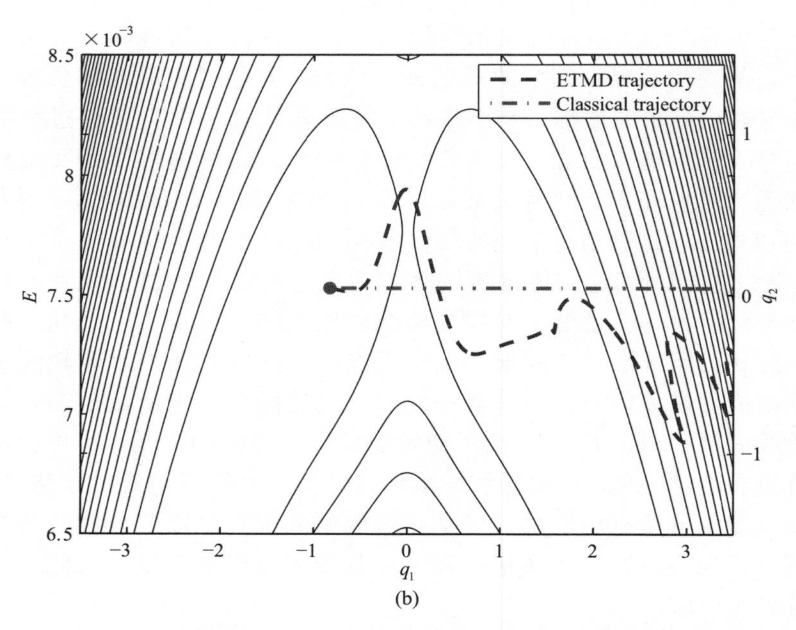

(b)

图 5.9　模型二中单条轨线在相空间 q_1-p_1 中的演化轨迹［图（a）］和此轨线对应能量随坐标 q_1 的变化［图（b）］，并且分别给出了同样初始条件的轨线分别基于纠缠轨线分子动力学（ETMD）和经典轨线（CT）两种方法的演化结果．轨线的初始能量高于势垒，基于两种方法的轨线都可以直接越过势垒

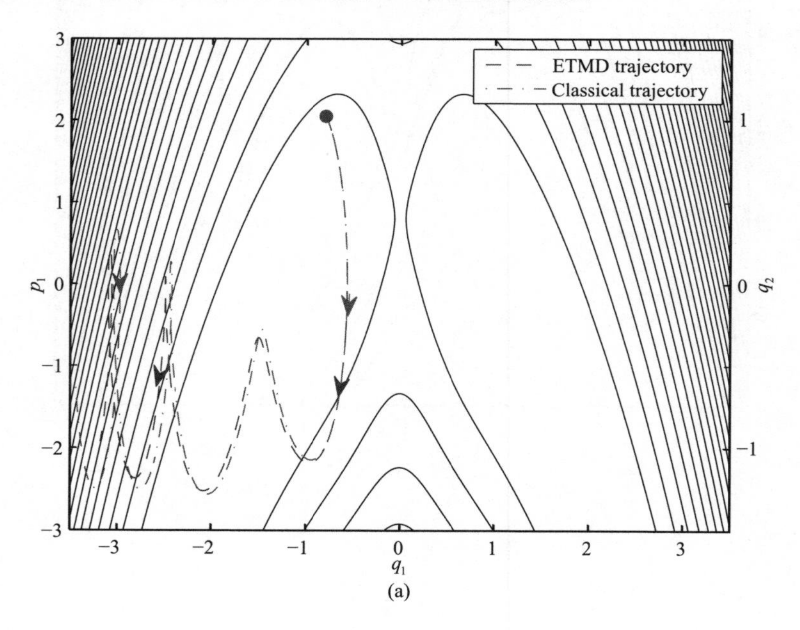

(a)

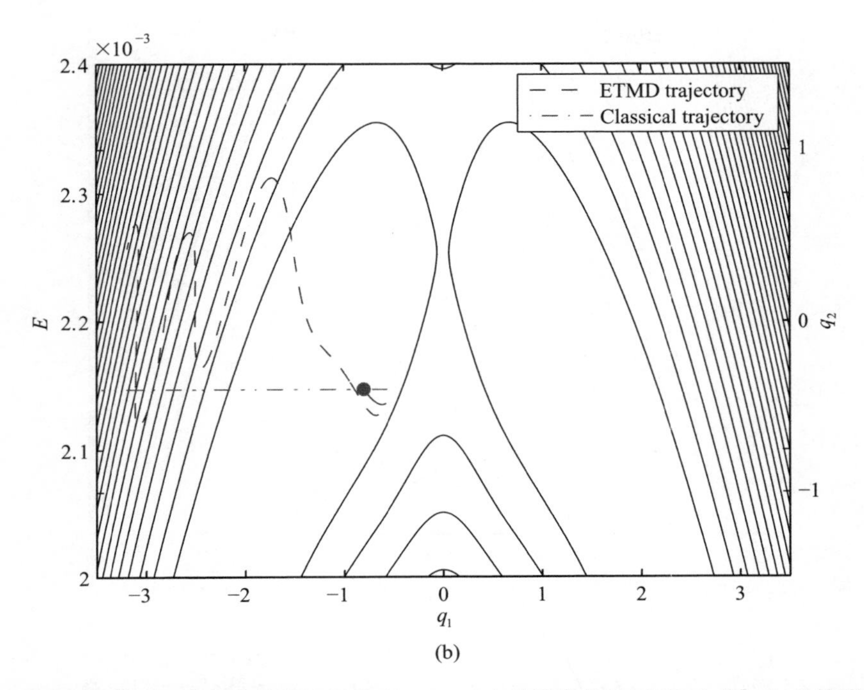

(b)

图 5.10　模型二中单条轨线在相空间 q_1-p_1 中的演化轨迹［图（a）］和此轨线对应能量随坐标 q_1 的变化［图（b）］，并且分别给出了同样初始条件的轨线分别基于纠缠轨线分子动力学（ETMD）和经典轨线（CT）两种方法的演化结果．轨线的初始能量低于势垒，基于两种方法的轨线都没有发生反应

图 5.11 中同样给出了初始能量低于势垒的轨线运动情况，这里发生了非常有趣的现象：纠缠轨线可以越过势垒发生反应，而经典轨线被束缚在势垒左侧而没有发生反应．从图 5.11（a）中看出，当轨线靠近势垒时，经典轨线和纠缠轨线分叉了，即经典轨线被势垒反弹回来，而纠缠轨线越过势垒发生反应了．从图 5.11（b）中观察它们的能量变化，发现经典轨线由于单条轨线也必须满足能量守恒定律，所以能量保持不变，始终低于势垒高度，所以不能发生反应．对于纠缠轨线而言，可以看出在靠近势垒时，其能量逐渐变大，从轨线系综其他成员吸取能量，从而使其能量高于势垒，所以越过势垒发生反应．

纠缠轨线分子动力学方法非常重要的性质就是可以明显地观察到量子隧穿现象．量子隧穿现象可以基于纠缠轨线分子动力学方法给予解释：纠缠轨线系综作为一个整体向前演化，也就破坏了经典轨线的独立性．例如，轨线的初始能量低于势垒高度，但是由于在演化过程中轨线成员间有相互作用，所以该条轨线可以从其他系综成员借取能量，当该条轨线越过势垒发生反应后，又把能量归还回其他轨线成员．

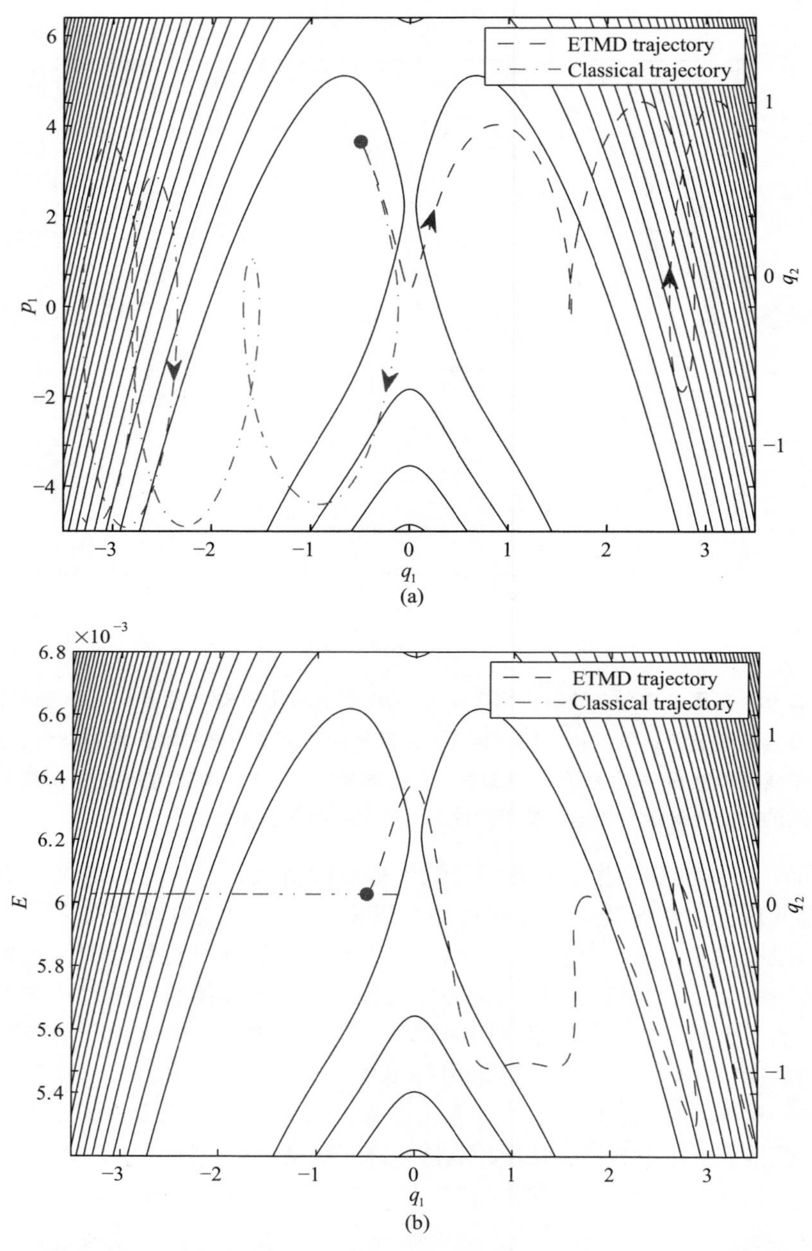

图 5.11 模型二中单条轨线在相空间 q_1-p_1 中的演化轨迹［图（a）］和此轨线对应能量随坐标 q_1 的变化［图（b）］，并且分别给出了同样初始条件的轨线分别基于纠缠轨线分子动力学（ETMD）和经典轨线（CT）两种方法的演化结果. 轨线初始能量低于势垒，纠缠轨线越过势垒发生反应，而经典轨线没有发生反应

5.4 本章小结

本章中把纠缠轨线分子动力学方法拓展到高维，并且计算了两个基于 Eckart 势的二维模型. 基于纠缠轨线分子动力学方法计算了二维模型的反应概率，并且与量子水动力学方法和精确量子力学方法的结果进行了比较. 计算结果表明纠缠轨线分子动力学方法与另外两种方法结果都符合得非常好，并且纠缠轨线分子动力学方法的计算量随维数增加变化较小. 图 5. 12 给出了波包分别在对称和非对称的 Eckart 势（一维模型）和本章中的模型一与模型二（二维模型）中演化 2000 原子单位时间，相应计算机耗时分别为 13 325 s、14 970 s、24 740 s 和 25 767 s，可以看出二维模型的耗时大约为一维模型的 1. 7 倍（本次工作所用计算机型号为 Inter Core 2 Quad CPU Q8400 2. 66 GHz）. 通过本次工作可以得出结论：纠缠轨线分子动力学方法可以精确有效地模拟高维量子体系. 此外，纠缠轨线分子动力学方法给出了量子隧穿现象一个独特并且非常吸引人的解释. 纠缠轨线之间有相互作用，并且量子体系演化过程中伴随着能量在轨线系综成员间的相互转移. 这种解释完全不同于经典理论，破坏了经典轨线的统计独立性，能展示出体系的非经典效应.

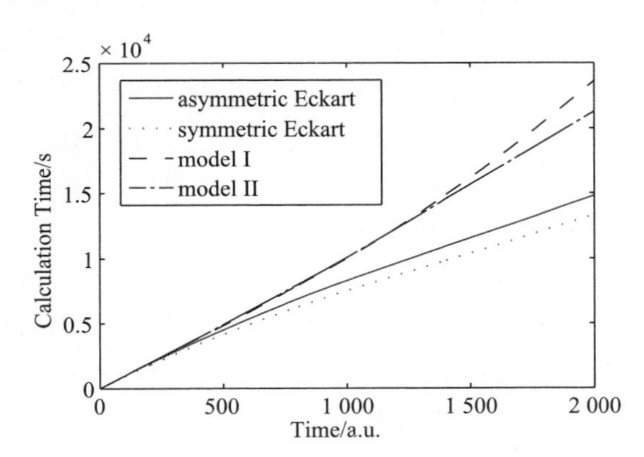

图 5. 12　基于纠缠轨线分子动力学方法计算四个模型所需时间，其中两个一维模型为对称和非对称的 Eckart 势，及本章两个二维模型：模型一和模型二

第6章 用纠缠轨线分子动力学方法研究 $H + H_2$ 共线反应

6.1 引 言

物理化学中的许多现象蕴含着量子效应，如零点能问题、隧穿现象、干涉效应以及非绝热动力学性质. 目前在许多领域应用含时量子波包法处理分子动力学问题. 传统的精确求解含时薛定谔方程，一般是基于空间格点、基函数集或者离散变量表示，这些方法的计算量随维数指数形式增加[134]. 受计算量指数形式增加的制约，用这种方法很难处理八维以上的体系. 相比之下，利用相空间中经典轨线系综表示概率分布的分子动力学方法，能非常有效地处理类似于流体和生物分子之类的大体系，但是这种方法由于轨线遵循经典哈密顿正则方程，所以不能体现系统的量子效应.

$H + H_2$ 是一个最基本的化学反应，目前已经有许多文献运用了经典[135,136]、半经典[11,137]以及量子力学[138~140]的方法研究了该体系的反应概率、速率常数等性质. 该反应被看作化学反应的一个基准模型，也就是指所发展的新算法通过计算这个反应，来判断该算法的有效性. 原子核运动通常会伴有量子效应，若此过程中包含氢原子或者多个电子态，如研究动力学性质、生物分子间的质子转移以及光化学现象等，这些过程中量子效应就变得非常显著. 基于轨线方法描述原子核高维运动的量子效应是非常理想的，用量子轨线描述薛定谔方程能非常方便地实现这个目标. 体系的波函数表示成粒子的集合，这些粒子遵循经典正则方程演化，并且每个粒子带有确定的密度权重. 该方法引入量子势来显示其非局域量子效应，量子势由体系的密度函数及其导数确定. 粒子在经典势和量子势的共同作用下运动. 由于这种基于量子轨线求解薛定谔方程的方法，避免了传统格点方法中计算量随自由度指数增加的瓶颈，所以运用较小数目的量子轨线去处理高维模型是非常吸引人的，目前根据量子轨线方法已经成功处理了许多模型[142~143]. 但是，根据这种量子轨线方法处理问题时，如果该体系量子势变化非常迅速，执行该算法就变得异常烦琐.

近年来，Martens 等人结合系统的经典性和量子性发展了纠缠轨线分子动力学（ETMD）方法，对于处理量子效应比较显著的体系仍然能得到理想的结果. 本章就是根据纠缠轨线分子动力学方法来处理共线的 $H+H_2$ 反应.

6.2　一维模型

用 Eckart 势来简单表示 $H+H_2$ 共线交换反应的一维模型[144,145]

$$V(x)=D/\cosh^2(\lambda x), \tag{6.1}$$

式中，参数取值为 $D=16.0$，$\lambda=1.3624$. 该体系质量标度化的哈密顿量为

$$H=P^2/2+V(x). \tag{6.2}$$

初始的高斯波包位于势垒左侧

$$\psi(x,0)=\exp\left[-\gamma(x-x_0)^2+ip_0(x-x_0)\right](2\gamma/\pi)^{(1/4)}, \tag{6.3}$$

其中波函数参数选取为 $\gamma=6.0$，$x_0=-2.0$，p_0 范围为 [1.0, 10.5]. 初始波函数相应于质量 $m=1.0$，频率 $\omega=12.0$ 谐振子的基态，如图 6.1 所示. 其相应初始 Wigner 函数为

$$\rho_w^0(q,p)=\frac{1}{\pi\hbar}\exp\left[-\frac{(q-q_0)^2}{2\sigma_q^2}-\frac{(p-p_0)^2}{2\sigma_p^2}\right], \tag{6.4}$$

其中 $\sigma_q=\sqrt{\hbar/(2m\omega)}$，$\sigma_p=\sqrt{\hbar m\omega/2}$. 初始波包能量的计算公式为

$$E=\gamma/2+p_0^2/2. \tag{6.5}$$

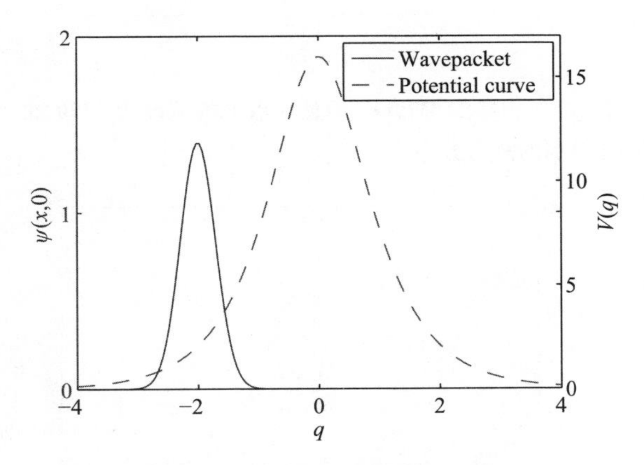

图 6.1　初始波函数和势能曲线

在 Wigner 相空间中轨线演化的方程为[21,22]

$$\dot{q}=\frac{p}{m},$$

$$\dot{p} = -\frac{1}{2\pi\hbar\rho_w(q,p)}\int \mathrm{d}\xi \rho^w(q, p+\hbar\xi)\int \mathrm{d}z \frac{[V(q+z/2)-V(q-z/2)]}{z}\mathrm{e}^{-i\xi z/\hbar}. \tag{6.6}$$

这里主要研究了不同初始能量波包对应的反应概率，基于量子力学的反应概率公式为

$$\mathscr{P}(t) = \int_{x^{\ddagger}}^{+\infty} = \mathrm{d}q\,|\Psi(x,t)|^2, \tag{6.7}$$

基于纠缠轨线分子动力学方法的反应概率计算公式为

$$\mathscr{P}(t) = \int_{q^{\ddagger}}^{+\infty}\mathrm{d}q\int_{-\infty}^{+\infty}\mathrm{d}p\rho^w(q,p,t) = \frac{1}{2}\left[1+\frac{1}{N}\sum_{j=1}^{N}\mathrm{erf}\left(\frac{q_j - q^{\ddagger}}{\sqrt{2}h_q}\right)\right], \tag{6.8}$$

初始 Wigner 函数相邻两点间概率相等取样得到的矩形分布如图 6.2 所示. 矩形分布根据 Fokker-Planck 方程演化达到稳定高斯平衡态，如图 6.3 所示.

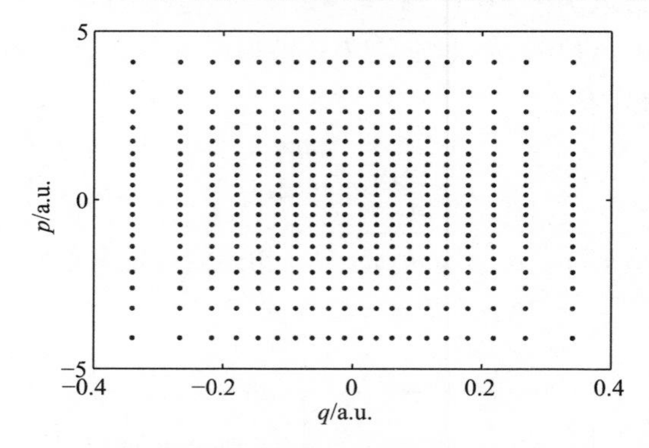

图 6.2　由初始 Wigner 函数两点间的概率为 1/20 取样得到的矩形分布

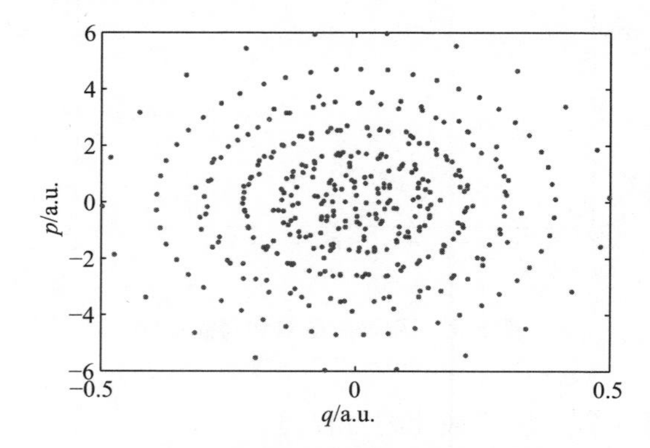

图 6.3　以矩形分布为初始条件，然后根据 Fokker-Planck 方程演化到稳定的高斯平衡态

根据纠缠轨线分子动力学方法，可以得到不同初始能量的波包所对应的透射概率，如图 6.4 所示. 从图中可以看出，根据纠缠轨线分子动力学（ETMD）和精确量子力学两种方法模拟的结果符合得还是比较好的.

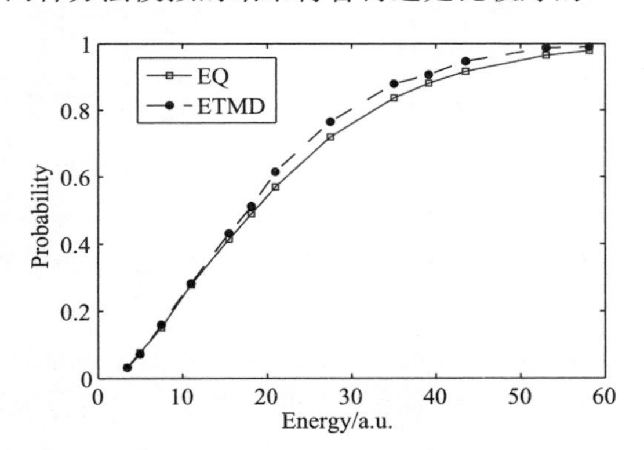

图 6.4　不同初始能量波包所对应的透射概率

6.3　二维模型

$H + H_2$ 共线反应的哈密顿形式为[146,147]

$$H = -\hbar^2/2\mu(\partial^2/\partial R^2 + \partial^2/\partial r^2) + V(R, r), \tag{6.9}$$

式中采用质量标度化的雅可比坐标，能使动能对角化，给计算带来方便. 本体系详细的坐标变换以及势能面请参考文献［148，149］. 关于对称的 $H + H_2$ 反应，该势能面对称线为

$$f(r, R) = 0 = r - (R/\sqrt{3}). \tag{6.10}$$

显然此对称线可以看成反应物和产物之间的分界线. 初始波包的表达式为

$$\psi(0) = \sqrt{\frac{2}{\pi}(\alpha_1\alpha_2)^{1/2}}\exp[-\alpha_1(R - R_0)^2 - \alpha_2(r - r_0)^2 + ip_0(R - R_0)], \tag{6.11}$$

在原子单位（被双原子约化质量 $m_H/2 = 1$ 标度后）中式（6.11）的参数值分别为 $R_0 = 6.5$，$r_0 = 1.3$，$\alpha_1 = 4.0$ 和 $\alpha_2 = 9.73$. 质量标度化后的哈密顿体系中粒子质量为

$$\mu = \frac{m_H}{\sqrt{3}} = \frac{2}{\sqrt{3}} \times 1\ 836.15 \approx 2\ 120.2 \ \text{(a. u)}. \tag{6.12}$$

初始波包相应于质量为 $m_1 = m_2 = 2\ 120.2$，频率为 $\omega_1 = 0.003\ 8$，$\omega_2 = 0.009\ 2$ 的谐振子基态. 初始 Wigner 分布函数的表达式为

$$\rho_0(q_1, q_2, p_1, p_2) = \frac{1}{(\pi\hbar)^2}\exp\left[-\frac{(q_1-q_{10})^2}{2\sigma_{q_1}^2}-\frac{(q_2-q_{20})^2}{2\sigma_{q_2}^2}-\frac{(p_1-p_{10})^2}{2\sigma_{p_1}^2}-\frac{(p_2-p_{20})^2}{2\sigma_{p_2}^2}\right], \tag{6.13}$$

其中 $\sigma_{q_1}=\sqrt{\hbar/(2m_1\omega_1)}$，$\sigma_{p_1}=\sqrt{\hbar m_1\omega_1/2}$，$\sigma_{q_2}=\sqrt{\hbar/(2m_2\omega_2)}$ 和 $\sigma_{p_2}=\sqrt{\hbar m_2\omega_2/2}$. 首先根据初始 Wigner 函数 ρ_0，取相邻两点间的概率为 1/20，那么取样得到的矩形分布如图 6.5 所示. 然后由矩形分布根据 Fokker-Planck 方程演化得到稳定的玻尔兹曼分布如图 6.6 所示，此分布能很好地表示初始 Wigner 函数，所以作为所有模拟工作的初始条件（原因在第 3 章取样方法中有详细介绍）. 图 6.7 给出了根据纠缠轨线分子动力学方法轨线系综在势能面中随时间的演化，可以看出系综逐渐靠近分界线，然后分成两部分：一部分

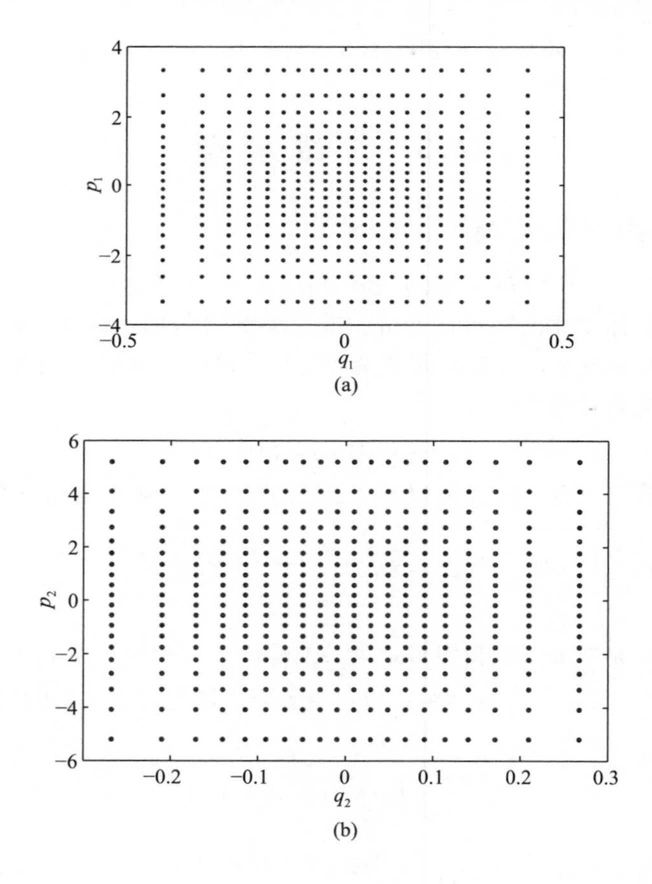

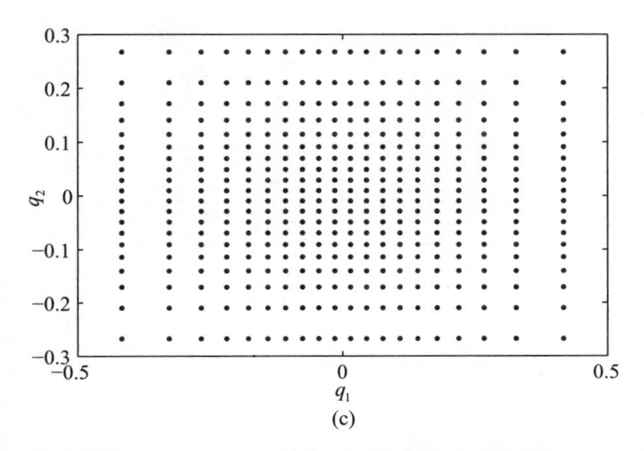

(c)

图 6.5　根据初始 Wigner 函数两点之间概率相等取样得到的矩形分布图，（a）q_1-p_1；（b）q_2-p_2；（c）q_1-q_2

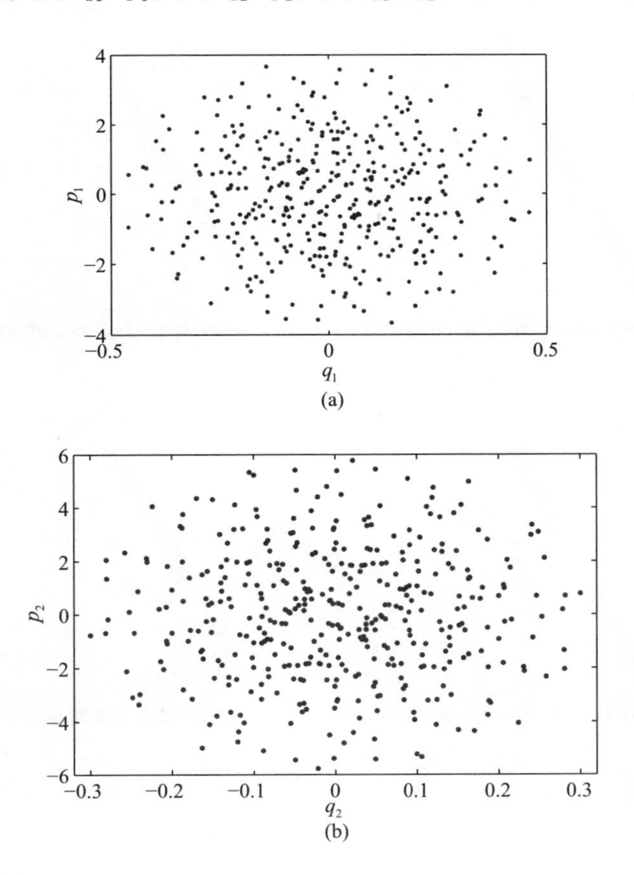

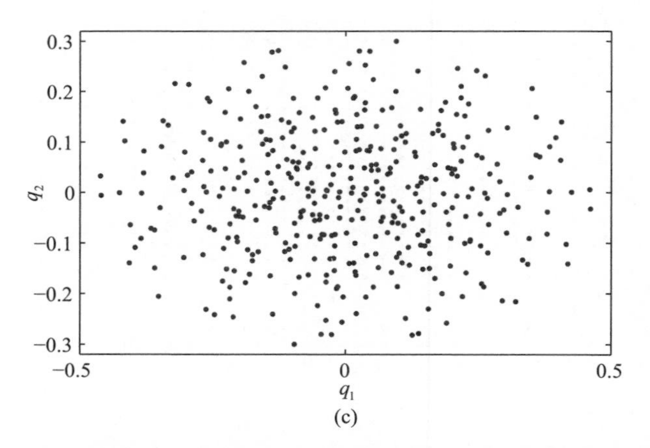

(c)

图 6.6　由最初的矩形分布根据 Fokker-Planck 方程演化后得到的玻尔兹曼分布图，（a）q_1-p_1；（b）q_2-p_2；（c）q_1-q_2

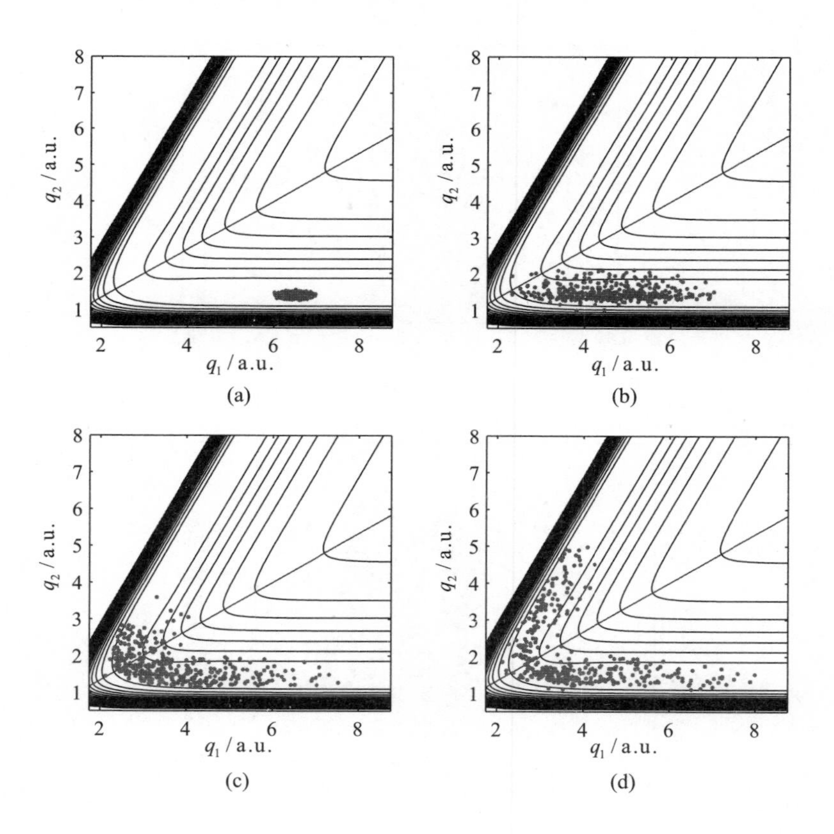

(a) (b)

(c) (d)

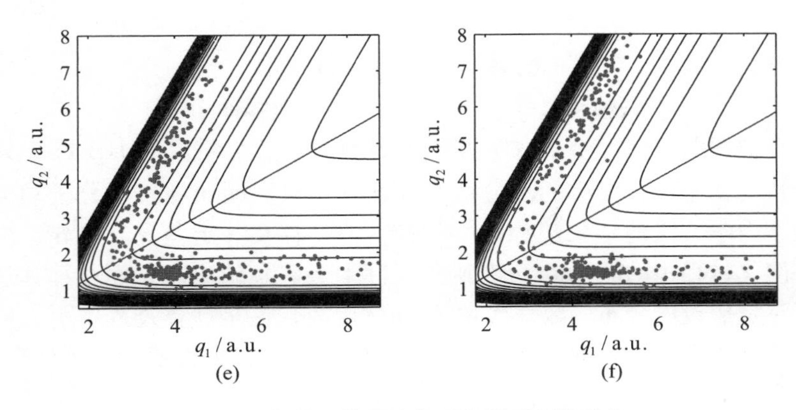

图 6.7　轨线系综在坐标空间随时间的演化

在产物区域继续向前运动；另一部分在反应物区域，被势垒弹回，向反方向运动. 在图 6.8 中给出了基于纠缠轨线分子动力学与量子力学两种方法得到的不同初始能量波包所对应的反应概率，其中量子力学的结果是从 J. Chem. Phgs. （120，6815）图形 5 中取点得到的. 从计算结果中可以看出，两种方法得到的结果虽然有一定差异，但是基本趋势是一样的. 存在差异的主要原因是由于在计算过程中引入了分布函数的正定假设，而实际的 Wigner 分布函数在演化过程中会出现负值. 今后的工作中会尝试摒弃这种假设，看模拟结果能否变得更为理想.

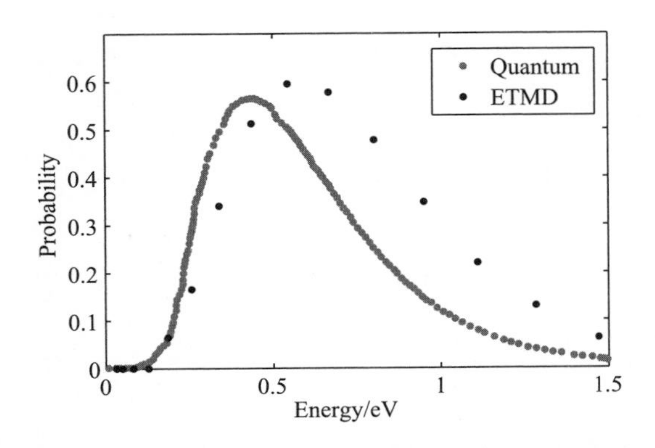

图 6.8　不同初始能量的波包所对应的反应概率，分别基于量子力学（Quantum）和纠缠轨线分子动力学（ETMD）方法的模拟结果

6.4 本章小结

本章把纠缠轨线分子动力学方法拓展到简单的化学反应 $H + H_2$，计算了不同能量的初始波包对应的反应概率. 计算结果表明纠缠轨线分子动力学方法与量子力学方法的结果趋势基本一样，但是存在一定差异. 差异是由于轨线系综演化过程中的 Wigner 分布函数实际上会有负值出现，而在计算过程中使用了正定假设的分布函数来代替 Wigner 函数，这是计算过程中引入的近似处理. 这种正定近似处理给计算带来很大的便捷性，极大地提高了计算效率，同样带来了模拟结果上的差异.

第 7 章 双势阱中的量子隧穿过程

7.1 引 言

双势阱中的量子隧穿现象有着非常广泛的应用，一直是人们关注的热点问题[150~155]. 量子力学效应，尤其是量子纠缠和隧穿现象，在许多物理化学体系中起着关键性作用. 经典相空间轨线系综模拟希尔伯特空间的量子波包，其中动力学变量的统计平均值对应于量子力学算符的期望值，是一种有效的描述量子和经典对应的理论与数值计算方法. 基于玻姆力学或者量子水动力学的量子轨线方法在物理和化学领域是应用最为广泛的量子轨线方法. 轨线方法在数值计算和描述动力学过程这两方面，有很大优势. 最近，Martens 研究小组提出纠缠轨线分子动力学方法，该方法利用经典轨线系综的魏格纳函数来数值求解量子刘维尔方程[20,156]. 在此方法中，由于研究体系中魏格纳分布函数的非定域性，轨线系综作为一个整体随时间演化. 但是在经典力学中，轨线演化遵循经典哈密顿方程，轨线成员间是相互独立的. 到目前为止，纠缠轨线分子动力学方法，已经成功运用到许多量子体系，如三次势能函数[157]、Eckart 势能[14]和 $H + H_2$ 共线反应[158]. 本章利用纠缠轨线分子动力学方法研究物理化学中的标准模型的量子隧穿现象，初始高斯波包在一维和二维双势阱模型中的传播过程. 由于在数值计算中的可靠性和有效性，纠缠轨线分子动力学方法在研究分子体系的半经典演化过程起到非常重要的作用.

7.2 计 算 方 法

魏格纳首先提出运用魏格纳函数来研究经典统计力学的量子修正[73,159]

$$\rho(q, p; t) = \left(\frac{1}{2\pi\hbar}\right)^n \int \mathrm{d}y \psi^*(q + y/2; t)\psi(q - y/2; t)\, \mathrm{e}^{\frac{i}{\hbar}p\cdot y}, \quad (7.1)$$

式中除非特别说明，积分从 $-\infty$ 到 $+\infty$. 魏格纳分布函数的量子刘维尔方程表示为

$$\frac{\partial\rho(q, p; t)}{\partial t} = -\sum_{k=1}^{n} \frac{p_k}{m}\frac{\partial\rho(q, p; t)}{\partial q_k} + \int \mathrm{d}\xi J(q, \xi - p)\rho(q, \xi; t), \quad (7.2)$$

其中

$$J(q,\ \xi)\ =\frac{i}{2^n\pi^n\hbar^{n+1}}\int \mathrm{d}z\left[V\left(q+\frac{z}{2}\right)-V\left(q-\frac{z}{2}\right)\right]\mathrm{e}^{-\frac{i}{\hbar}z\cdot\xi}. \tag{7.3}$$

由于量子相空间中魏格纳分布函数的迹是守恒的 $\mathrm{Tr}\rho=\int\rho\mathrm{d}q\mathrm{d}p=1$，轨线系综满足连续性方程

$$\frac{\partial\rho}{\partial t}+\nabla\cdot j=0, \tag{7.4}$$

其中 $j=(j_q,\ j_p)$，$\nabla=\left(\frac{\partial}{\partial q},\ \frac{\partial}{\partial p}\right)$ 分别是相空间中的电流矢量和梯度算子. 最后，n 维模型的纠缠轨线运动方程可以表示为[160]

$$\begin{aligned}\dot{q}_k&=\frac{p_k}{m},\\ \dot{p}_k&=-\frac{1}{\rho(q,\ p)}\int\mathrm{d}\xi\ \Theta_k(q,\ \xi-p)\rho(q,\ \xi),\end{aligned} \tag{7.5}$$

其中

$$\Theta_k(q,\ \xi-p)\ =\frac{1}{(2\pi\hbar)^n}\int\mathrm{d}y\,\frac{V_k^+-V_k^-}{y_k}\,\mathrm{e}^{-iy\cdot(\xi-p)/\hbar}\ , \tag{7.6}$$

$k=1,\ 2,\ \cdots,\ n-1$. 矢量 Θ 中的 $k=n$ 成分可以表示为

$$\Theta_n(q,\ \xi-p)\ =\frac{1}{(2\pi\hbar)^n}\int\mathrm{d}y\times\left\{[V(q+y/2)-V(q-y/2)]-\sum_{k=1}^{n-1}[V_k^+-V_k^-]\right\}\times\frac{\mathrm{e}^{-\frac{i}{\hbar}y\cdot(\xi-p)}}{y_n}. \tag{7.7}$$

基于上面表示定义 $V_k^{\pm}=V(q_1,\ q_2,\ \cdots,\ q_k\pm y_k/2,\ \cdots,\ q_n)$ 和 $k=1,\ 2,\ \cdots,\ n-1$. 在下面的表示中，详细地用一维模型来给出纠缠轨线分子动力学的具体算法. 对于高维体系，可以通过一维方程直接扩展得到. 本章中用高斯波包

$$\Psi^0(q,\ 0)=\left(\frac{m\omega}{\pi\hbar}\right)^{\frac{1}{4}}\exp\left[-\frac{m\omega}{2\hbar}(q-q_0)^2+ip_0q\right] \tag{7.8}$$

为初始态. 初始高斯波包对应于质量 m 和频率 ω，其中 q_0 和 p_0 分别为初始平均位置和平均动量. 经过上述变化得到魏格纳变化的初始魏格纳函数

$$\rho_0(q,\ p)=\frac{1}{\pi\hbar}\exp\left[-\frac{(q-q_0)^2}{2\sigma_q^2}-\frac{(p-p_0)^2}{2\sigma_p^2}\right], \tag{7.9}$$

其中 $\sigma_q=\sqrt{\hbar/(2m\omega)}$ 和 $\sigma_p=\sqrt{\hbar m\omega/2}$，位置和动量的初始条件 $q(0)$ 和 $p(0)$ 可以从初始分布函数中取样出来. 本章从最初魏格纳函数中抽样出来

900 个同样权重的点作为分子动力学模拟的初始条件. 目前有许多方法可以通过有限个取样来表示一个平滑的分布函数，连续性方程 ρ 可以表示为有限个轨线系综，

$$\rho(q,p,t)=\frac{1}{N}\sum_{j=1}^{N}\delta[q-q_j(t)]\delta[p-p_j(t)]. \tag{7.10}$$

演化过程式（3.27）的每一步都用核密度估计方法[91,129,130]去拟合系综分布函数 $\rho_w(q,p,t)$. 对于二维高斯核可以表示为

$$\phi(q,p)=\frac{1}{2\pi h^2\sigma_q\sigma_p}\exp\left(-\frac{q^2}{2h^2\sigma_q^2}-\frac{p^2}{2h^2\sigma_p^2}\right), \tag{7.11}$$

其中 D 维宽度指数取决于 $h=[4/N(D+2)]^{1/(D+4)}$. 分布函数 $\rho(q,p,t)$ 可以表示为

$$\rho(q,p,t)=\frac{1}{N}\sum_{j=1}^{N}\phi[q-q_j(t),p-p_j(t)]. \tag{7.12}$$

为了讨论相空间中的量子和经典力学的差异性，计算经典刘维尔方程中的 Wigner 分布函数演化过程[86]

$$\frac{\partial\rho}{\partial t}=\{H,\rho\}\equiv\frac{\partial H}{\partial q}\frac{\partial\rho}{\partial p}-\frac{\partial\rho}{\partial q}\frac{\partial H}{\partial p}, \tag{7.13}$$

因此轨线系综可以通过积分经典哈密顿方程来实现

$$\dot{q}=\frac{\partial H}{\partial p}, \tag{7.14}$$

$$\dot{p}=-\frac{\partial H}{\partial q}. \tag{7.15}$$

通过上面的表示，可以看出经典理论中魏格纳函数是独立演化的，这就从本质上区别于纠缠轨线分子动力学的方法.

7.3　计算结果与讨论

1. 一维双势阱模型

首先考虑初始位置在左侧势阱中的一维高斯波包，其中四次双势阱势能表示为

$$U(q)=\alpha q^4-\beta q^2+E_0, \tag{7.16}$$

其中 α 和 β 为常数，E_0 表示势垒高度. 初始高斯波包可以表示为

$$\psi(q,0)=\left(\frac{m\omega}{\pi\hbar}\right)^{\frac{1}{4}}\exp\left[-\frac{m\omega}{2\hbar}(q-q_0)^2+ip_0q\right], \tag{7.17}$$

其中参数 $m=2\,000$，$\omega=0.01$，$q_0=-3.3$，平均动量 $p_0=0$. 相应的初始魏格

纳分布函数可以表示为

$$\rho_0(q, p) = \frac{1}{\pi\hbar}\exp\left[-\frac{(q-q_0)^2}{2\sigma_q^2}-\frac{(p-p_0)^2}{2\sigma_p^2}\right]''. \tag{7.18}$$

图 7.1 给出了初始 Wigner 函数的等高线与双势阱的经典分界线. 经典分界线方程为$P^2/2m+V(q)=E_0$. 利用纠缠轨线分子动力学方法，相空间轨线系综可以表示为

$$\dot{q}=\frac{p}{m}, \tag{7.19}$$

$$\dot{p}=-(4\alpha q^3-2\beta q)+\frac{\hbar^2(\alpha q)}{\rho}\frac{\partial^2\rho(q, p)}{\partial p^2}, \tag{7.20}$$

式（7.20）中的最后一项表示量子效应. 很显然，如果忽略这一项，纠缠轨线系综方程回归到经典独立方程. 在图 7.2 中，给出了三个不同初始点的纠缠轨线和经典轨线的相空间轨线与能量坐标随着时间演化，并作出比较. 显然在经典观点中，位于分界线之外的粒子可以在两个势阱之间传输，而最初位于分离线内的粒子由于受能量守恒定律限制，只能存在于初始的势阱中. 在图 7.2（a）、（b）中，轨线的初始能量比势垒高，纠缠轨线和经典轨线可以直接越过势垒，轨线可以在两个势阱中来回穿越. 相应的轨迹能量坐标随

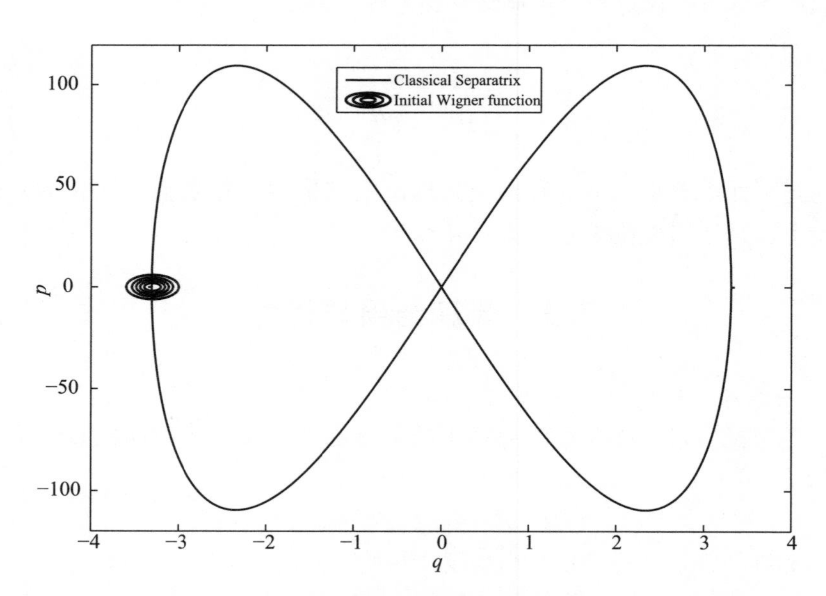

图 7.1　初始 Wigner 分布函数的等高线与双势阱的经典分界线，参数值分别为 $\alpha=0.1$，$E_0=3.0$ 和 $\beta=2\sqrt{\alpha E_0}$

时间演化在图 7.2（b）中. 由于纠缠轨道系综成员间相互作用，单个 ETMD 轨道能量位置坐标随时间发生变化，而经典轨迹独立演化并保持能量守恒. 纠缠轨道分子动力学方法给出了一个非常吸引人的量子物理图像，在图 7.2（c）、（d）中发生量子隧穿现象，在这种情况下，初始能量低于势垒的 ETMD 轨线能够越过势垒发生隧穿现象. 有趣的是，随着时间演化，ETMD 轨迹与经典轨迹分离，越过势垒来到右侧势阱中，而经典轨迹由于能量守恒被困在左侧势阱中. 这种非常有趣的现象就是量子隧穿现象，可以通过纠缠轨线分子动力学方法给出非常合理的解释：ETMD 轨道系综作为一个统一的整体传播，并且能量可以在系综成员之间转移. 因此初始能量是比势垒高度低的，可以通过相互作用从其他轨道借取能量，进而超越势垒发生量子隧穿现象. 在图 7.2（e）、（f）中，给出了初始能量低于势垒高度另外一种情况，从图中可以看出纠缠轨线和经典轨线都囚禁在经典分界线内部，没有发生量子隧穿现象.

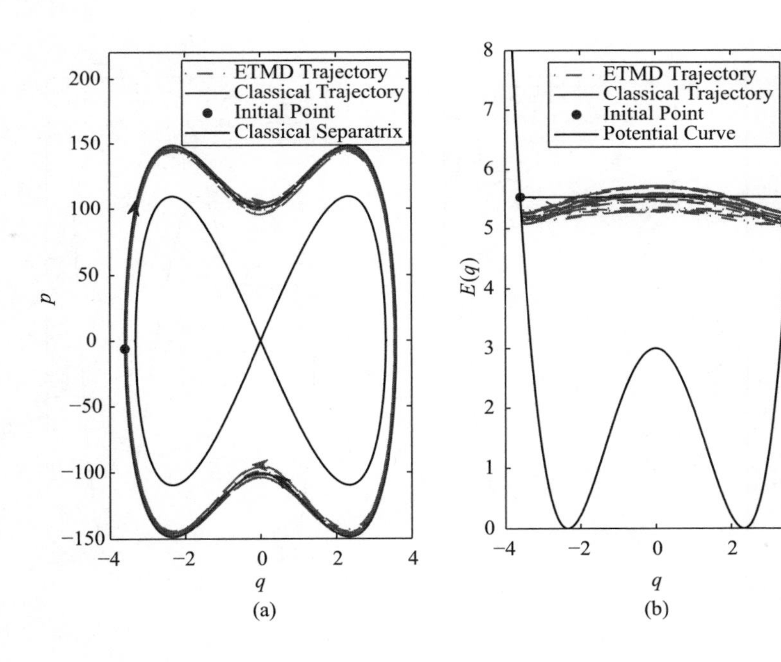

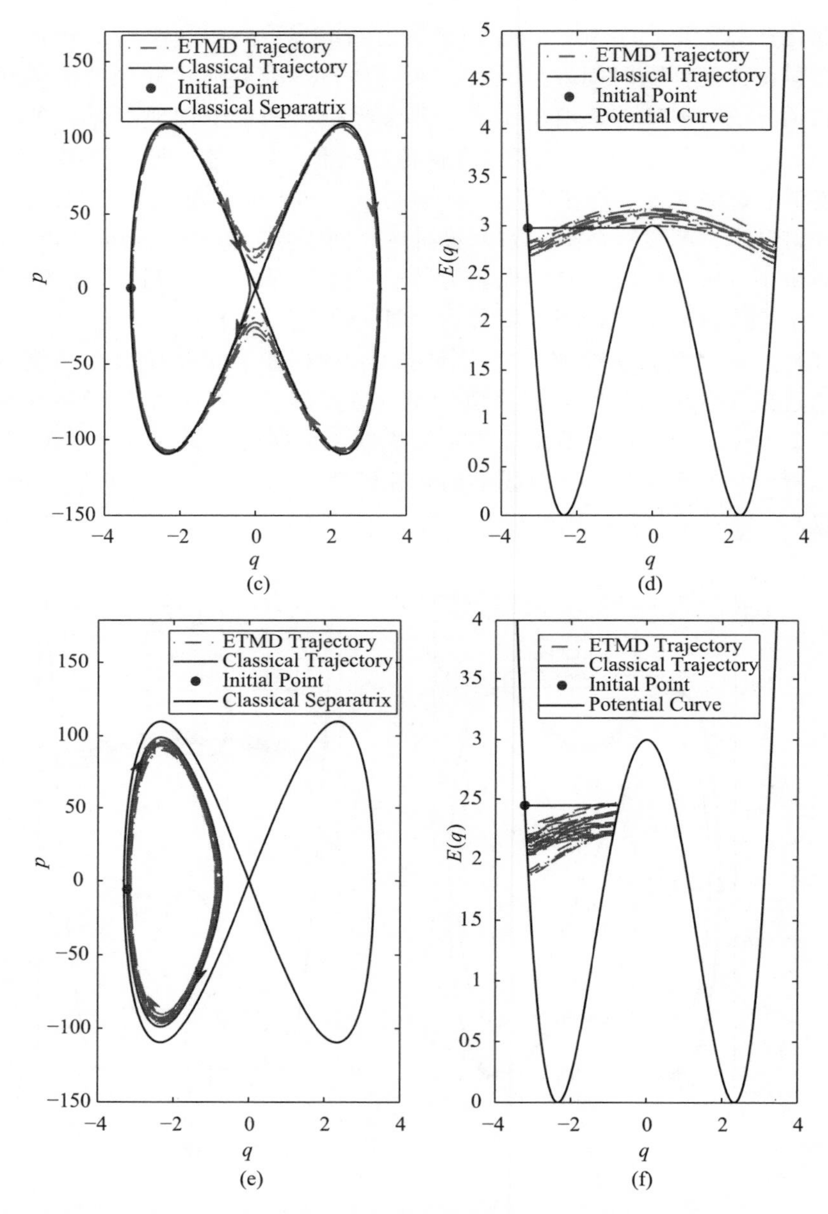

图 7.2　起源于左侧双势阱的三条不同纠缠轨线和经典轨线，时间演化 4 000 个原子单位．相空间［图（a）、（c）、（e）］和能量坐标［图（b）、（d）、（f）］，相同起始坐标，纠缠轨线和经典轨线的比较．［图（a）、（b）］初始点 $q(0)=-3.59$，$p(0)=0.64$，具有能量 5.52．［图（c）、（d）］初始点 $q(0)=-3.31$，$p(0)=0.64$，具有能量 2.97．［图（e）、（f）］初始点 $q(0)=-3.23$，$p(0)=-5.85$，具有能量 2.45．图中经典分界线作为参考

2. 二维双势阱模型

本节研究二维双势阱模型——异构化丙二醛，其包含两个自由度：一个四次双势阱和一个谐振子[161]，并且两个自由度间包含一个线性或者二次耦合，势能曲线如图 7.3 所示.

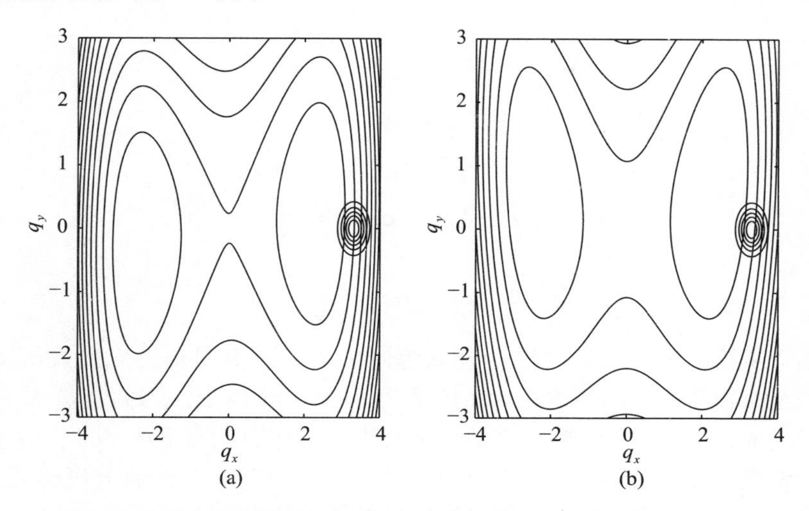

图 7.3　二维双势阱等高线，(a) 线性耦合；(b) 二次耦合.
初始波包的等高线也展示在图中

线性耦合势为

$$U(q_x,\ q_y) = \alpha q_x^4 - \beta q_x^2 + E_0 + \gamma q_y^2 - \sigma q_x q_y, \tag{7.21}$$

二次耦合势为

$$U(q_x,\ q_y) = \alpha q_x^4 - \beta q_x^2 + E_0 + \gamma q_y^2 - \sigma q_x^2 q_y, \tag{7.22}$$

其中 $\gamma = 0.5$，$\sigma = 0.1$，其他参数与一维双势阱相同. 初始二维高斯波包可以表示为

$$\psi(q_x,\ q_y,\ 0) = \left(\frac{m\omega}{\pi\hbar}\right)^{\frac{1}{2}} \exp\left[-\frac{m\omega}{2\hbar}(q_x - q_{x_0})^2 - \frac{m\omega}{2\hbar}(q_y - q_{y_0})^2 + i(p_{x_0} q_x + p_{y_0} q_y)\right], \tag{7.23}$$

其中参数 $m = 2\ 000$，$\omega = 0.01$，$q_{x_0} = -3.3$，其他参数为零. 线性耦合势的 ETMD 轨线方程可以表示为

$$\dot{q}_x = \frac{p_x}{m}, \tag{7.24}$$

$$\dot{q}_y = \frac{p_y}{m}, \tag{7.25}$$

$$\dot{p}_x = -(4\alpha q_x^3 - 2\beta q_x - \sigma q_y) + \frac{\hbar^2(\alpha q_x)}{\rho}\frac{\partial^2 \rho}{\partial p_x^2}, \tag{7.26}$$

$$\dot{p}_y = -2\gamma q_y + \sigma q_x. \tag{7.27}$$

二次耦合势的 ETMD 轨线方程可以表示为

$$\dot{q}_x = \frac{p_x}{m}, \tag{7.28}$$

$$\dot{q}_y = \frac{p_y}{m}, \tag{7.29}$$

$$\dot{p}_x = -(4\alpha q_x^3 - 2\beta q_x - \sigma q_y) + \frac{\hbar^2(\alpha q_x)}{\rho}\frac{\partial^2 \rho}{\partial p_x^2}, \tag{7.30}$$

$$\dot{p}_y = -2\gamma q_y + \sigma q_x - \frac{\sigma \hbar^2}{4\rho}\frac{\partial^2 \rho}{\partial p_x^2}. \tag{7.31}$$

图 7.4 给出了在二维线性耦合双势阱中，三个不同初始点出发的 ETMD 轨线和经典轨线随时间的演化. 在图 7.4（a）、（b）中，初始能量大于势垒高度的轨道，ETMD 和经典轨道都能克服势垒. 然而在图 7.4（c）、（d）中，经典的轨线不能越过势垒，而 ETMD 轨线可以跨越势垒与经典分离然后返回. 图 7.4（e）、（f）中，轨迹显示了初始能量低于势垒，ETMD 和经典轨线都无法跨越势垒，因为它们的能量随时间演化过程中总是小于势垒高度. 二维二次耦合双势阱中的三条不同轨线演化如图 7.5 所示. 对于这种复杂的势垒，图 7.4（c）、（d）也给出了量子隧穿过程的直观物理图像. 结果发现，由于系综成员之间的相互作用，ETMD 轨线能量通过相互作用实现交换，而每一个经典轨迹都严格遵循能量守恒定律. 需要特别指出的是，ETMD 轨道系综整体在每一时刻仍然保持能量守恒，只是轨线成员间能量进行了转移.

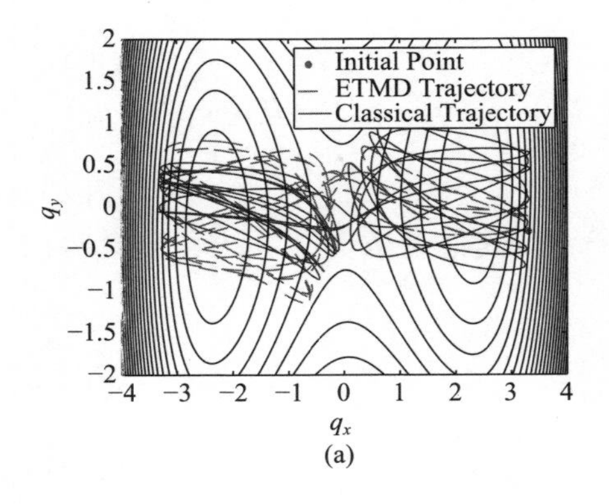

(a)

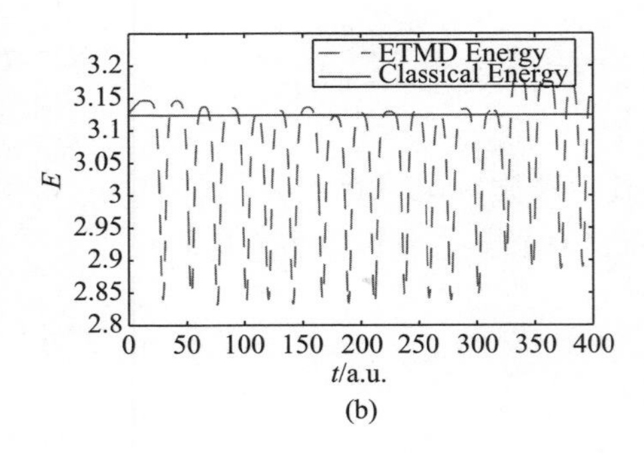

(b)

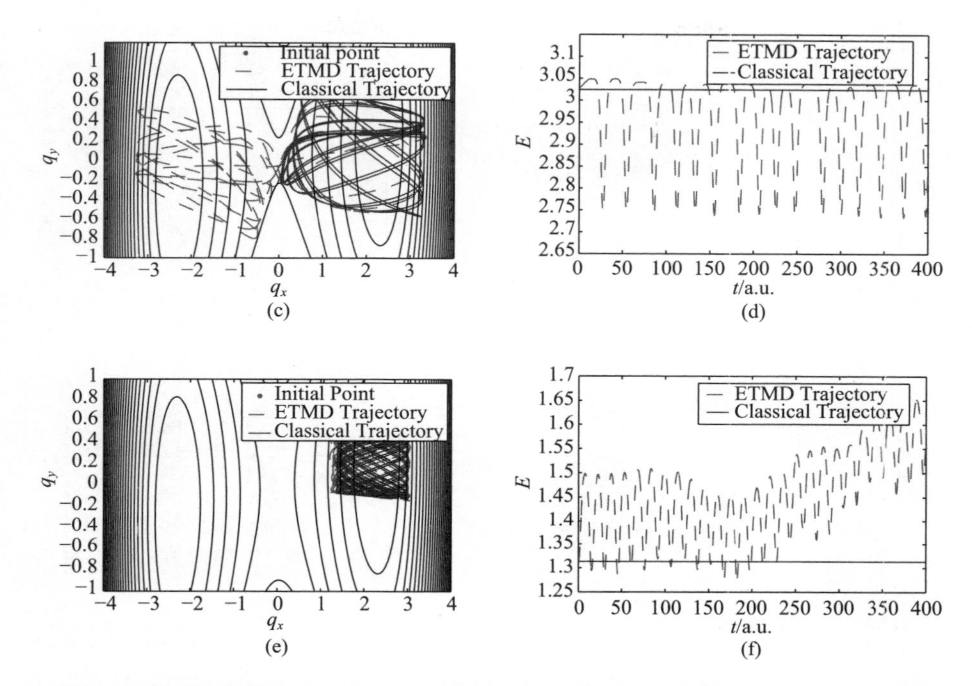

图 7.4　线性耦合的 ETMD 轨线和经典轨线是从三个不同初始点开始演化，演化时间为4 000 个原子单位. 单个 ETMD 轨线的轨迹［图（a）、（c）、（e）］和能量［图（b）、（d）、（f）］行为与相应经典轨线在同一初始点的时间演化相比较.［图（a）、（b）］轨线的初始能量高于势垒高度，ETMD 和经典轨线可以在左右势垒两边实现穿越.［图（c）、（d）］初始能量低于势垒高度. ETMD 轨迹可以实现穿越势垒，而经典轨迹被困在右侧势阱中.［图（e）、（f）］ETMD 和经典轨迹无法跨越势垒. 给出线性耦合二维双势阱等高线图供参考

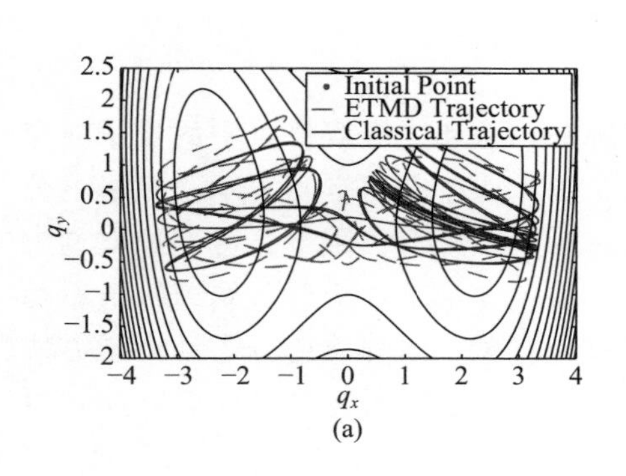

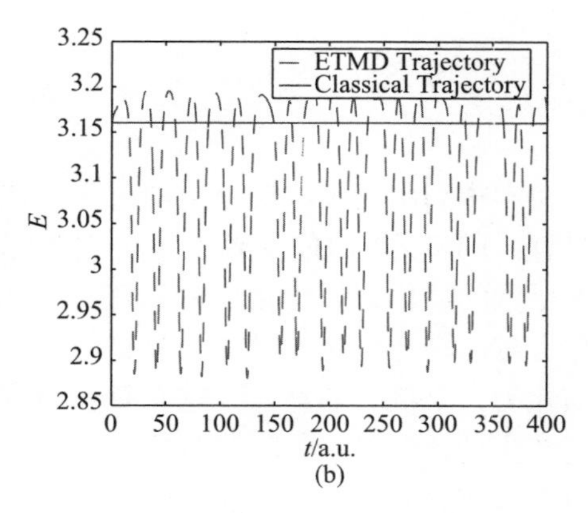

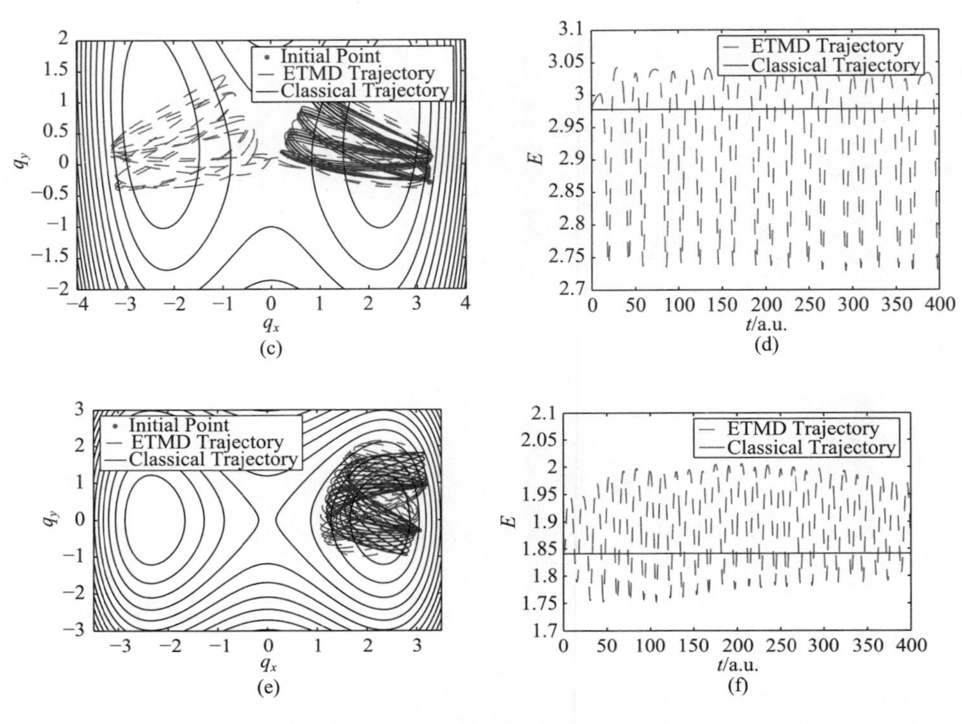

图 7.5 二次耦合的 ETMD 轨线和经典轨线是从三个不同初始点开始演化，演化时间为 4 000 个原子单位. 单个 ETMD 轨线的轨迹［图（a）、（c）、（e）］和能量［图（b）、（d）、（f）］行为与相应经典轨线在同一初始点的时间演化相比较.［图（a）、（b）］轨线的初始能量高于势垒高度，ETMD 和经典轨线可以在左右势垒两边实现穿越.［图（c）、（d）］初始能量低于势垒高度. ETMD 轨迹可以实现穿越势垒，而经典轨迹被困在右侧势阱中.［图（e）、（f）］ETMD 和经典轨迹无法跨越势垒. 给出二次耦合双势阱等高线图供参考

7.4 本章小结

本章利用纠缠轨道分子动力学方法研究一维和二维双势阱中的量子隧穿过程. ETMD 方法的基础是量子刘维尔方程及其经典相空间表示，魏格纳分布函数的演化近似于相应的轨迹集合的运动. 在经典极限下，遵循经典刘维尔方程，积分轨迹是独立传播的. 然而，当包含量子效应时，纠缠轨道系综演化为一个统一的整体，这与量子隧穿效应有关. 纠缠轨道分子动力学方法能够生动地解释量子隧穿现象. 轨道初始能量小于障碍物高度随时间演化可以克服轨道系综成员间能量交换的经典分界线.

第 8 章　耗散体系纠缠轨线分子动力学方法

8.1　引　言

著名物理学家 Wigner 提出的用相空间分布函数来描述半经典量子主方程是具有开创性的工作[73]．Wigner 分布函数提出后就成为建立量子经典对应关系的标准工具[162~164]，在材料科学、量子光学、量子计算等领域有着广泛的应用[165~167]．Wigner 函数被称为准概率分布，因为即使在非负的初始条件下，它在相空间的某些区域也可能出现负值．然而，Wigner 函数在经典力学中起着类似于相空间分布函数的作用．对于一个封闭量子系统，势能 $V(q)$，Wigner 函数的时间演化遵循量子刘维尔方程

$$\frac{\partial \rho_w(q, p; t)}{\partial t} = -\sum_{k=1}^{n} \frac{p_k}{m} \frac{\partial \rho_w(q, p; t)}{\partial q_k} + \int \mathrm{d}\xi J(q, \xi - p)\, \rho_w(q, \xi; t), \tag{8.1}$$

其中

$$J(q, \xi) = \frac{i}{2^n \pi^n \hbar^{n+1}} \int \mathrm{d}z \left[V\left(q + \frac{z}{2}\right) - V\left(q - \frac{z}{2}\right) \right] \mathrm{e}^{-\frac{i}{\hbar} z \cdot \xi}. \tag{8.2}$$

最近，Martens 研究小组提出了在 Wigner 函数形式下求解量子刘维尔方程的纠缠轨道分子动力学方法[20,90,94,168]．在运动方程中，纠缠轨道系综通过 Wigner 分布的空间和动量偏导数演化为一个统一的整体．开放量子系统理论在量子物理学中扮演着重要的角色，因为量子系统的完全隔离是不可能的[169]．量子马尔可夫过程代表了开放系统动力学的最简单情况：Klein-Kramers 方程[170~173]，魏格纳分布函数 $\rho_w(q, p, t)$ 随时间的演化

$$\frac{\partial \rho_w}{\partial t} = -\frac{p}{m} \frac{\partial \rho_w}{\partial q} + U'(q) \frac{\partial \rho_w}{\partial p} + \gamma_0 \frac{\partial}{\partial p}\left(p + m\, k_B T \frac{\partial}{\partial p}\right) \rho_w, \tag{8.3}$$

其中，涉及摩擦系数的两项中的第一项 γ_0 是耗散项，第二项是在分布函数中消除动量扩散．为了解决这个偏微分方程，研究其解的特性，人们发展了几种解析和数值方法[174,175]，特别是最近发展的 Wigner 相空间中量子纠缠轨线分子动力学方法取得了显著的成功．相空间中的轨迹集合是从初始分布函数 $\rho_w(q, p, 0)$ 中采样的，分布函数 $\rho_w(q, p, t)$ 随时间演化通过求解 Klein-Kramers 方程

实现. 纠缠轨道分子动力学（ETMD）方法在封闭量子系统及先前的工作中，得到了广泛的研究[21,94,157,176]. 先前的研究结果表明，轨道系综的平均能量随着时间的推移保持不变，特别是基于量子物理的 Wigner-Liouville 公式，生动地解释了封闭系统的量子隧穿现象. 这里详细介绍如何求解量子开放系统的半经典主方程.

8.2　计算方法

量子力学的演化方程可以用 Wigner 分布函数在相空间中重新表述[73]

$$\rho_w(q,\ p;\ t)\ =\ \left(\frac{1}{2\pi\hbar}\right)^n\int_{-\infty}^{+\infty}\mathrm{d}y\psi^*(q+y/2;\ t)\psi(q-y/2;\ t)\ \mathrm{e}^{\frac{i}{\hbar}p\cdot y},\quad(8.4)$$

用来讨论经典统计力学中的量子修正. 耗散系统的马尔可夫主方程，可以用魏格纳分布函数 Klein-Kramers 方程来描述. 由于 Wigner 分布的相空间轨迹是守恒的，$\mathrm{Tr}\rho\ =\ \int\rho\mathrm{d}q\mathrm{d}p\ =\ 1$，轨道系综服从连续性方程

$$\frac{\partial\rho}{\partial t}+\nabla\cdot j=0,\tag{8.5}$$

其中 $j=(j_q,\ j_p)$ 和$\nabla=\left(\frac{\partial}{\partial q},\ \frac{\partial}{\partial p}\right)$分别表示电流矢量和梯度算子. 通过对耦合微分方程组进行积分来构成 N 条轨线系综 $\{q_k,\ p_k\}(k=1,\ 2,\ \cdots,\ N)$,

$$\dot{q}_k=\frac{p_k}{m},$$

$$\dot{p}_k=-U'(q_k)-\gamma_0p_k-\gamma_0mk_BT\frac{1}{\rho(q_k,\ p_k)}\frac{\partial\rho(q_k,\ p_k)}{\partial p}.\tag{8.6}$$

已经有许多种方法可以基于有限采样点构造平滑分布函数. 分布函数 ρ 可以由 N 条轨线系综 $\{q_k,\ p_k\}$（$k=1,\ 2,\ \cdots,\ N$）表示，

$$\rho(q,\ p,\ t)\ =\ \frac{1}{N}\sum_{k=1}^{N}\delta[q-q_j(t)]\delta[p-p_j(t)].\tag{8.7}$$

本书采用核密度估计方法[91,129,130]去拟合演化过程中式（8.6）中的分布函数 $\rho_w(q,\ p,\ t)$，对于二维高斯核可以表示为

$$\phi(q,\ p)=\frac{1}{2\pi h^2\sigma_q\sigma_p}\exp\left(-\frac{q^2}{2h^2\sigma_q^2}-\frac{p^2}{2h^2\sigma_p^2}\right),\tag{8.8}$$

其中 D 维数据集的宽度参数由 $h=[4/N(D+2)]^{1/(D+4)}$决定. 然后连续分布函数 $\rho(q,\ p,\ t)$ 由

$$\rho(q,\ p,\ t)\ =\ \frac{1}{N}\sum_{k=1}^{N}\phi[q-q_j(t),\ p-p_j(t)]\tag{8.9}$$

将初始状态设置为高斯波包

$$\Psi^{0}(q,\ 0)=\left(\frac{m\omega}{\pi\hbar}\right)^{\frac{1}{4}}\exp(ip_0q)\exp\left[-\frac{m\omega}{2\hbar}(q-q_0)^2\right],\tag{8.10}$$

它对应于质量为 m、频率为 ω 的谐振子，其中 q_0 和 p_0 分别表示初始平均位置和平均动量. 相应的 Wigner 分布函数是

$$\rho_0^{w}(q,\ p,\ 0)=\frac{1}{\pi\hbar}\exp\left[-\frac{(q-q_0)^2}{2\sigma_q^2}-\frac{(p-p_0)^2}{2\sigma_p^2}\right],\tag{8.11}$$

其中$\sigma_q=\sqrt{\hbar/(2m\omega)}$和$\sigma_p=\sqrt{\hbar m\omega/2}$. 选择 $m=200.0$，$\omega=0.005$，并且具有相同的坐标和动量宽度 $\sigma_q=\sigma_p$.

8.3 数值结果

8.3.1 自由粒子

自由粒子模型的轨道系综方程可以描述如下：

$$\dot{q}_k=\frac{p_k}{m},$$

$$\dot{p}_k=0.0.\tag{8.12}$$

在图 8.1 中，展示了自由粒子模型演化轨迹系综的四个相空间快照. 初始分布显示在标记为 $t=0$ 的框架中，选取相同的位置和动量宽度. 图中用实线标出了值为 0.03 的 Wigner 分布函数的等高线. 结果发现，具有初始圆边界的等高线随着时间的推移而变为椭圆形，并且位置分布宽度变大，但动量宽度保持不变. 相应的四个时间的 Wigner 分布函数如图 8.2 所示，随着时间的演化过程，沿着动量方向的运动几乎冻结，而空间分布变得越来越广，Wigner 分布在密度图上变化很大. 如图 8.3 所示，轨道系综的能量随时间的变化是恒定的.

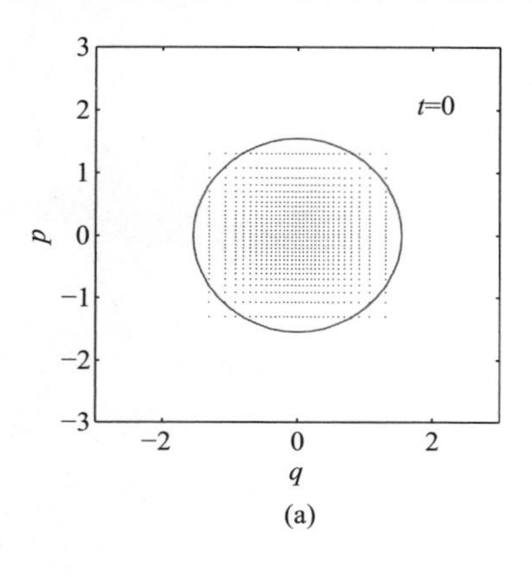

(a)

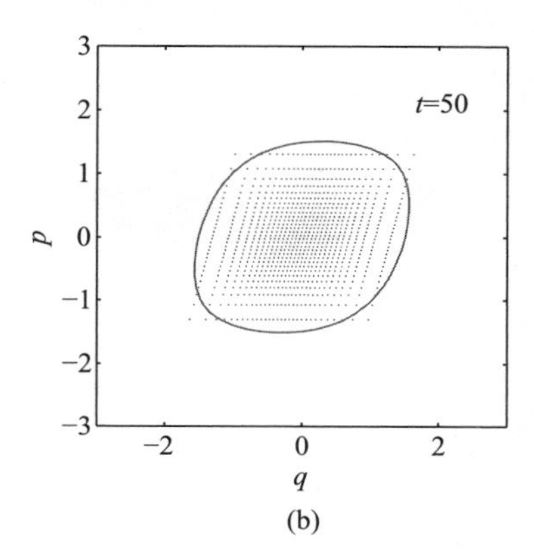

(b)

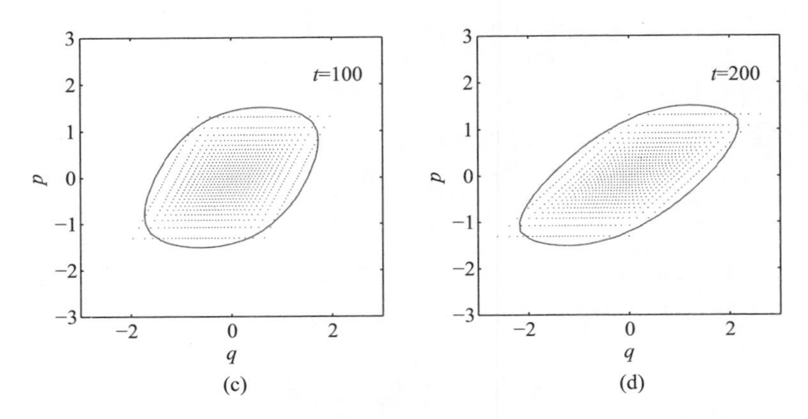

图 8.1　初始位置为 $q_0 = 0.0$ 和动量为 $p_0 = 0.0$ 的自由粒子模型轨线系综快照和 Wigner 分布函数的等高线

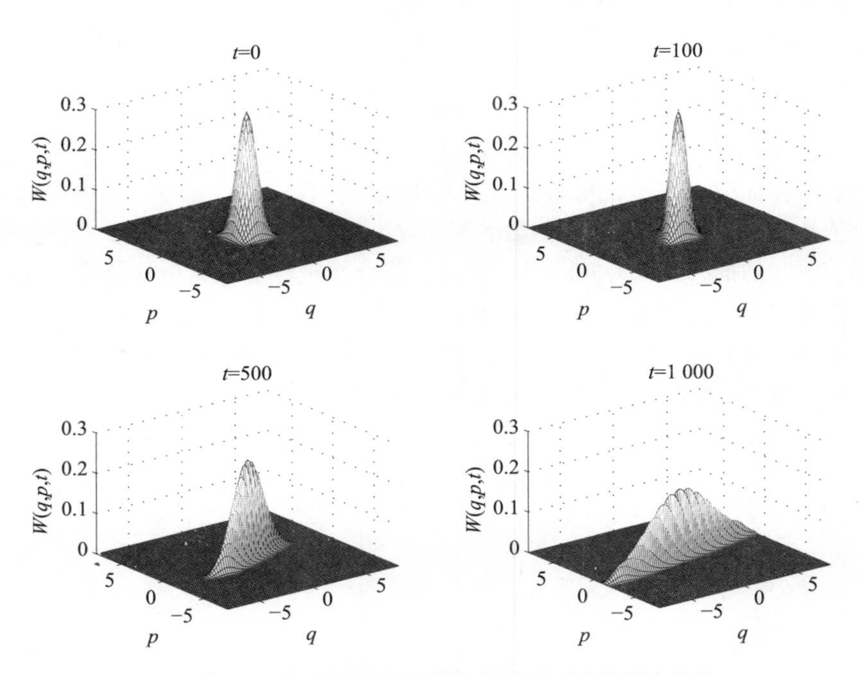

图 8.2　自由粒子模型在四个不同时刻对应的分布函数

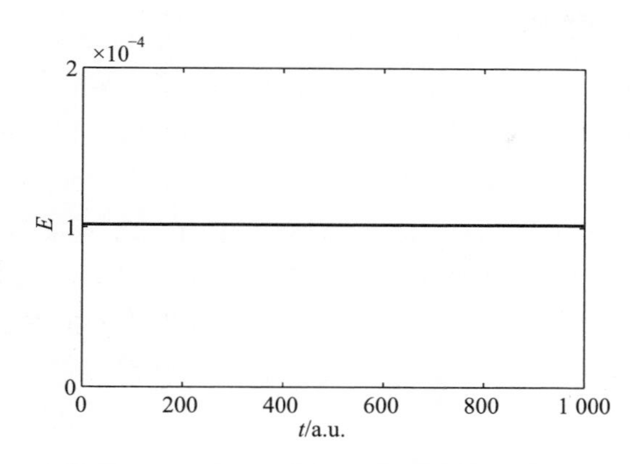

图8.3　自由粒子模型能量随着时间的耗散

8.3.2　阻尼谐振子

耗散效应对非线性量子系统的影响是一个理论热点问题. 为了简单起见，研究阻尼谐振子的耗散过程. 这一简单理论模型的结果对于理解复杂量子系统有很好的借鉴意义. 谐振子的势能为

$$U(q)=\frac{1}{2}m\omega^2q^2. \tag{8.13}$$

初始相空间分布遵循 Klein-Kramers 方程，服从麦克斯韦－玻尔兹曼分布

$$\rho_{\text{eq}}=Z\exp[-H/(k_BT)], \tag{8.14}$$

其中

$$H=\frac{p^2}{2m}+\frac{1}{2}m\omega^2q^2. \tag{8.15}$$

麦克斯韦－玻尔兹曼分布可以表示为

$$\rho_{\text{eq}}=Z\exp\left(-\frac{p^2}{2mk_BT}-\frac{m\,\omega^2q^2}{2k_BT}\right). \tag{8.16}$$

根据初始 Wigner 分布，模拟过程中的路径温度满足

$$k_BT=\sigma_p^2/m. \tag{8.17}$$

然后对耦合微分方程组进行积分，得到阻尼谐振子的纠缠轨道系综方程

$$\dot{q}_k=\frac{p_k}{m},$$

$$\dot{p}_k=-m\omega^2q_k-\gamma_0p_k-\frac{\gamma_0}{h^2}\sum_{j=1}^{N}\frac{(p_k-p_j)\phi(q_k-q_j,\,p_k-p_j)}{\phi(q_k-q_j,\,p_k-p_j)}. \tag{8.18}$$

在图8.4中，展示了这种情况下轨线系综的四个相空间快照，其中$\gamma_0=0.5$，耗散温度 $k_BT=\sigma_p^2/m=0.002\,5$. 初始魏格纳函数位置和动量中心分别为

$q_0=3.03$ 和 $p_0=0.0$. 结果表明，动量分布快速耗散到最终状态，位置分布初始中心为（$q_0=0.0$），坐标耗散时间要比动量耗散过程慢得多. 值为 0.03 的 Wigner 分布函数的等高线保持为圆形. 图 8.5 详细地给出了四个时刻对应的 Wigner 分布函数，结果表明，魏格纳分布函数初始中心 $q_0=3.03$ 和 $p_0=0.0$，随着时间演化传播到 $q_0=0.0$ 和 $p_0=0.0$. 谐振子的零点能量为 $E_0=\hbar\omega/2=0.0025$. 初始的魏格纳分布函数能量为 $E=10E_0=0.025$. 图 8.6 给出了不同 γ_0 值阻尼谐振子能量的耗散. 结果表明，能量随着不同的摩擦系数衰减到能量为零. 此外发现，当摩擦系数 γ_0 很小时，对应摩擦力很弱，能量衰减的速度更快.

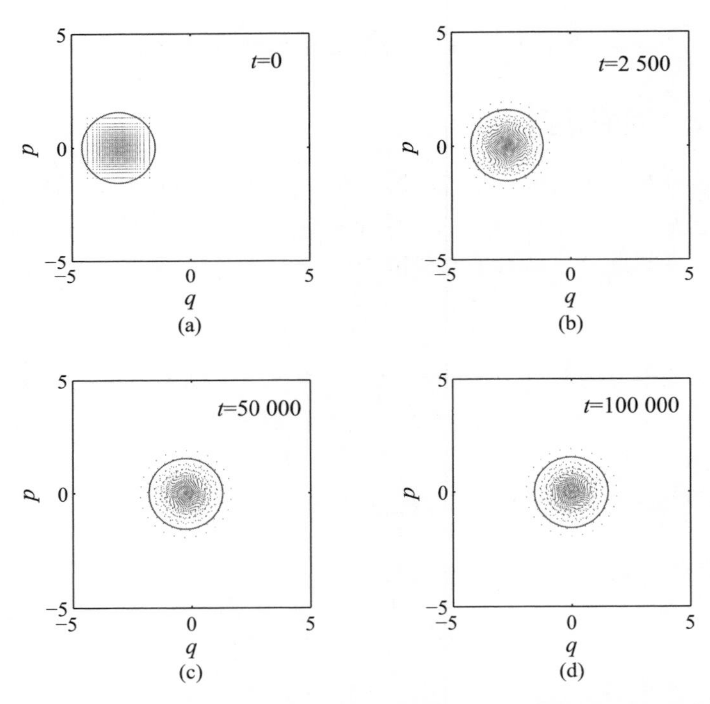

图 8.4　取阻尼系数 $\gamma_0=0.5$，演化轨道系综的阻尼谐振子相空间快照. 初始分布显示在标记为 $t=0$ 的框架中，三个后续快照时间分别为 $t=2\ 500$、$50\ 000$、$100\ 000$. 该系综在阻尼谐振子底部发散为热高斯分布. 维格纳分布函数值为 0.03 的等高线也在图上标出，作为参考

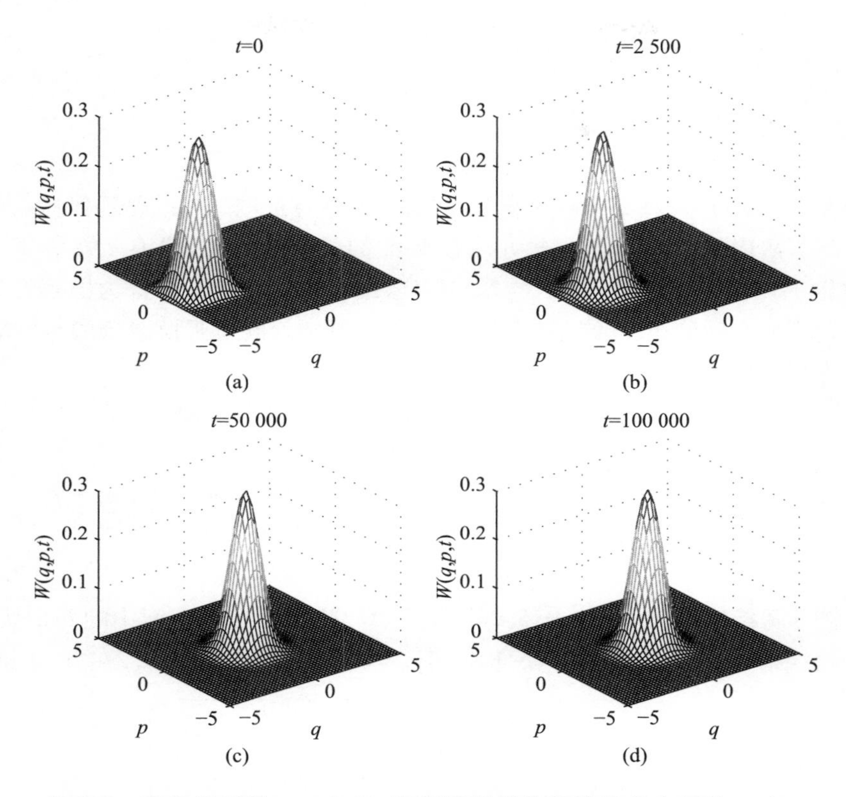

图 8.5　取阻尼系数 $\gamma_0=0.5$，阻尼谐振子的魏格纳分布函数 $\rho_w(q, p, t)$ 时间演化. 初始分布函数在标记为 $t=0$，时间 $t=2\ 500$、50 000、100 000 魏格纳分布函数. 轨线系综在谐振子底部耗散为热高斯分布

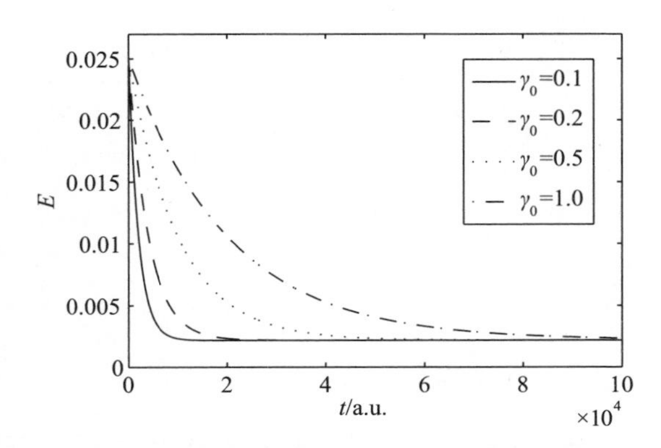

图 8.6　不同摩擦系数 γ_0 阻尼谐振子模型能量随着时间的耗散

8.3.3 亚稳态三次势能

亚稳态三次势能表达式为

$$U(q) = \alpha q^2 - \beta q^3, \tag{8.19}$$

其中参数值为 $\alpha = 0.1$ 和 $\beta = 0.06$[177]．参数值这样选取的目的是确保耗散过程中，从势阱内逃逸的可能性很小．该势能的最小值在 $q = 0.0$，势垒高度为 $V^* = 0.0412$，其位置坐标为 $q = 1.1111$．最初采用以（0，0）为中心的最小不确定度相空间分布．通过耦合微分方程组积分，得到亚稳态势的纠缠轨线系综方程

$$\begin{aligned} \dot{q}_k &= \frac{p_k}{m}, \\ \dot{p}_k &= -2\alpha q_k + 3\beta q_k^2 - \gamma_0 p_k - \frac{\gamma_0 m k_B T}{h^2 \sigma_p^2} \sum_{j=1}^{N} \frac{(p_k - p_j)\phi(q_k - q_j, p_k - p_j)}{\phi(q_k - q_j, p_k - p_j)}. \end{aligned} \tag{8.20}$$

图 8.7 给出参数值为 $\gamma_0 = 5.0$ 和 $k_B T = 0.0025$，在相空间中的四个快照．初始轨线系综快照中心为 $q_0 = -1.0$ 和 $p_0 = 0.0$，其能量值为 0.2740．同时给

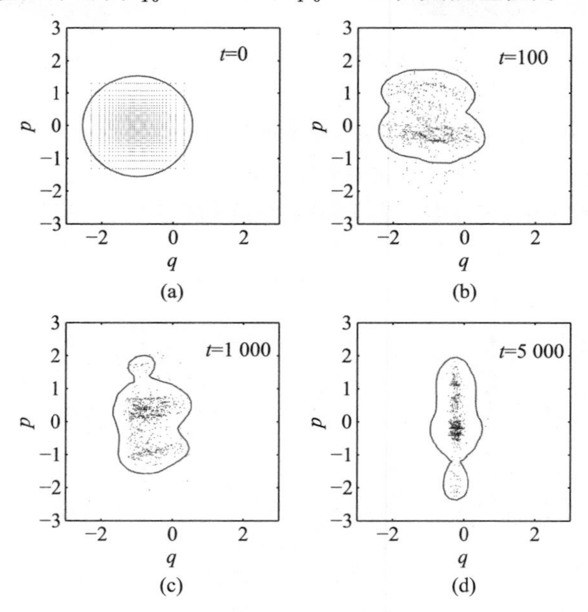

图 8.7 波包初始位置 $q_0 = -1.0$ 和能量 $p_0 = 0.0$ 在亚稳态三次势中演化过程的轨线系综快照，时间分别为 $t = 0$、100、1 000、5 000．维格纳分布函数值为 0.03 的等高线也在图上标出，作为参考

出 Wigner 分布函数值为 0.03 的等高线图作为参考. 结果表明，随着时间演化，轮廓线与初始圆相比变化很大. 结果表明，当阻尼系数为 $\gamma_0 = 5.0$ 时，即使纠缠轨道分子轨线也没有粒子能翻越过势垒［坐标为（$q = 1.1111$）］. 轨线初始能量高于势垒，能量随轨道间的摩擦和轨线成员间相互作用而衰减. 轨线系综作为一个统一的整体传播，因此轨道初始能量高于势垒高度，但是其他轨线系综成员的初始能量很小，由于受到其他轨线成员拖累而无法从势阱中翻越. 图 8.8 给出了相应的魏格纳分布函数随时间的演化，可以看出随着时间的演化，魏格纳分布函数位置和动量中心传播到 $q_0 = 0.0$ 和 $p_0 = 0.0$. 轨迹系综的能量衰减如图 8.9 所示，动量分布中心设为零，三个位置中心分别为 $q_0 = -0.8$、-1.0 和 -1.5. 由于传播过程中的高摩擦值，三种不同的初始能量随时间演化衰减到零. 此外，具有三个不同摩擦值和温度值的轨道系综的能量衰减如图 8.10 所示. 结果表明，如果摩擦系数较小，轨道系综能量衰减较快. 然而，即使环境温度升高 10 倍，能量衰减变化相对仍较小. 结果表明，在这种亚稳态势下，摩擦比温度效应作用更强.

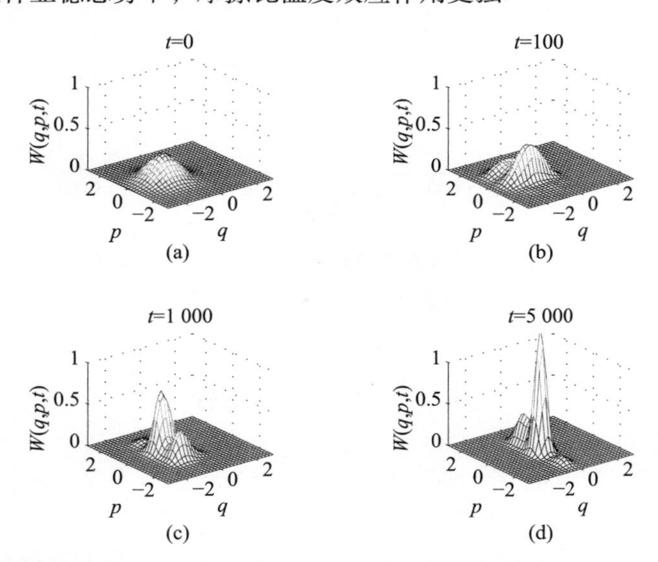

图 8.8　取阻尼系数 $\gamma_0 = 5.0$，亚稳态三次势的魏格纳分布函数 $\rho_w(q, p, t)$ 时间演化. 初始分布函数在标记为 $t = 0$，时间 $t = 100$、1 000、5 000 魏格纳分布函数. 轨线系综在谐振子底部耗散为热高斯分布

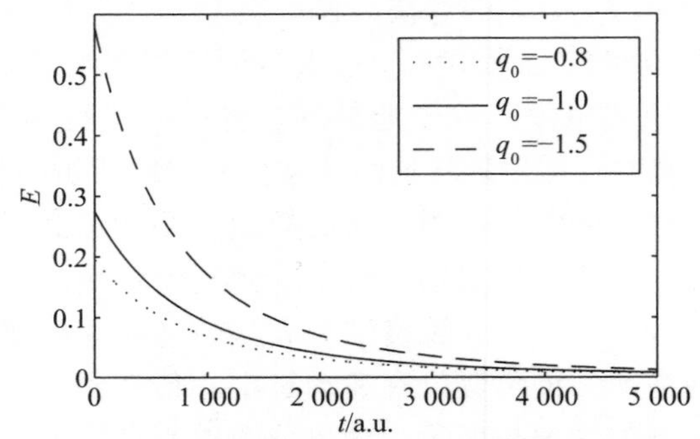

图 8.9　同一温度三个不同中心位置波包，在亚稳态三次势的轨线系综能量耗散

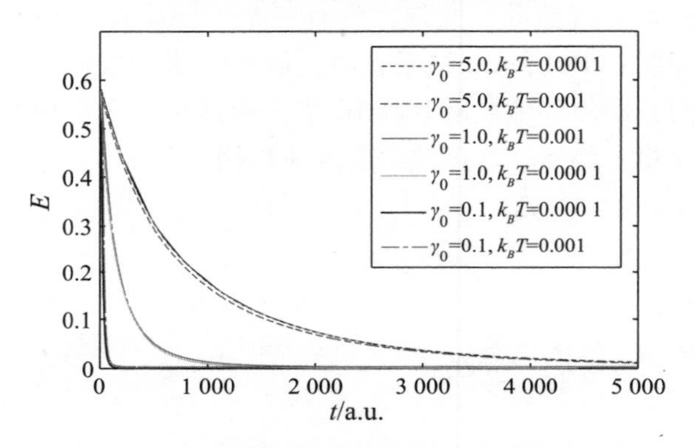

图 8.10　同样高斯波包在三个不同摩擦系数和温度的亚稳态三次势能量耗散

8.4　本 章 小 结

本章中把纠缠轨道分子动力学方法扩展到耗散系统模型，通过求解 Klein-Kramers 方程，得到体系耗散过程方程. 阻尼振子的 Wigner 分布，传播到振子势底部，相应轨线系综能量衰减到零. 对于摩擦系数较高的亚稳态势，ETMD 方法下几乎所有的轨迹被势阱囚禁. 这种现象可以用纠缠轨道分子动力学来解释，轨迹系综作为一个统一的整体传播，伴随着时间的演化而轨线成员间能量发生交换. 由于摩擦和轨系综成员间相互纠缠，会导致初始能量大于势垒高度的轨线被囚禁在势阱中，而不能穿过势垒. 下一步计划把纠缠轨道分子动力学方法拓展到更复杂的量子耗散体系.

第9章 静电场中的氢负离子在弹性墙表面的自关联函数

9.1 引 言

在过去的几十年中，激光和锁相脉冲技术得到了迅速发展，成为激发不同原子体系电子波包的一种重要手段[178]，同时为研究表面附近电子时间光谱提供了方便. 真实体系中，由于波包的扩散和坍塌使其波包动力学非常复杂，因此通过研究该体系的自关联函数来探讨波包动力学性质. 自关联函数表示为 t 时刻的波包和初始波包的叠加 $\langle\psi(t)\mid\psi(0)\rangle$，是实验上可以测量的反映波包动力学性质的重要参量. 许多科研工作者通过研究不同体系的自关联函数继而讨论了量子回归现象，他们把各个态的分布表示为高斯分布[179~181]. 最近，运用闭合轨道理论研究氢负离子H^-的光剥离现象引起了许多人的兴趣. 其中 Yang 等人研究了单表面附近有无外场情况下氢负离子H^-的光剥离[182,183]，Wang 等人研究了两个平行表面附近氢负离子H^-的光剥离[184,185]. 但是他们的工作主要研究了氢负离子H^-的光剥离横截面，没有计算相应体系的自关联函数. 早在 1995 年，中科院理论物理所杜孟利研究员给出一个基于闭合轨道理论计算自动关联函数的普遍方法[65]. 最近也有些基于闭合轨道理论研究体系自关联函数的工作[186,187]. 该方法主要用到所研究体系闭合轨道的相关信息. 下面给出闭合轨道理论物理图像的基本介绍.

9.2 计 算 方 法

半经典闭合轨道理论由于具有物理图像清晰、应用范围广等特点被普遍用来解释在强外场中的原子或离子的光吸收谱，成为实现连接经典理论和量子理论的重要桥梁，也是研究和发展量子混沌的一个典型实例. 对该理论的物理过程可以描述为：处于强电场和磁场的原子与光子碰撞后，原来处于很小空间区域的电子就获得了能量，以波的形式向外传播. 在原子核附近时，可以忽略外场的作用，电子只受到原子核库仑力的作用，当电子进入外场时，受到库仑力和外场力的共同作用，在这样的合力作用下，沿某些特殊方向出射的电子将会在短时间内返回到原子核附近. 这些开始于原子核又返回到原子核的轨道称为闭合轨道. 由于电子沿着闭合轨道又回到原子核，与出射电子产生干涉，从而在吸收谱中出现了振荡现象. 图 9.1[51] 以 H 原子为例，直观地分析了这一物理过程.

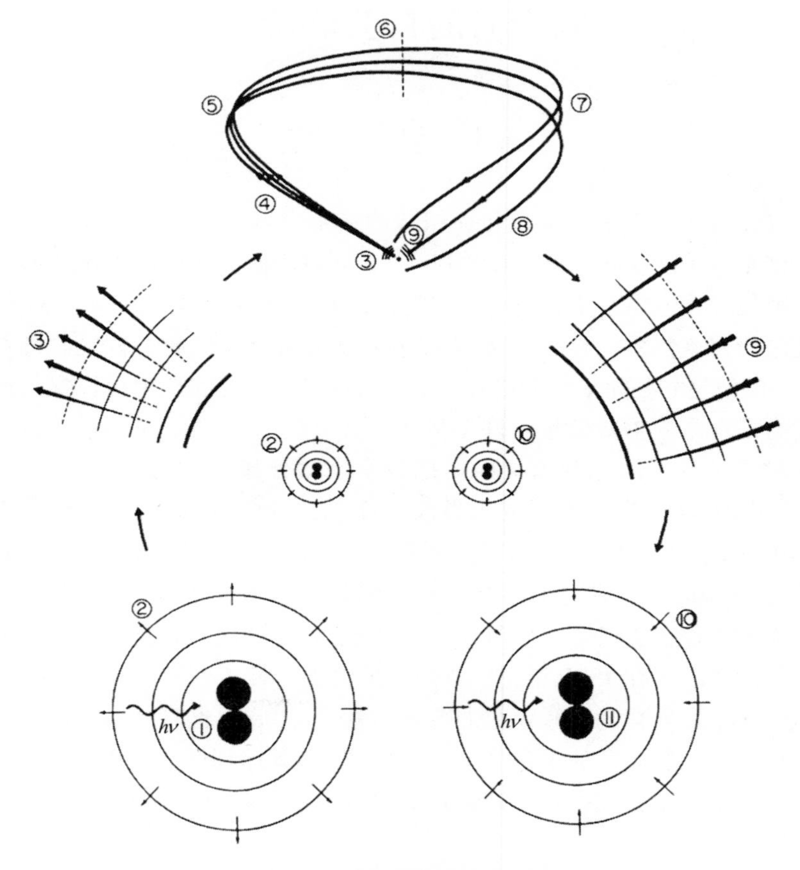

图 9.1　闭合轨道理论的物理图像

图 9.1 中，①基态或低激发态原子受到激光照射后跃迁到高激发态. ②原子吸收光子，在库仑场中发生散射，电子波向各个方向传播. ③当与原子核距离大于 50 ao 时，可以用半经典理论进行分析，这时波沿着经典的轨道传播. ④向外传播的轨道出现⑤聚焦、⑥发散、⑦再聚焦，最后返回原子核附近⑧. 与原子核距离小于 50 ao 时，此时的波称为入射的电子波⑨，并且继续向原子核方向传播⑩，然后与出射电子波发生干涉⑪，就产成了吸收谱中的振荡现象.

从闭合轨道理论提出到现在 30 多年来，在许多体系取得了成功. 从最初外场中离子的光剥离谱、臭氧的紫外振荡，直到近几年的多电子原子和分子的光吸收谱等，其理论得到了不断发展，出现了里德堡波包干涉器、光剥离显微镜等新研究方向，极大地丰富了强场物理的理论和方法．这方面的研究在近代物理和近代化学的前沿将会形成一个崭新的领域．

9.3　半经典轨线的自关联函数

随着激光与锁相脉冲技术的不断发展，外场中粒子与短脉冲的相互作用成为研究波包动力学性质的一个重要手段．由于波包在实际演化过程中会产生分裂和复现等现象，因此真实体系的波包动力学性质非常复杂．自关联函数是反映波包动力学性质的并且可以在实验中测量的物理量，因而计算体系的自关联函数已经成为一个热门研究课题．自动关联函数表示初始时刻的波函数（$|\psi_0\rangle$）和 t 时刻的波函数（$|\psi_t\rangle$）的重叠：

$$\psi^{AC}(t)=\langle\psi(0)|\psi(t)\rangle. \tag{9.1}$$

这里采用杜孟利研究员基于闭合轨道理论给出的自关联函数的基本求法[65]．下面简单介绍一下该方法．计算中选取高斯激光脉冲如图 9.2 所示，激光短脉冲采取如下表达形式：

$$f(t)=f_m\exp(-t^2/2\tau^2)\cos(\omega t+\phi), \tag{9.2}$$

其中，f_m是振幅的峰值，ω 是脉冲频率，τ 是脉冲宽度．与外加电场相比较，激光的强度很弱，可看作微扰．根据时间微扰理论，可以得到自动关联函数的表示形式：

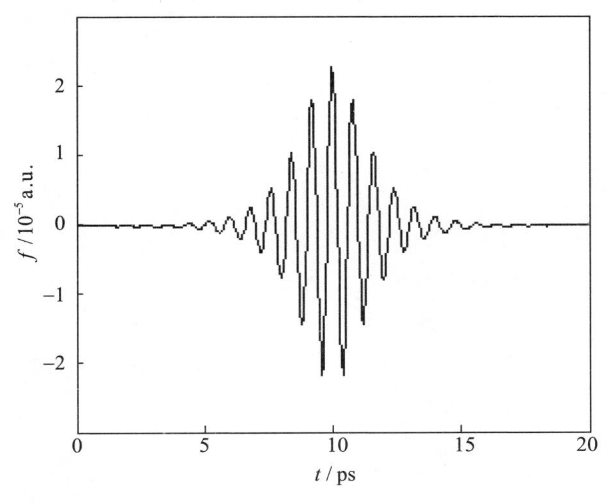

图 9.2　高斯型短脉冲

$$\langle\psi(0)|\psi(t)\rangle = \int \mathrm{d}E\exp(-iEt)|g(E-E_i)|^2\left[\frac{Df(E)}{2(E-E_i)}\right], \quad (9.3)$$

其中

$$g(E-E_i) = \int \mathrm{d}tf(t)\exp[-(E-E_i)t], \quad (9.4)$$

为激光脉冲的傅立叶变换，$Df(E)$ 表示振子强度密度. 在旋转波近似下，$g(E-E_i)$ 可以改写为

$$g(E-E_i) = \tau f_m\left(\frac{\pi}{2}\right)^{1/2}\exp[-(E-E_i-\omega)^2\tau^2/2]\exp(-i\phi). \quad (9.5)$$

由式 (9.5) 可以看出，$|g(E-E_i)|^2$为类似高斯分布，在 $E=E_f^c(E_f^c=E_i+\omega)$ 处有最大值. 当 E 偏离 E_f^c几个 $1/\tau$ 的宽度后，$|g(E-E_i)|^2$的值会趋于零. 因此，式 (9.3) 的积分是在以 E_f^c为中心的几个 $1/\tau$ 的范围内. 根据闭合轨道理论，振子强度密度可以近似地表示为

$$Df(E_f^c+\delta E) = Df_0(E_f^c) + \sum_k C_k(E_f^c)\sin[T_k(E_f^c)\delta E + \frac{1}{2}T_k'(E_f^c)\delta E^2 + \Delta_k(E_f^c)], \quad (9.6)$$

其中 $T_k'=\mathrm{d}T_k(E_f^c)/\mathrm{d}E_f^c$，$T_k(E_f^c)$ 是沿第 k 条闭合轨道的回归周期，$T_k'(E_f^c)$ 表示周期$T_k(E_f^c)$ 随E_f^c的变化率，$C_k(E_f^c)$ 表示振荡的幅值，Δ_k表示波包沿着第 k 条闭合轨道产生的附加相位.

将式 (9.5) 和式 (9.6) 代入式 (9.3)，积分后可得到自动关联函数

$$\psi^{AC}(t) = \left[\frac{\tau f_m^2\sqrt{\pi^3}(Df_0)}{4\omega}\right]\times\exp(-iE_f^ct)\{\exp(-t^2/4\tau^2) + \sum_k[G_k^-(t)+G_k^+(t)]\}, \quad (9.7)$$

$$G_k^{\pm} = \left[\frac{C_k}{2(Df_0)\alpha_k^{\pm}}\right]\times\exp[-(t\pm T_k)^2/4\tau^2(\alpha_k^{\pm})^2\mp i(\Delta_k-\pi/2)], \quad (9.8)$$

其中，$\alpha_k^{\pm}=\sqrt{1\pm i[T_k'(E_f^c)/2\tau^2]}$. 从式 (9.7) 可以看出自动关联函数可表示为许多修正的高斯项的和的形式，其中每一个修正的高斯项来源于振子强度密度中的振荡项. 可以看出求和项中具有相同的 k 下标的两项与第 k 条闭合轨道相对应，而中心在 $t=0$ 的项来源于振子强度密度中的背景项与真实闭合轨道无关. 可将自关联函数式 (11.7) 改写为

$$\langle\psi(0)|\psi(t)\rangle = C_0M(t), \quad (9.9)$$

$$M(t) = \exp(-t^2/4\tau^2) + \frac{d}{\alpha_k^-}\exp[-(t-T_k)^2/4\tau^2(\alpha_k^-)^2 + i(\Delta_k-\pi/2)]$$

$$+\frac{d}{\alpha_k^+}\exp[-(t+T_k)^2/4\tau^2(\alpha_k^+)^2-i(\Delta_k-\pi/2)], \tag{9.10}$$

其中

$$C_0=\frac{\tau f_m^2\sqrt{\pi}^2(Df_0)}{4\omega}\exp(-iE_f^c t), \tag{9.11}$$

$$d=3F/8\sqrt{2}(E_f^c)^{3/2}=3F^{1/4}/8\sqrt{2}\varepsilon^{3/2}, \tag{9.12}$$

$$\alpha_k^{\pm}=\sqrt{1\pm(i/2\tau^2)T_k'}. \tag{9.13}$$

计算自关联函数时仅需要考虑含时项 $M(t)$，讨论脉冲宽度对 $M(t)$ 随时间（$t>0$）演化，而（$t<0$）的情况可以根据对称性 $\{M(-t)=M(t)\}$ 求得.

9.4　静电场中的氢负离子在弹性墙表面的自关联函数

本节应用半经典理论，特别是闭合轨道理论对于静电场中的氢负离子在弹性墙表面的自关联函数进行了研究. 静电场中的氢负离子在弹性墙表面的闭合轨道信息非常简单，采用2006 年 Yang 等人在 Physical Review A 发表的文章上的模型[182]. 把该模型简单介绍一下，如图 9. 3 所示.

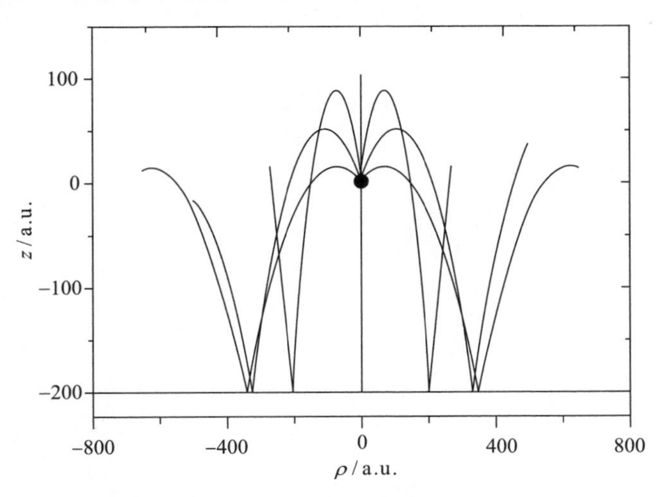

图 9. 3　氢负离子的光剥离电子的经典轨道. 氢负离子位于原点，所有轨道均从这里发出. 弹性墙位于 $z=-200$ 处

在柱坐标系（ρ，z，ϕ）中，原点处有一个氢负离子H^-，对其施加一束沿 z 方向偏振的激光，用来剥离价电子. 在 $z=-200$（a. u. ）处有一弹性墙，光剥离电子可以在（ρ，ϕ）平面自由运动，而 z 方向上在垂直于弹性墙的电场和弹性墙共同作用而上下反复运动. 在所有光剥离电子轨道中，那些被弹性墙和电场作用重新回到出发点附近的轨道称为闭合轨道. 可以发现，所有的闭合轨道都是沿 z 轴方向的，并且概括为以下四种基本轨道（所有的闭合轨道可以由这些基本轨道组成）：①光剥离电子沿 z 方向运动，到达最高点由于电场的作用又回到离子附近，这种轨道为上轨道；②光剥离电子沿 $-z$ 方向运动，被下方的弹性墙弹回到离子附近，这种轨道为下轨道；③光剥离电子先沿着上轨道然后通过原点，继续沿着下轨道；④剥离电子先沿下轨道然后沿上轨道，这种情形与③的次序刚好相反.

可以使用脚标 j 和 n 标记所有的闭合轨道，$j=1$，2，3，4，$n=0$，1，2，3，…，其中 $n=0$ 表示轨道仅为基本的闭合轨道（$j=1$，2，3，4 分别对应上述四种基本轨道）. 当 $n>0$ 时，轨道（j，n）由两部分组成：初始轨道和重复轨道. 初始轨道为第 j 条基本闭合轨道. 重复轨道由周期轨道 $j=3$ 或 4 的 n 次重复构成. 基本闭合轨道的周期分别为

$$
\begin{aligned}
T_1 &= \frac{2k}{F}, \\
T_2 &= \frac{-2k+2\sqrt{k^2+2Fz_0}}{F}, \\
T_3 &= \frac{2\sqrt{k^2+2Fz_0}}{F}, \\
T_4 &= \frac{2\sqrt{k^2+2Fz_0}}{F}.
\end{aligned}
\tag{9.14}
$$

周期对于能量的变化率

$$
\begin{aligned}
T_1' &= \frac{1}{F}\left(\frac{2}{E}\right)^{1/2}, \\
T_2' &= \frac{-\left(\frac{2}{E}\right)^{1/2}+2\times(2E+2Fz_0)^{-1/2}}{F}, \\
T_3' &= \frac{2\times(2E+2Fz_0)^{-1/2}}{F}, \\
T_4' &= \frac{2\times(2E+2Fz_0)^{-1/2}}{F}.
\end{aligned}
\tag{9.15}
$$

把相应闭合轨道信息代入，可以得到静电场中的氢负离子在弹性墙表面的自关联函数.

图 9.4 给出了电场强度为 400 kV/cm 情况下，脉冲宽度分别为 100 a. u. 、300 a. u. 、500 a. u. 和 800 a. u. 时的自动关联函数. 在图 9.4 中，$t=0$ 处的峰

很高，而其他时刻的峰相对较小．这种情况可以理解为：零时刻的波包定域在原子附近，自关联函数测量的是定域波包与所有波包的叠加，而不对应实际的闭合轨道．随着时间的演化，定域波包开始从原子核向各个方向传播，原子核附近波包的强度随着时间演化而迅速减少．波包在接下来的演化过程中，仅有一小部分沿各闭合轨道一次或多次返回原子附近，返回波包与出射波包干涉形成了其他的峰．研究发现激光脉冲对自关联函数的影响相当明显．较短的激光脉冲，自关联函数有明显回归峰，并发现回归峰与电子的闭合轨道有明显的对应关系．但是随着激光脉冲宽度的加大，回归峰逐渐变宽，由于相邻峰间的干涉效应，这种对应关系最终消失．

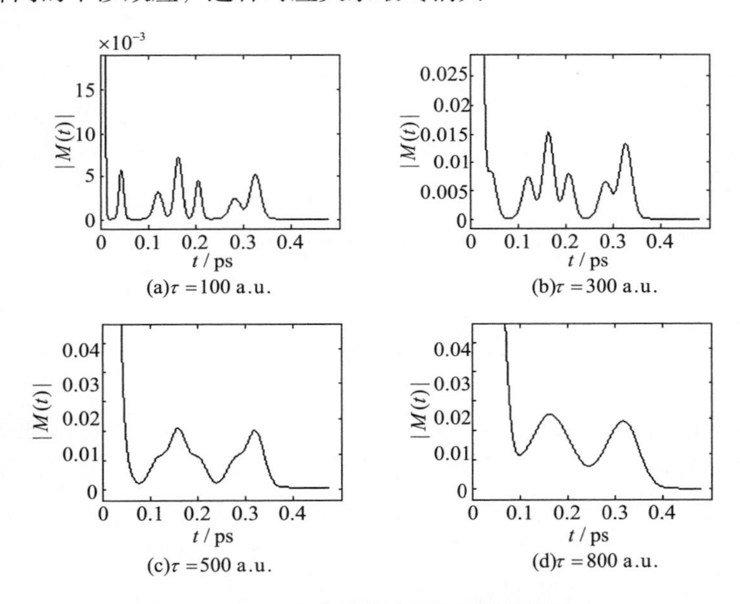

图 9.4　不同脉冲宽度对自关联函数的影响

图 9.5 给出了脉冲宽度固定不变时，电场强度由 100 kV/cm 增加到 600 kV/cm 情况下，自关联函数的变化．从图中可以看出由于电场强度的增加，时间谱峰的数目和峰值增加了许多．例如在电场强度为 100 kV/cm 时，时间谱中只有三个分离的峰，而在电场强度为600 kV/cm，该谱中有六个幅度更大的峰．这种现象可以这样理解：当电场强度较小时，不同的闭合轨道之间的差异很小，时间谱中相邻的峰就会合并成一个峰．当电场强度很大时，不同闭合轨道间的差异会很明显，时间谱中的峰就会分离开来，从而形成更多的峰．

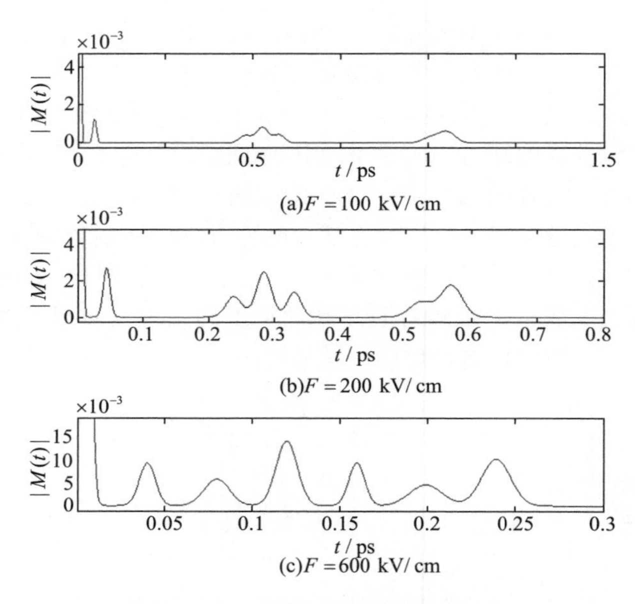

图 9.5　电场强度对自关联函数的影响

9.5　本章小结

本章采用闭合轨道理论与含时微扰理论相结合的方法研究了氢负离子在弹性墙表面附近的自动关联函数. 研究发现激光脉冲宽度对自关联函数的影响相当明显. 较短的激光脉冲, 自关联函数有明显回归峰, 并发现回归峰与电子的闭合轨道有明显的对应关系. 但是随着激光脉冲宽度的加大, 回归峰逐渐变宽, 由于相邻峰间的干涉效应, 这种对应关系最终消失. 此外, 研究发现, 随着电场强度的增加, 时间回归谱中会出现更多的峰, 峰值也会变大.

第10章　弹性表面附近氢负离子的光剥离电子波包动力学研究

10.1　引　　言

近年来，氢负离子的光剥离现象一直是原子与分子领域研究的热点问题. 由于激光技术的飞速发展，使产生和探测原子的相干态成为可能，这些相干态的叠加形成电子波包，同时促进了电子在表面动力学的研究[188]. 电子波包的时间演化和动力学问题是量子力学的基本问题，而体系的自关联函数是研究该问题广泛采用的方法. 本章主要研究了弹性表面光剥离电子在电场中的时间演化、波包动力学以及量子拍现象. 由于本体系中的本征态能量间隔随着量子数的增加而减少，所以电子波包可以包含多个相邻的本征态，使量子相干成为可能. 首先给出了该体系量子波包的解析表达式，从而得到不同簇波包的时间演化，发现了较高中心能量的激光对应的量子波包空间分布变化更为激烈. 然后，通过对电子波包的自关联函数研究，发现无限长寿命的电子波包有很好的量子复现现象，当考虑寿命因素后该复现现象消失了. 最后，研究不同电场下波包的时间演化实现了电场对电子波包的调控. 在此基础上，详细讨论了电子波包的量子与经典对应关系. 处于定态下的量子体系，在空间概率分布是不随时间变化的，所以与经典粒子的轨道运动对应的量子态，绝不是一个简单的定态，而只能是由若干定态的相干叠加所构成的非定态. 为了模拟经典粒子的轨道运动，它们应该是一个在空间运动的较窄的局域波包（localized wave-packet）. 由许多里德堡态相干叠加形成的波包，称为里德堡波包. 由于短脉冲激光技术的进展，已可能在实验室中制备和检测许多体系（原子、分子、半导体量子阱等）若干定态相干叠加所形成的局域波包. 这种波包的演化和动力学是目前物理和化学领域都很感兴趣的课题.

10.2　研 究 内 容

氢负离子可以看成一个单电子系统，活动的电子通过短程势被松弛地束缚在氢原子的边缘，可通过球对称势 $V_b(r)$，其中 r 表示活动的电子到原点

（原子核所在处）的距离. 电子的束缚能量是 $E_b = k_b^2/2$，其值为 0. 754 eV，k_b 与剥离电子的初始波 $\Psi_i(r) = \frac{B\exp(-k_b r)}{r}$ 相联系，B 是归一化常数，其值为 0. 315 52. 激光的光子能量为 $E_p = E + E_b$，其中 E 表示光剥离电子的动能.

为了研究电场中H^-在弹性墙表面附近光剥离电子波包，考虑电场方向为 z 轴并且垂直于弹性表面的情况. 在圆柱坐标系中，此体系的哈密顿量为

$$H = \frac{1}{2}(P_\rho^2 + p_z^2) + V_b(r) + V(z), \tag{10.1}$$

其中 $V_b(r)$ 是氢原子本身的极化场，由于它的短程性质，研究体系中不考虑它的作用. 另外，$V(z)$ 为势能，可以表示为

$$V(z) = \begin{cases} \infty, & z \leqslant 0, \\ Fz, & z > 0, \end{cases} \tag{10.2}$$

其中 F 表示电场强度. 可以看出光发射的电子，在 z 方向受到线性势阱束缚并且在 $z=0$ 处有一个不能穿透的平面，但是在 ρ 方向不受任何约束. 自由粒子高斯波包的空间表达形式可以写成如下的表达式：

$$\psi(x, y, z) = \left(\frac{2}{\pi\sigma^2}\right)^{1/4} \exp\{-[(x-x_0)^2 + (y-y_0)^2 + (z-z_0)^2]/\sigma^2 + i p_0(z-z_0)\}, \tag{10.3}$$

其中 $\langle x\rangle = x_0$，$\langle y\rangle = y_0$，$\langle z\rangle = z_0$ 和 $\langle p_z\rangle = p_0$ 分别为波包的初始位置和动量. 研究的体系中波包在 x 和 y 方向是自由扩散的，但是在 z 方向有初动量 $\langle p_z\rangle = p_0$ 并且受到强电场的束缚. 因此，这个体系可以简化成高斯波包在 (x, y) 平面是自由扩散的，而 z 方向受到线形势阱的束缚并且在 $z=0$ 处有一个不可逾越的弹性墙. 假设初始时刻 x 方向的电子波函数有如下表达形式：

$$\Psi(x, 0) = \left(\frac{2}{\pi\sigma^2}\right)^{1/4} \exp[-(x-x_0)^2/\sigma^2], \tag{10.4}$$

很容易得到任意时刻的电子波函数的表达式：

$$\Psi(x, t) = \left(\frac{2}{\pi\sigma^2}\right)^{1/4} \frac{\exp[-(x-x_0)^2/\sigma^2][1 + (2it/\sigma^2)]}{\sqrt{1 + (2it/\sigma^2)}}. \tag{10.5}$$

在 x 和 y 方向的电子波包的时间演化就可以知道了. 接下来主要研究波包在 z 方向的时间演化. 量子体系的本征能量光谱和粒子的经典动力学之间的联系可以通过求解时间相关的薛定谔方程. 量子阱中归一化的本征函数为

$$\psi_n = \frac{1}{\left(\frac{2}{F^2}\right)^{1/6} (z_n \mathrm{Ai}^2[-z_n] + \mathrm{Ai}'^2[-z_n])^{1/2}} \mathrm{Ai}[(2F)^{1/3} z - z_n], \tag{10.6}$$

其中

$$z_n = (2F)^{-\frac{2}{3}} q_n^2 = (2F)^{-\frac{2}{3}} 2\left(\frac{F^2}{2}\right)^{1/3}\left[\frac{3\pi}{2}\left(n-\frac{1}{4}\right)\right]^{2/3} = \left[\frac{3\pi}{2}\left(n-\frac{1}{4}\right)\right]^{2/3}. \tag{10.7}$$

Ai 是 airy 函数. 相应的能量本征值为

$$E_{zn} = \left(\frac{F^2}{2}\right)^{1/3}\left[\frac{3\pi}{2}\left(n-\frac{1}{4}\right)\right]^{2/3}. \tag{10.8}$$

运动的波包可以写成其能量本征态的线性叠加：

$$\Psi(z,t) = \sum_n C_n(t)\psi_n(z)\exp(-iE_n t/\hbar), \tag{10.9}$$

其中 E_n是相应的能量本征值. 与时间相关的因数 $C_n(t) = c_n\exp(-t/2\tan_n)$，其中 $c_n = \langle \psi_n(z) | \psi(z,0)\rangle$. $\tan_n$是相应本征态的寿命，通过计算得到各个态的寿命. 把以上参数代入式（10.9）中，可以得到任意时刻的波函数.

本章要研究由超短脉冲产生的光剥离电子波包在外场中弹性表面附近的波包动力学性质，那么接下来研究相干态的量子拍光谱是很有意义的. 对于本体系而言，用较大带宽的激光脉冲可以产生许多相干态. 举一个简单例子，量子数分别为 n 和 $n+1$ 的相邻态，它们相应的波函数分别为 $\psi_n(t) = |n\rangle\exp(-iE_n t/\hbar)$ 和 $\psi_{n+1}(t) = |n+1\rangle\exp(-iE_{n+1}t/\hbar)$. 双光子光电效应（2PPE）强度可以表示为

$$I(t) \propto |C_n(t)\psi_n(t) + C_{n+1}(t)\psi_{n+1}(t)|^2, \tag{10.10}$$

其中系数 $C_n(t)$ 和 $C_{n+1}(t)$ 是随着指数进行衰减的. 量子拍的频率为

$$\nu_{n,n+1} = (E_{n+1} - E_n)/h \quad (h = 4.136\ \mu\text{eV/GHz}). \tag{10.11}$$

10.3　结果和讨论

把相应表达式分别代入式（10.10）和式（10.11），可以得到 H^- 的光剥离电子波包在外场中弹性表面附近波包的时间演化和量子拍现象. 图 10.1 中记录了由于脉冲初动量不同，对系数 $c_n = \langle \psi_n(z) | \psi(z,0)\rangle$ 的影响. 可见，随着脉冲能量的增加，会把电子激发到更高的量子态，从而包含更多的态.

通过自由电子双带模型计算了各个态的寿命. 双带模型包括两个带和一个能隙，它们反映能带结构的主要特征. 当电子与金属表面发生布拉格反射碰撞时，表面量子阱的态就存在于能隙间. 在这个模型中，体内波函数可以写成 $\phi_n = \exp(qz)\cos(pz+\delta)$，其中 p、q 分别为波矢 k 的实部和虚部. 它们和电子的能量 E、能隙的半宽度 E_g和垂直表面的有效质量 m^* 有如下的关系：

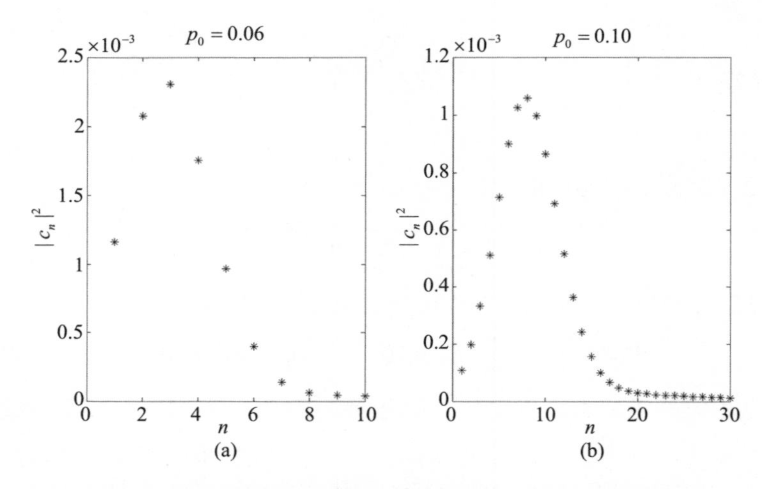

图 10.1　不同初动量的高斯脉冲所对应态的分布，激光初动量分别为 0.06 a.u. 和 0.10 a.u..

$$
\begin{gathered}
p = g/2, \\
(\hbar^2/2m^*)q^2 = (4\varepsilon E_g + V_g^2)^{1/2} - (\varepsilon + E_g), \\
E_g = (\hbar^2/2m^*)p^2, \\
\sin(2\delta) = -(\hbar^2/2m^*)(pq/V_g), \\
g = 2\pi/a.
\end{gathered} \tag{10.12}
$$

其中 a 是平面间距. 波函数在界面与量子阱态相匹配. 每个态的线宽可以近似看作

$$\Gamma(E_n) = p_n b(E_n - E_F), \tag{10.13}$$

其中 E_F 是费密能级，b 是实验上测量得到的系数（对于 Cu 和 Ag 来说 b 为 0.13）. 另外，p_n 代表穿透深度

$$p_n = \int_{-\infty}^{0} \phi_n^* \phi_n \mathrm{d}z, \tag{10.14}$$

通过积分可以得到其解析表达式

$$p_n = \frac{1}{4(p^2+q^2)}(\cos 2\delta + \sin 2\delta) + \frac{1}{4q}, \tag{10.15}$$

各个态的寿命可以表示为

$$\tau_n = h/\Gamma(E_n). \tag{10.16}$$

在模型中采取 Cu(100) 表面. 实验中可以知道 Cu(100) 的 $n=3$ 的影像态寿命为 $\tau_3 = 300$ fs，通过上面的方法可以知道该态的穿透深度. 把模型中第一个电子态与该态的位置进行匹配，其他态的穿透深度和寿命可以通过上面的方

法计算出来，列在表 10.1 中. 可以发现在 Cu(100) 表面，量子阱态靠近带中，因此波函数衰减，穿透概率减小，寿命增加. 结果和实验值的变化趋势一样.

表 10.1　计算了 Cu(100) 表面的量子态小于 10 的穿透概率和寿命. 标记 a 的表示电场强度为 100 kV/cm，标记 b 的表示电场强度为 300 kV/cm

n	1	2	3	4	5	6	7	8	9	10
penetration[a]/%	2.36	2.23	2.14	2.07	2.01	1.97	1.92	1.88	1.85	1.82
Lifetime[a]/fs	299.29	314.06	326.11	335.64	343.89	351.24	357.88	363.95	369.56	374.79
Penetration[b]/%	2.36	2.12	1.97	1.86	1.78	1.71	1.66	1.61	1.57	1.53
Lifetime[b]/fs	299.29	329.69	350.89	367.59	381.49	393.45	403.97	413.37	421.88	429.65

图 10.2 中显示了短脉冲激光作用在 H^- 上，产生的光剥离电子波包随时间的演化. 图 10.2（a）和（b）中列举了两种情况，都是以 $c_n = \langle \psi_n(z) | \psi(z, 0) \rangle$ 为系数波包的空间和时间分布概率. 其中图 10.2（a）采取了激光脉冲初始动量为 $p_0 = 0.06$ a.u.，由量子数 $n = 3$，4 组成的电子波包在弹性

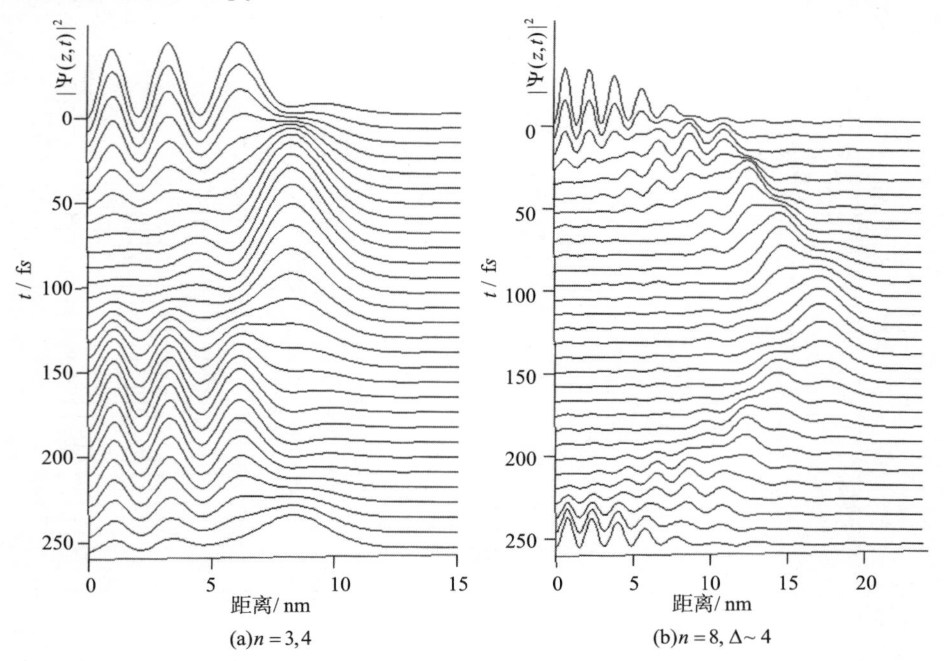

图 10.2　计算了光剥离电子波包在表面量子阱中时间演化的概率分布 $|\psi(z, t)|^2$，两种情况分别为（a）包含 $n=3$，4 两个量子态，（b）包含以 $n=8$ 为中心五个量子态. 电场强度为 $F=100$ kV/cm，方向沿 z 轴

表面附近空间分布的时间演化. 把量子数 $n=3$ 的量子态的寿命取为 $\tau_3=300$ fs，其他态以该态为基准遵循 n^3 定律. 由图可以看出电子波包在表面以 $T=h/(E_4-E_3)=210.5$ fs 为周期来回运动. 波包整体的幅度由于各个态有限的寿命随着时间的演化而逐渐衰减.

由于本体系中表面态的能量间隔随着量子数 n 的增加而减小，用较大中心能量的激光会同时激发更多的态. 通过调节脉冲和外场等参数可以产生非常复杂的量子拍现象. 例如图 10.2（b）中采取脉冲动量为 $p_0=0.10$ a.u.，波包中含有以量子数 $n=8$ 为中心的五个态（6，7，8，9，10），这种情况下的波包显示了更加剧烈的空间分布变化. 从经典物理来看，它类似于粒子在表面附近的来回振动.

在图 10.3 中，研究了电场强度对波包的影响，可以实现电场对波包的调控. 波包采用的是以量子数 $n=8$ 为中心的五个态，与图 10.3（b）中的波包一样. 在图 10.3（a）和（b）中电场强度从 100 kV/cm 增加到 300 kV/cm，可以看到随着电场强度的增加，波包空间分布更趋近于表面，同时波包运动周期也减小了. 根据公式 $T=h/(E_n-E_{n+1})$，得到两种电场强度下的波包的经典运动周期分别为 0.287 ps 和 0.138 ps，和图中对应得非常好. 电场强度对

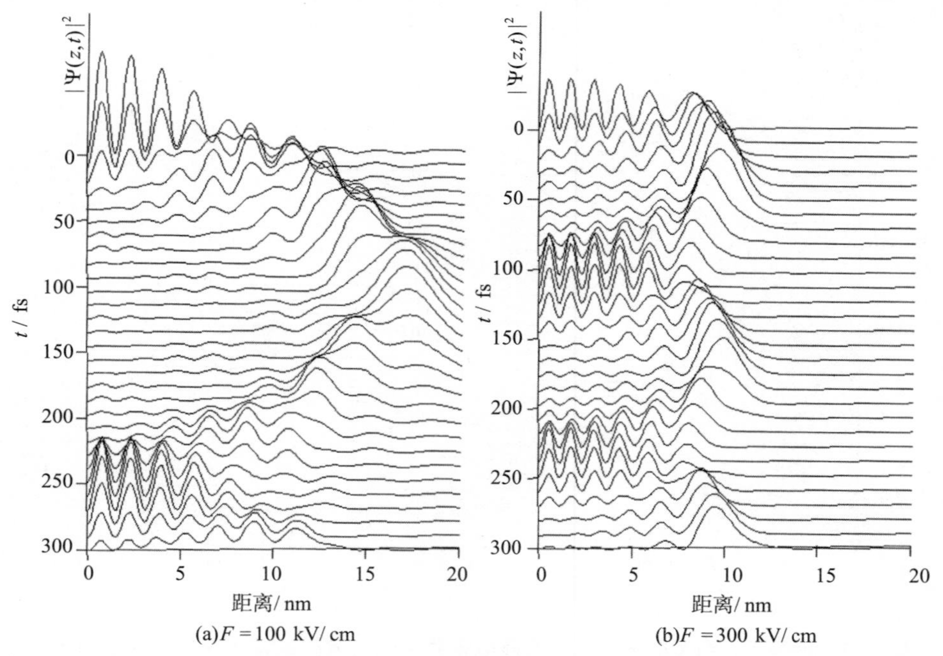

图 10.3　电场强度对分离的电子波包的影响. 电子波包包含以量子数 $n=8$ 为中心的五个量子态. 电场强度分别为（a）100 kV/cm，（b）300 kV/cm.

波包影响可以这样理解，电场强度越大会使电子越靠近表面，就会有更大的概率靠近表面，与表面的作用也就更强，空间分布变化也就更剧烈. 从经典物理学理解，更强的电场会使电子在表面的运动更为迅速，进而使运动周期更小.

在图 10.4 和图 10.5 中记录了常见的量子拍现象. 在图 10.4 中考虑了激光脉冲把电子主要激发到量子数为 3 和 4 的两个态上，这种情况下量子拍的周期为 $\nu_{3,4}^{-1}=210.5$ fs，相对应的能量差 $\Delta E_{3,4}=19.6$ meV. 通过比较发现波包的时间演化和双光子脉冲信号强度相符合得非常好. 例如，当在时间 $t=0.2$ ps时，双光子脉冲信号和波包的时间演化同时为最小值，而当在时间 $t=0.3$ ps 时，两者同时得到最大值. 当增加脉冲的初始动量，波包含有以 $n_0=8$ 为中心的五个量子态（$n=6, 7, 8, 9, 10$）时，相对应的量子拍现象记录在图 10.5 中. 可以按照图 10.5 的思路理解它，这里不再赘述. 很显然，包含更多态的量子波包会产生更复杂的量子拍现象.

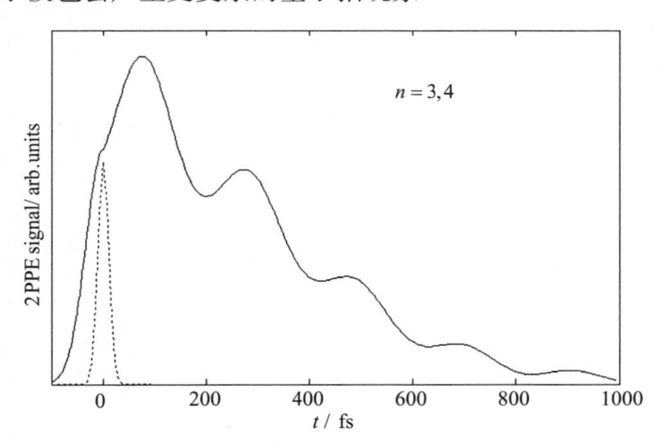

图 10.4　前 2 s 时间范围内的由量子数 $n=3$，4 的相干态形成的量子拍信号

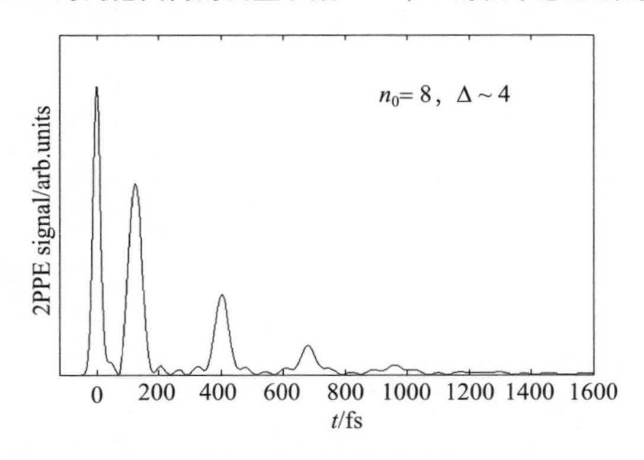

图 10.5　由以量子数为中心的五个量子态组成的波包的量子拍信号

10.4　本章小结

通过量子力学的方法，研究了氢负离子的光剥离电子在强电场中弹性表面附近波包的时间演化和量子拍谱，并且分析了电场强度和脉冲初始动量对波包演化的影响. 本工作对理解氢负离子的光剥离电子波包在外场和表面共同作用下的动力学提供了一个一般的方法. 计算了包含不同簇量子态波包的时间演化，分析了电场对波包的调控. 计算结果表明，包含更多态的电子波包会有更剧烈的空间分布，随着电场强度的增加，会使波包的分布更趋近于表面. 为了方便，本书把表面看作一个弹性墙，并且把各个表面态的寿命进行了详细的计算. 迄今为止，还没有人从实验中对本体系的波包动力学进行分析，希望本书的结果对今后表面吸附离子或原子的时间分辨谱的实验研究具有一定的参考价值.

第11章 金属表面光剥离电子的波包动力学研究

11.1 引 言

在表面物理学中，详细地了解电子在表面的动力学性质对于理解电子在表面的散射、电荷在界面间转移、电子器件设计等过程都会起到很大的作用[189~191]. 通过光电效应或双光子光电效应[54]可以在金属表面产生电子波包，允许对激发的电子进行研究，该电子波包的自关联函数可以直接测量[188]. 金属表面电子波包的失相和寿命受表面吸附与外加电场的影响[192,193]. 此外，随着激光入射角度的加大，由于表面电磁场的束缚，表面电子的数目会增加许多[194]. 波包动力学可以通过自关联函数很好地表示出来，自关联函数是一个非常重要的可以通过泵浦实验直接测量的信号，它表示t时刻波函数与初始态的重叠. 最近，许多科研小组，通过时间分辨的双光子光电效应（TR-2PPE）研究了金属表面影像态的超快电子动力学. 他们分别研究了Ag(100)[63]、Cu(111)[195]和Cu(100)[63,195~197]表面的时间分辨的影像态. 运用较大的光谱宽度超短激光脉冲可以同时激发几个相干影像态，可以出现量子拍光谱现象[192,198,199]. 特别是Höfer等人运用时间分辨的双光子光电效应产生几个相干量子态来研究金属表面影像态的超快电子动力学，从而确定了Cu(100) 表面最初六个影像态的寿命[54]. Chulkov小组计算了铜表面影像态的寿命[62]，Borisov等人系统地计算了Cu(111)、Ag(111)、Au(111) 和Be(0001) 表面的影像态的寿命[200]，以上这些理论计算都与实验上测量结果保持一致. 本章研究表面量子阱电子波包的时间谱. 下面对研究的体系做一下简单的描述. 超短激光作用于L间隙的金属表面，会有电子从表面射出. 本体系类似于金属表面的影像态，但是有以下不同之处：表面量子阱是由外加电场形成的，相比之下影像势特别小，可忽略不计. 为了简便起见，表面假设为弹性表面. 通过把几个激发态叠加得到了光剥离电子波包的解析表达式. 电子波包的运动受到激光中心能量和外加电场的影响，结果表明，可以通过改变所用激光能量和外加电场来对波包进行调控.

11.2 研究内容

为了研究在电场中金属表面附近的电子波包，考虑电场方向为 z 轴并且垂直于金属表面的情况. 在圆柱坐标系中，本体系的哈密顿量为

$$H=\frac{1}{2}(p_\rho^2+p_z^2)+V(z), \tag{11.1}$$

其中 $V(z)$ 为势能，可以表示为

$$V(z)=\begin{cases}\infty, & z<0,\\ Fz, & z>0,\end{cases} \tag{11.2}$$

其中 F 表示电场强度. 可以看出光发射的电子，在 z 方向受到线性势阱束缚并且在 $z=0$ 处有一个不能穿透的平面，但是在 ρ 方向不受任何约束. 式（11.2）可以精确描述真空下有带隙的金属势能. 量子体系的本征能量光谱和粒子的经典动力学之间的联系可以通过求解时间相关的薛定谔方程. 量子阱中归一化的本征函数为[182]

$$\psi_n=\frac{1}{\left(\frac{2}{F^2}\right)^{1/6}(z_n\mathrm{Ai}^2[-z_n]+\mathrm{Ai}'^2[-z_n])^{1/2}}\mathrm{Ai}[(2F)^{1/3}z-z_n], \tag{11.3}$$

其中

$$z_n=(2F)^{-\frac{2}{3}}q_n^2=(2F)^{-\frac{2}{3}}2\left(\frac{F^2}{2}\right)^{1/3}\left[\frac{3\pi}{2}\left(n-\frac{1}{4}\right)\right]^{2/3}=\left[\frac{3\pi}{2}\left(n-\frac{1}{4}\right)\right]^{2/3}, \tag{11.4}$$

Ai 是 airy 函数. 相应的能量本征值为

$$E_{zn}=\left(\frac{F^2}{2}\right)^{1/3}\left[\frac{3\pi}{2}\left(n-\frac{1}{4}\right)\right]^{2/3}, \tag{11.5}$$

运动的波包可以写成其能量本征态的线性叠加：

$$\Psi(z,t)=\sum_n C_n(t)\psi_n(z)\exp(-iE_nt/\hbar), \tag{11.6}$$

其中 E_n 是相应的能量本征值，C_n 为高斯分布. τ_n 是相应本征态的寿命，满足 $\tau_n\propto n^3$ 定律，该定律广泛用于表示各影像态的寿命[55]. 接下来讨论本体系的自关联函数. 自关联函数在研究束缚态体系量子波包的时间演化问题中有着广泛的应用. 在一维的情况下形式为[201]

$$A(t)=\int_{-\infty}^{+\infty}\psi^*(x,t)\psi(x,0)\mathrm{d}x=\sum_{n=1}^{\infty}|C_n(t)|^2\exp(iE_nt/\hbar). \tag{11.7}$$

可以看出自关联函数与能量谱有直接的关系. 自关联函数和泵浦探测试验中可观测的电离信号有直接的关系[202]. 把能量以某个 n_0 态为中心进行泰勒展

开，定义了三个时间尺度：

$$T_{\mathrm{cl}}=\frac{2\pi\hbar}{|E'(n_0)|},$$

$$T_{\mathrm{rev}}=\frac{2\pi\hbar}{|E''(n_0)|/2},\tag{11.8}$$

$$T_{\mathrm{super}}=\frac{2\pi\hbar}{|E'''(n_0)|/6},\tag{11.9}$$

三个尺度 T_{cl}、T_{rev} 和 T_{super} 分别称为经典周期、回归周期和超级回归周期. 对于本体系，相应的时间尺度为

$$T_{\mathrm{cl}}=\frac{2\pi\hbar}{|E'(n_0)|}=2\left(\frac{2}{F^2}\right)^{1/3}\left[\frac{3\pi}{2}(n_0-1/4)\right]^{1/3},$$

$$T_{\mathrm{rev}}=\frac{2\pi\hbar}{|E''(n_0)|/2}=\frac{8}{\pi}\left(\frac{2}{F^2}\right)^{1/3}\left[\frac{3\pi}{2}(n_0-1/4)\right]^{4/3},\tag{11.10}$$

$$T_{\mathrm{super}}=\frac{2\pi\hbar}{|E'''(n_0)|/6}=\frac{12}{\pi^2}\left(\frac{2}{F^2}\right)^{1/3}\left[\frac{3\pi}{2}(n_0-1/4)\right]^{7/3}.\tag{11.11}$$

11.3　结果和讨论

将相应的表达式代入式（11.6）和式（11.7），可以计算出本体系中电子波包的时间演化和自关联函数，结果在图 11.1 ~ 图 11.8 中展示出来.

图 11.1 中记录了初始态为高斯分布的光剥离电子波包概率在时间和空间上的演化. 对于本体系各个本征态的寿命没有实验上的测量值，借用实验[54]和理论[62,200]都给出了镜像态寿命值. 选取 Cu(100) 表面 $n=2$ 态的寿命 $\tau_2=120$ fs 为本体系的第二个量子态的寿命，其他态以其为标准满足 n^3 的规律. 在图 11.1（a）中只有 $n=3$ 态（没有相干态）的波包的时间演化. 由于本征态寿命问题，波包整体上有一个明显的衰减. 由于此情况中只含有一个本征态，光发射的波包动力学非常简单，与图 11.1（b）、（c）中量子拍的情况形成鲜明对比. 这里所用的高斯脉冲的带宽足够宽，可以同时激发几个相干的态. 在图 11.1（b）中概率 $z^2|\psi(z,t)|^2$ 更趋近于表面，主要集中在距离表面 8 nm 处.

随着量子数 n 的增加，表面态能量之间的差值越来越小，脉冲能量的增加会激发更多的态. 适当地调节脉冲和外加电场可以产生更加复杂的量子拍现象. 例如，在图 11.1（c）中，波包由五个本征态（6，7，8，9，10）组成，波包的空间变化更为剧烈. 波包的运动就像电子在表面来回运动一样. 很显然包含更多态的量子波包，会有更加激烈的空间分布，更加复杂的量子拍现象. 还分析了各个本征态的寿命对电子波包动力学的影响.

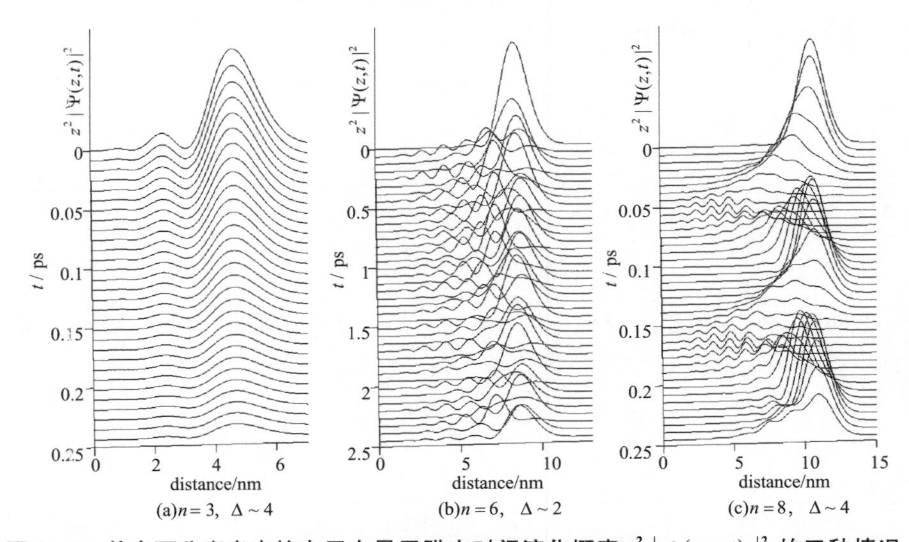

图 11.1　从表面分离出来的电子在量子阱中时间演化概率 $z^2|\psi(z,\ t)|^2$ 的三种情况：（a）一个本征态量子数为 $n=3$，（b）量子数为 $n=6$ 附近的三个本征态，（c）量子数为 $n=8$ 附近的五个本征态. 电场沿 z 轴方向，强度为 $F=400$ kV/cm

图 11.2 中波包的时间演化类似于图 11.1，除了量子态 $n=2$ 的寿命假设为 40 fs. 由于本征态寿命较小，波包的减弱趋势会更快. 为了更加详细地讨论寿命对波包时间演化的影响，看下面这个例子.

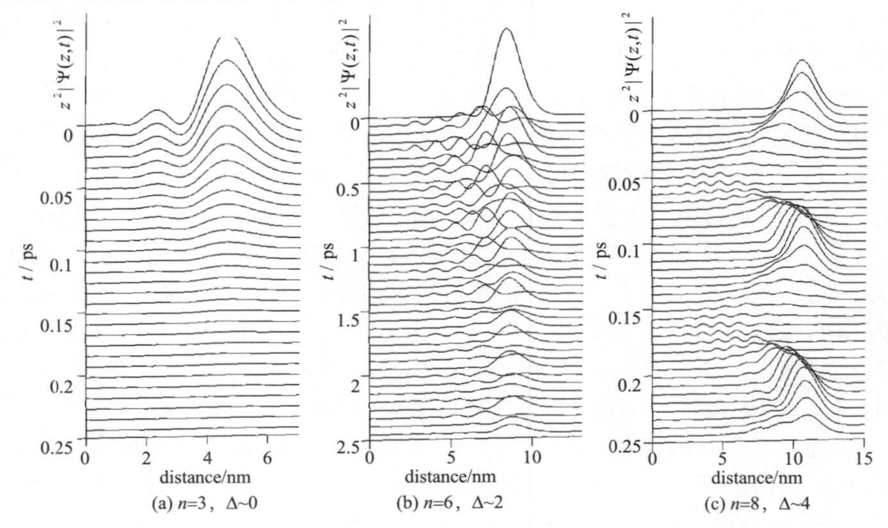

图 11.2　波包的时间演化同图 11.1 除了 $n=2$ 态的寿命假设为 40 fs

与图 11.1 和图 11.2 相比，在图 11.3 和图 11.4 中，选取不同簇的光剥离电子波包，主要研究寿命对波包时间演化的影响. 在图 11.3 中，每个态的寿命假设为无限长，而在图 11.4 中各个态的寿命假设为金属影像态的寿命，比较以上两图可以看出寿命对波包时间演化的影响. 原因和前面分析图 11.1 和图 11.2 的类似，这里不再重复.

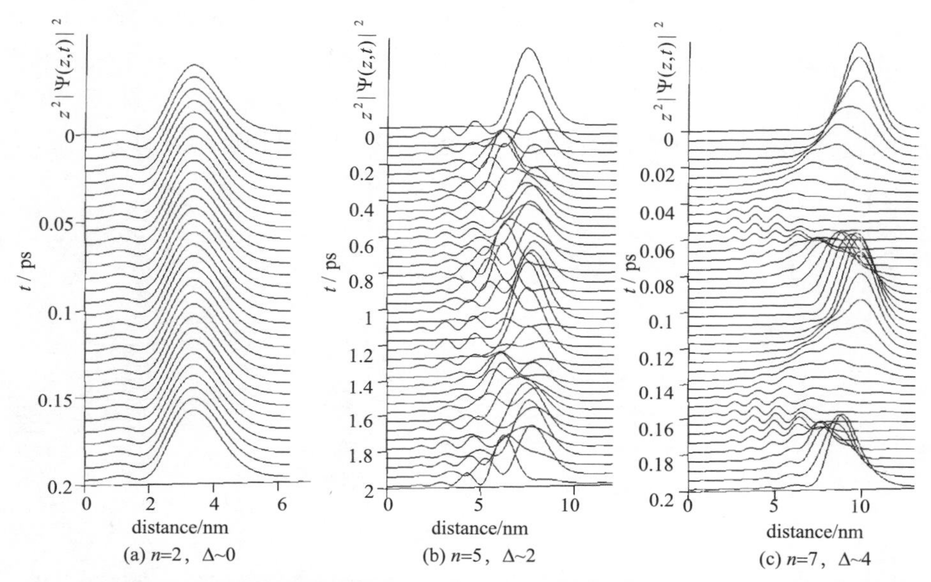

图 11.3　从表面分离出来的电子在量子阱中时间演化概率 $z^2|\psi(z, t)|^2$ 的三种情况：（a）一个本征态量子数为 $n=2$，（b）量子数为 $n=5$ 附近的三个本征态，（c）量子数为 $n=7$ 附近的五个本征态. 电场沿 z 轴方向，强度为 $F=400$ kV/cm

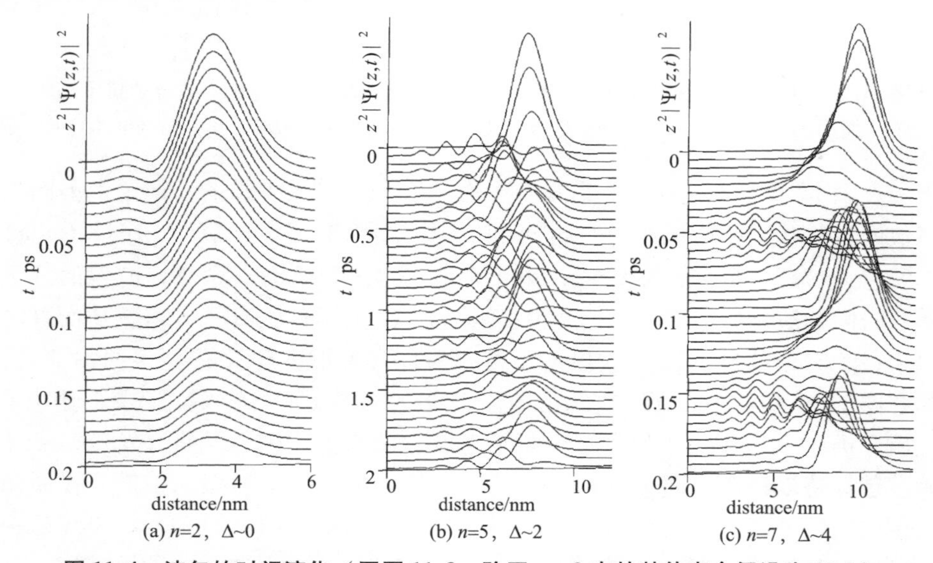

图 11.4　波包的时间演化（同图 11.3，除了 $n=2$ 态的其他寿命假设为 40 fs）

在图 11.5 中，考虑了电场强度对波包的影响．采用以 $n=8$ 态为中心的五个量子态［类似于图 11.1（c）中的波包情况］，把电场强度从 100 kV/cm 到 400 kV/cm，可以看到电子波包空间分布更趋向表面，运动时间周期从图 11.5（a）到图 11.5（b）有明显减少．根据式（11.10），可以得到这两种情况经典周期分别为 0.277 4 ps 和 0.099 7 ps．从波包的时间演化图形来看和所得到的数值结果吻合得非常好．这种现象可以解释为：电场强度越大会使电子越贴近表面，表面的作用会越强，波包的概率分布更趋近于表面.

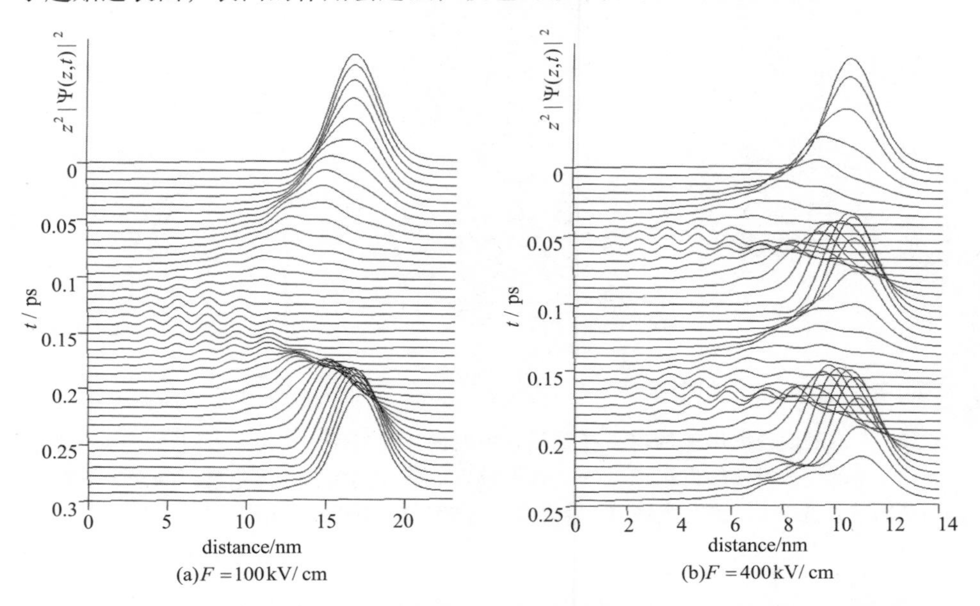

图 11.5　电场强度对分离的电子波包的影响．波包由以 $n=8$ 为中心的五个量子态组成［如同图 11.1（c）］．电场强度分别为（a）$F=100$ kV/cm，（b）$F=400$ kV/cm

在图 11.6（a）~（c）中假设每个态的寿命都是无限长的，记录了不同簇波包的自关联函数模的平方，时间增长到回归周期 T_{rev}．例如在图 11.6（a）中波包只含有一个本征态 $n=2$，由于在能量谱中仅含有一个态，波包的分布随着时间的演化保持不变．把波包表示为 $\psi(z,\ t)=a_2\psi_2\exp(iE_2t)$，从而可以确定任意时刻的自关联函数保持不变．另外，考虑波包含有更多的本征态，如在图 11.6（b）中，自关联函数包含很多的峰．图 11.6（b）记录了脉冲激发后 3 ps 时间范围内，包含三个相干态波包的自关联函数．研究发现，一开始波包保持以经典周期为运动的演化，但是后来发生了坍塌和扩散．在回归周期以前，有许多小的峰值，可以理解为分数回归．图 11.6（b）中的第一个峰值，与解析结果中对应得非常好，标箭头 T_{rev} 的位置和解析结果 $T_{\mathrm{rev}}=$

2.665 ps 也符合得很好. 在图 11.6（c）中波包包含更多的相干态. 在这种情况下，它的第一个峰值和解析结果符合得非常好. 但是随着时间的演化，它的回归周期和解析结果$T_{rev}=4.258$ ps 有一定的差异，这是由于能量展开的高阶失真导致的.

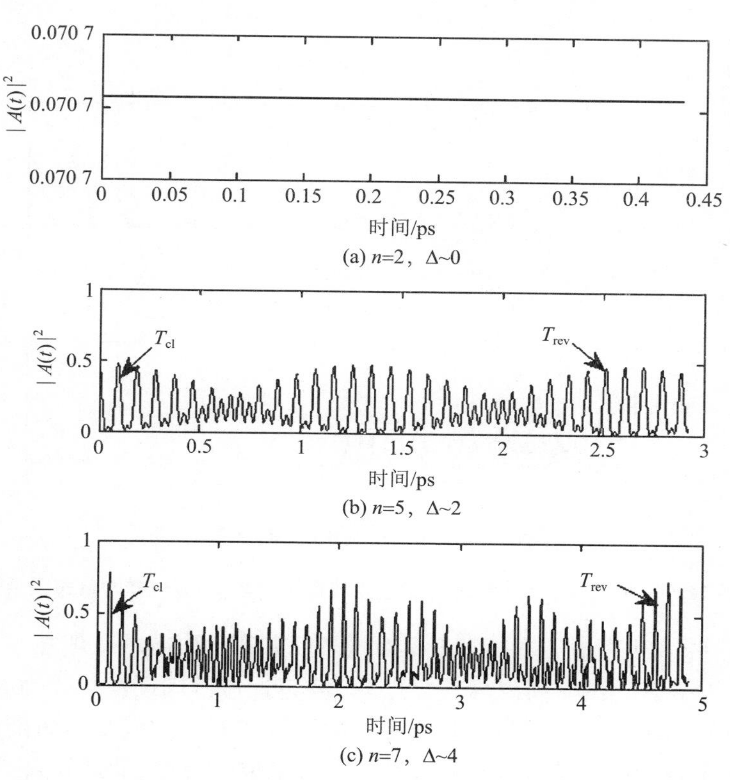

图 11.6　自关联函数模的平方 $|A(t)|^2$，本征态分布的三种情况为（a）$n=2$，$\Delta\sim0$，（b）$n=5$，$\Delta\sim2$，（c）$n=7$，$\Delta\sim4$

接下来在图 11.7 中，考虑各个态的寿命对本体系自关联函数的影响. 假设第二个本征态寿命为 $\tau_2=120$ fs，其他寿命以其为基础满足 n^3定律. 可以看到随着时间的演化，由于各个态有限的寿命回归现象消失了，更不用说超级回归了. 为了更加直观地看出寿命对自关联函数的影响，列举另外一个例子，把各个态寿命分别取无限长和有限长，两种情况放在同一个图中.

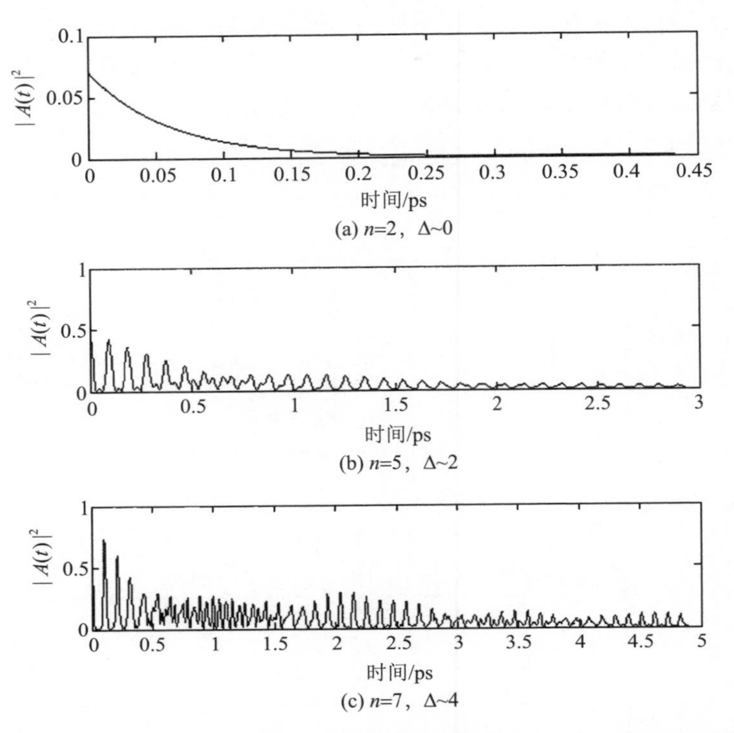

(a) $n=2$，$\Delta\sim0$

(b) $n=5$，$\Delta\sim2$

(c) $n=7$，$\Delta\sim4$

图 11.7　考虑各个态有限寿命波包组成情况与图 11.6 一样的自关联函数

在图 11.8 中考虑了本征态寿命对量子回归谱的影响. 一般在不考虑寿命情况下，只在较短的时间内（几个T_{cl}），波包近似做周期演化. 当时间稍长，叠加态的相消干涉，会导致波包坍塌. 但时间更长后，波形又可能恢复或部分恢复. 把各个态的寿命从无穷大改变到有限值，计算了时间演化到 T_{super} 的自关联函数模的平方. 例如，在图 11.8（a）中考虑波包只含有一个量子态. 由于只有一个态在能量谱中，有限的寿命随着时间的演化而衰减. 另一种情况，考虑波包含有更多的量子态，如在图 11.8（b）和（c）会有更多的峰出现在时间回归谱中. 在激发态的寿命为无限长的情况下，图形中的圆点线会显现出非常熟悉的量子回归现象. 根据式（11.10），得到这两种情况下回归周期和超级回归周期分别为 3.438 ps、44.480 ps、5.119 ps 和 89.256 ps，和图 11.8（b）和（c）箭头中所标的值符合得很好. 从图中实线可以看出，对于有限寿命的体系量子回归现象很难出现，更不用说超级回归现象了.

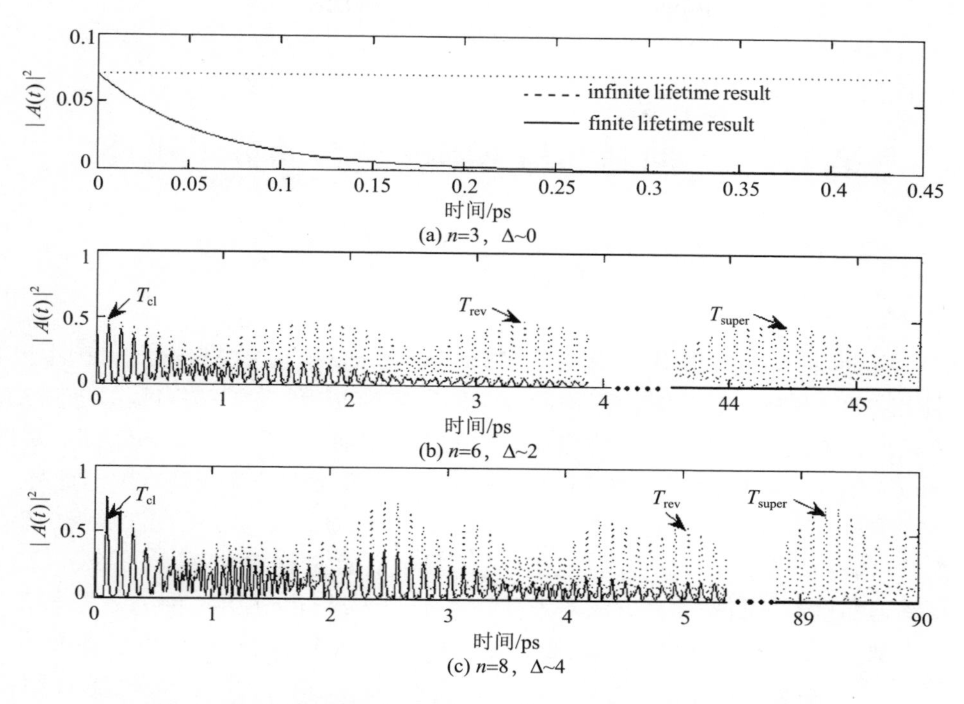

图 11.8　自关联函数模的平方 $|A(t)|^2$，本征态分布的三种情况为（a）$n=3$，$\Delta\sim0$，（b）$n=6$，$\Delta\sim2$，（c）$n=8$，$\Delta\sim4$

11.4　本章小结

本章研究了分离的电子波包在表面量子阱中随时间的演化和波包动力学. 本章对理解电子波包在表面和电场的共同作用下的动力学性质提供了一种研究方法，计算了不同簇量子态组成的波包随时间演化和电场强度对它的影响. 结果表明电子波包包含更多的态，波包会显示更为剧烈的空间分布变化. 电场强度越大，会使波包越趋于表面，可以实现对波包运动周期的调控. 自关联函数图像中包含许多的峰，并且峰的位置和本体系所得到的解析结果符合得很好. 还发现各个态的寿命对自关联函数有很大的影响. 为了简便起见，把表面假设为弹性墙，和 L 间隙金属表面模型类似. 有限寿命的离散态也把波包和表面的相互作用情况都考虑进去了. 本章的结果对于表面吸附的离子或原子的时间分辨的光谱都有潜在的应用.

第12章 抑制剂与BRD9结合的分子机理

12.1 引 言

Bromodomains（BRDs）首先是由John W. Tamkun等人在brahma基因中识别出来的，果蝇中包含激活多种同源基因所需的基因，这些基因从酵母到人类蛋白质都是保守的[203]．许多BRD蛋白，特别是BET（bromodomain and extra terminal）蛋白家族中的BRD蛋白，与肿瘤发生和炎症疾病有关．此外，许多BET抑制剂正在进行肿瘤的临床试验，并成为涉及自身免疫性疾病、心血管疾病和癌症的新的治疗靶点[204,205]．目前有定量构效关系（QSAR）、虚拟筛选和机器预测等计算方法对溴代胺类抑制剂进行了预测．例如，机器学习方法在药物化学和药物发现、数据挖掘和虚拟筛选中发挥了重要作用[206,207]．Speck Planche等人基于定量构效关系设计了多靶点BET-bromodomain抑制剂，根据其物理化学和结构特征从化学信息推断分子生物学行为[208,209]．含有溴化氢的蛋白质与大量的表观遗传调控功能密切相关[210~217]，其中溴化氢的蛋白质9（BRD9）是哺乳动物SWI/SNF染色质重塑复合物（BAF）的一个亚单位[218~221]．SWI/SNF复合物约占人类癌症的20%，包括肾癌、乳腺癌、急性髓性白血病、宫颈癌、肝细胞癌等[222~225]．因此，BRD9已成为设计用于人类癌症临床治疗的有效抑制剂的一个非常有前景的靶点[226~228]．

BRD9三级结构包含四个左手α－螺旋（αA，αB，αC，αZ)，如图12.1所示，形成一个反平行束，螺旋αA和αZ之间形成ZA环，螺旋αB和αC之间组成BC环．最近的研究表明，BRD9在SWI/SNF复合物的亚基中起着重要的作用，并被用作多种癌症的治疗靶点[229~233]．例如，郑培源等人设计合成了25个（imidazo［1，5-a］pyrazin-8（7H)-one）衍生物作为BRD9抑制剂，研究结果表明，优化后的化合物27在哌嗪氮原子与His42之间形成了一个关键的氢键，有效地抑制了BRD9对肿瘤细胞的增殖作用[234]．Huang等人发现miR－140－3p通过调节BRD9在鳞状细胞肺癌中发挥有效的抑癌作用，下调或上调BRD9可影响鳞状细胞肺癌的诊断和治疗[235]．Krämer等人指出选择性阻断SWI/SNF复合物BRD9亚单位可降低肿瘤细胞增殖，同时是横纹肌样肿瘤的一种新的治疗方法[236]. BRD9 是一种重要的调节染色质转录和重塑的蛋白质，但其抑制活性的分子机制十分缺乏. 因此，进一步探索小分子抑制剂与 BRD9 的结合模式对于设计有效的 BRD9 抑制剂具有重要意义.

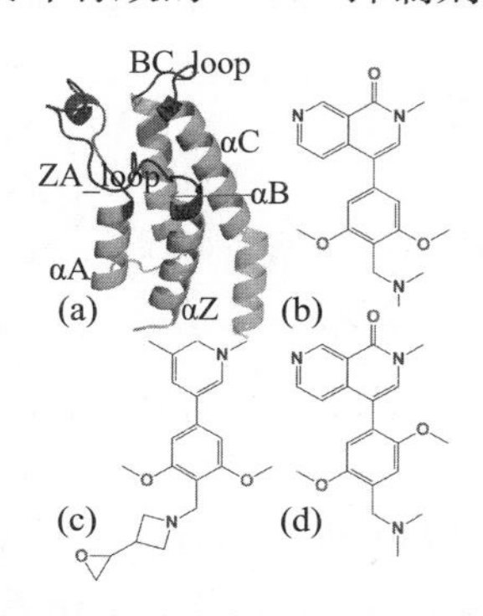

图 12.1　分子结构：（a）BRD9 的结构（卡通图），（b）抑制剂 5SW，（c）抑制剂 5U2，（d）抑制剂 5U6

近年来，分子动力学模拟[237~241]和主成分分析[242~245]已成为研究蛋白质分子结合和构象变化的有效工具. 同时，结合自由能计算[246~255]也是探索 BRD9 抑制剂结合模式的有效和可靠的方法. 除了大量涉及 BRD9 抑制剂的实验工作外，一些使用分子模拟的计算工作还涉及对小分子抑制剂与 BRD9 结合的深入研究. 例如，Song 等人研究了四种吡啶酮类支架抑制剂与 BRD9 的结合方式，结果表明，一些重要的残基通过疏水和氢键作用提高了抑制剂与 BRD9 的结合能[256]. 根据 Su 等人的 MD 模拟研究抑制剂与 BRD9 和 BRD4 结合的选择性机制，表明四种抑制剂（H1B、N1D、TVU 和 5V2）与 BRD9 的结合比 BRD4 更紧密[257]. 此外，Hay 等人设计了针对 BRD9 和 BRD7 的选择性小分子抑制剂，阐明 BRD9 和 BRD7 在发病和转录中的生物学功能[230]. 尽管在先前的工作中已经获得了有关抑制剂与 BRD9 结合的初步信息，但进一步探讨抑制剂与 BRD9 结合相关的分子机制以及由于抑制剂结合而引起的 BRD9 构象变化仍然是非常必要的.

在这项工作中，为了实现目的，选取三种抑制剂 5SW、5U2 和 5U6 在原子水平上研究了小分子抑制剂与 BRD9 的结合模式，这三种抑制剂的结构如图 12.1（b）~（d）所示. 从图中可以看出，两种抑制剂 5SW 和 5U6 具有高度相似的分子结构，与抑制剂 5U2 的结构不同. 此外，这三种抑制剂对 BRD9 的抑制活性不同，5SW、5U2 和 5U6 的 IC50 值分别对应于 19 nm、21 nm 和 75 nm. 因此，将 MD 模拟、MM - GBSA 方法和 PCA 结合起来，识别 5SW、5U2 和 5U6 与 BRD9 的结合差异，对于深入了解 BRD9 的功能具有重要意义，也期望这项工作的结果为 BRD9 的抗癌药物设计提供有用的信息.

12.2 计算方法

12.2.1 初始构象

用蛋白质数据库（PDB）获取 BRD9 与 5SW、5U2 和 5U6 分别对应于 5EU1、5F1L 和 5F1H 的晶体结构作为分子动力学模拟的起始结构[258]. 晶体结构中的所有水分子都保持在初始模型中，所有丢失的氢原子都通过 Amber18 中的跃迁模块与重原子相连[259]. 用 AM1-BCC 法计算了配体的部分原子电荷[260]，在分子模拟之前，用 PROPKA 程序将受体和配体制备过程中的 pH 设置为 7.0[261,262]. 然后，将四个配合物浸入 TIP3P 模型的溶剂环境中，在溶质的每个维度上有一个 12.0 Å 的缓冲液[263]. 通过添加适当数量的氯离子，所有系统都保持在中性电荷状态.

12.2.2 水中分子动力学模拟

为了消除原子间的高能接触和初始模拟系统的高斥力取向，每个系统的最大下降最小化为 2 500 步，然后共轭梯度最小化为 4 000 步. 然后，每个系统在 2 ns 内从 0 逐渐加热到 300 K，并在 300 K 下再平衡 2 ns. 最后，在 1 atm 和 300 K 的恒压下进行了 200 ns－MD 无限制模拟，以充分放松各系统，并以 2 ps 的时间间隔记录模拟系统的构象. 在目前的工作中，所有的 MD 模拟都是使用 Amber 中 PMEMD 程序进行的[264,265]. 在 MD 模拟过程中，所有含氢原子的化学键都被使用 SHAKE 算法[266]约束，时间步长设置为 2 fs. 用粒子网格法（PME）计算长程静电相互作用[267~269]. 处理非键静电和范德华相互作用的截止距离设定为 12.0 Å.

12.2.3 主成分分析

主成分分析（PCA）是研究蛋白质构象变化的重要工具. 为了确定具有功能意义的协同运动，利用原子坐标构造协方差矩阵 C，对 MD 轨迹进行主成分分析[270,271]. 通过对角化协方差矩阵，可以得到表征协同运动大小和方向的特征值与特征向量. 为了评估抑制剂结合引起的 BRD9 构象变化，利用最后 100 ns 的 MD 轨迹中 C_α原子的坐标计算了归一化互相关矩阵 C. 该矩阵能反映 C_α原子相对于其平均位置的涨落，矩阵元素 C_{ij} 可以通过以下公式计算[272,273]：

$$C_{ij} = \frac{\langle \Delta r_i \Delta r_j \rangle}{(\langle \Delta r_i^2 \rangle \langle \Delta r_j^2 \rangle)^{1/2}}, \tag{12.1}$$

式中，Δr_i表示第 i 个原子偏离其平均位置的位移，角括号$\langle\rangle$表示 MD 模拟平衡轨道上的时间平均值. 相关系数 C_{ij}的范围为 $-1 \sim 1$. 正值表示第 i 残基相对于第 j 残基的正相关运动，负值表示第 i 残基与第 j 残基之间的反相关运动. 在这项工作中，主成分分析和互相关分析是使用 Amber 18 中的 CPPTRAJ 模块进行的[274].

12.2.4　MM-GBSA 方法

用 MM-GBSA 方法[275~277]从最后 80 ns 的 MD 轨迹中以 400 ps 间隔提取 200 个快照，估算了三种抑制剂与 BRD9 的结合自由能. 在计算过程中，所有的离子和水分子都从快照中分离出来. 该方法已成功地应用于使用式（12.2）计算抑制剂与蛋白质的结合自由能 ΔG:

$$G_{\text{bind}} = \Delta E_{\text{ele}} + \Delta E_{\text{vdW}} - T\Delta S + \Delta G_{\text{egb}} + \Delta G_{\text{surf}}, \tag{12.2}$$

前三项表示气相中的结合自由能成分，后两项表示溶剂化自由能. ΔE_{ele}和 ΔE_{vdW}是抑制剂与 BRD9 的静电和范德华相互作用，这两项是用分子力学和 ff14SB 力场估算的. 利用经典统计热力学和正态模分析（NMA）计算了熵 $-T\Delta S$，极性溶剂化能 ΔG_{egb}可用 Onufriev 等人建立的 GB 模型计算[278]. 最后一项是非极性溶剂化自由能 ΔG_{surf}，可以用式（12.3）计算:

$$\Delta G_{\text{surf}} = \gamma \times \Delta \text{SASA} + \beta, \tag{12.3}$$

其中，参数 γ 和 ΔSASA 表示表面张力以及由于抑制剂结合而导致的溶剂可及表面积的差异，参数 β 表示线性关系的回归偏移量. 本研究将 γ 和 β 分别设为 0.007 2 kcal · mol · Å^2 和 0 kcal/mol[279].

12.3　结果和讨论

12.3.1　复合物的平衡与柔性

这里进行了 200 ns 的分子动力学模拟，以探讨 BRD9 由于抑制剂结合而产生的内部动力学差异. 为了评估四个系统的动力学稳定性，通过 MD 模拟计算了 BRD9 中主链原子相对于初始晶体结构的均方根偏差（RMSDs），如图 12.2 所示. 结果发现 30 ns 后四个系统均达到了平衡，且各 RMSD 平均值小于 4.0 Å，表明模拟系统是稳定和平衡的.

BRD9 结构灵活性的更详细的信息可以通过计算平衡后 BRD9 中 C_α原子的

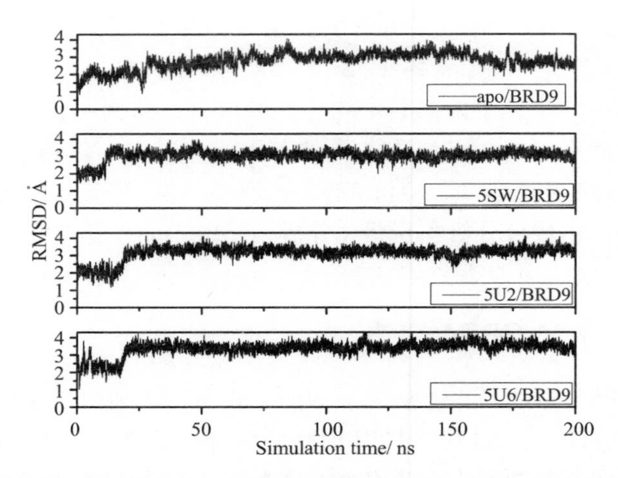

图 12.2　BRD9 中主链原子相对于初始晶体结构的均方根偏差（RMSDs）随模拟时间的变化

均方根涨落（RMSF）来获得，结果如图 12.3 所示．从总体上看，这四种体系在结构柔性和波动方面都有相似的趋势．从图 12.3 中观察到三个较大柔性区域，包括 ZA 环中的残基 38－42 和 47－56，以及 BC 环中的残基 100－106，柔性较大．同时，与不带小分子的 BRD9 相比，在三个区域中的 RMSF 值通过抑制剂绑定明显减少，这表明抑制剂绑定极大地削弱了 ZA 环和 BC 环的灵活性．此外，残基 60－80 和 85－100 位于 ZA 环和 BC 环附近，在 ZA 和 BC 环上的抑制剂结合，同时限制和削弱了残基 60－80 和 85－100 的灵活性．基于上述分析，抑制剂结合对 BRD9 的结构柔韧性产生明显的影响，这意味着上述区域可能与 BRD9 抑制剂的热相互作用点有关．

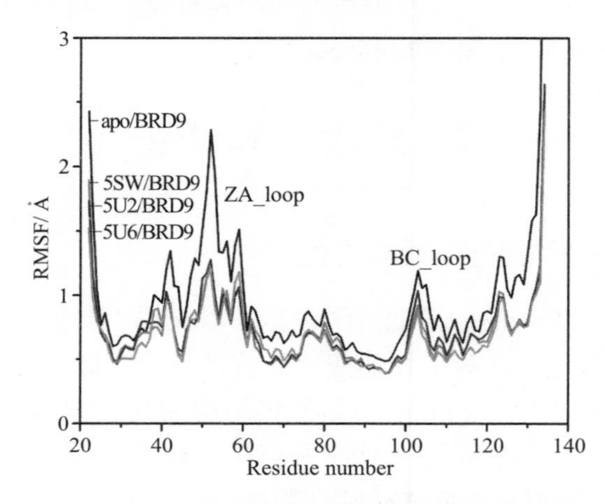

图 12.3　BRD9 中 C_α 原子的均方根涨落（RMSF）

12.3.2　抑制剂结合引起 BRD9 的内部动力学变化

为了进一步研究抑制剂结合对 BRD9 内部动力学的影响，利用平衡 MD 轨迹获得了C_α原子坐标相关图，如图 12.4 所示. 采用颜色编码的方法来表征残基之间的相关程度. 红色和黄色表示残基之间的强相关运动，蓝色和深蓝色表示残基之间的强反相关运动. 对角线区域表示特定残基相对于自身的运动. 从图 12.4 可以看出，抑制剂的结合导致 BRD9 的运动模式发生了明显的变化.

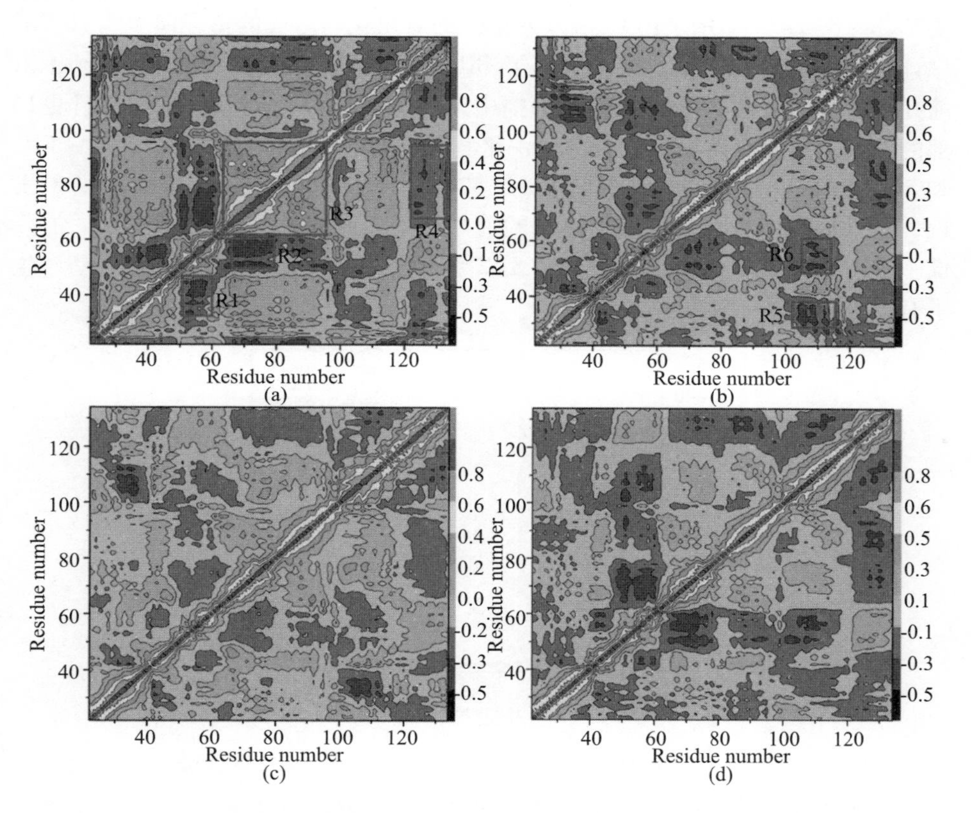

图 12.4　用分子动力学模拟的平衡轨道计算 C_α原子平均位置的互相关图：（a）apo - BRD9，（b）5SW/BRD9 复合物，（c）5U2/BRD9 复合物，（d）5U6/BRD9 复合物

对于 apo BRD9［图 12.4（a）］，残基 63 - 94 的强相关运动发生在 R3 区域（红色和黄色），R1、R2 和 R4 区域则产生明显的反相关运动. 与 apo BRD9 相比，5SW、5U2 和 5U6 的存在不仅严重削弱了 R3 区域的相关运动，而且减少了 R1 和 R2 区域的反相关运动［图 12.4（b）、（c）］. 不同的是，BRD9 中 5SW 的存在增强了 BRD9 中 R6 和 R5 区域的反相关运动，5U2 的结合增强了 R5 区域的反相关运动，5U6 的结合增强了 BRD9 中 R6 区域的反相关运动. 通过以上信息，三种抑制剂的结构差异导致 BRD9 的内部动力学性质不同，对 BRD9 的构象变化，抑制剂与残基的相互作用具有重要影响.

12.3.3 主成分分析

主成分分析（PCA）是基于分子动力学模拟的蛋白质构象变化研究的重要工具. 图 12.5 显示了由 C_α协方差矩阵的对角化与对应的特征向量指数按降序计算的特征值的变化，该图表征了 BRD9 的总运动强度. 根据图 12.5，由前几个特征值表示的协同运动在振幅中迅速收敛，以达到大量受约束且更局部的涨落. 前六个特征值成分分别占平衡 MD 轨迹上 apo - BRD9、5SW、5U2 和 5U6 - BRD9 运动总量的 72.79%、57.32%、56.06% 和 53.92%. 结果发现，三种抑制剂的结合导致 BRD9 的前六个特征值相对于 apo 态有极大的降低. 这一结果意味着抑制剂 5SW、5U2 和 5U6 的结合对 BRD9 的总运动产生了有效的限制.

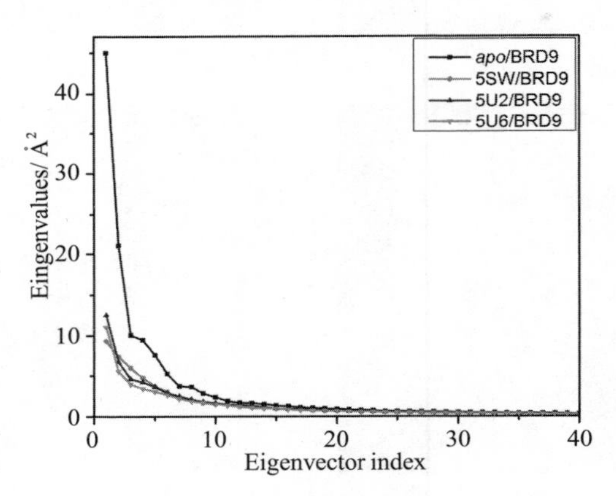

图 12.5 BRD9 中的 C_α原子协方差矩阵得到的特征值随着向量指数的变化，apo - BRD9，三种抑制剂 5SW、5U2 和 5U6 与 BRD9 的复合物

为了展示 BRD9 主要残基的运动方向，使用 VMD 软件实现了 PCA 的第一个特征向量，结果如图 12.6 所示. C_α原子的箭头方向代表相应的运动方向，箭头的长度反映运动强度. 根据图 12.6，在 BRD9 的 apo 状态［图 12.6（a）］下，ZA 环和 BC 环表现出较弱的运动，同时 ZA 环向内运动，BC 环向外运动. 相比之下，抑制剂结合对 BRD9 的运动产生不同的影响［图 12.6

(b) ~ (d)]. 抑制剂 5SW 的结合使 ZA 环的运动方向向外改变, BC 环向右上方移动, 从而引起两个环的构象发生巨大变化 [图 12.6 (b)]. 然而, 5U2 和 5U6 的抑制剂结合使 ZA 环和 BC 环向内移动 [图 12.6 (c)、(d)]. 以上结果表明, 抑制剂与 BRD9 的结合导致 BRD9 的构象发生了显著变化, 这与前面的 RMSFs 分析结果一致. 迄今为止, 大量的研究表明, 在分子动力学模拟过程中, ZA 环和 BC 环的构象发生了明显的变化, 为 BRD9 有效抑制剂的合理设计提供了重要的动力学信息.

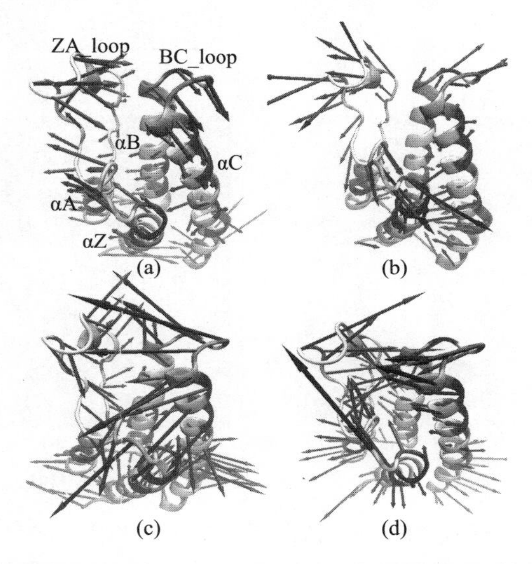

图 12.6　基于平衡后的轨线, 通过对角化 C_α 原子协方差矩阵, 从主成分分析得到的第一特征向量对应的 BRD9 的运动: (a) apo - BRD9, (b) 5SW/BRD9 复合物, (c) 5U2/BRD9 复合物, (d) 5U6/BRD9 复合物

为了更深入地了解 BRD9 由于抑制剂结合而引起的构象变化, 利用前两个主成分 PC1 和 PC2 上的 MD 轨迹投影产生了四个自由能地貌图 (图 12.7). 无抑制剂结合的 BRD9 [图 12.7 (a)] 有四个能量聚集地, 对应于四个不同的构象子空间 [图 12.7 (a)]. 三种抑, 制剂 5SW、5U2 和 5U6 的结合导致 BRD9 构象的重新分布, 使 BRD9 的构象与 apo - BRD9 比较集中在两个子空间 [图 12.7 (b) ~ (d)]. 发现无抑制剂结合的 BRD9 构象具有多样性, 抑制剂与 BRD9 的结合导致构象收敛. 以上分析表明, 抑制剂与 BRD9 的结合对 BRD9 的结构和构象的稳定起着重要作用.

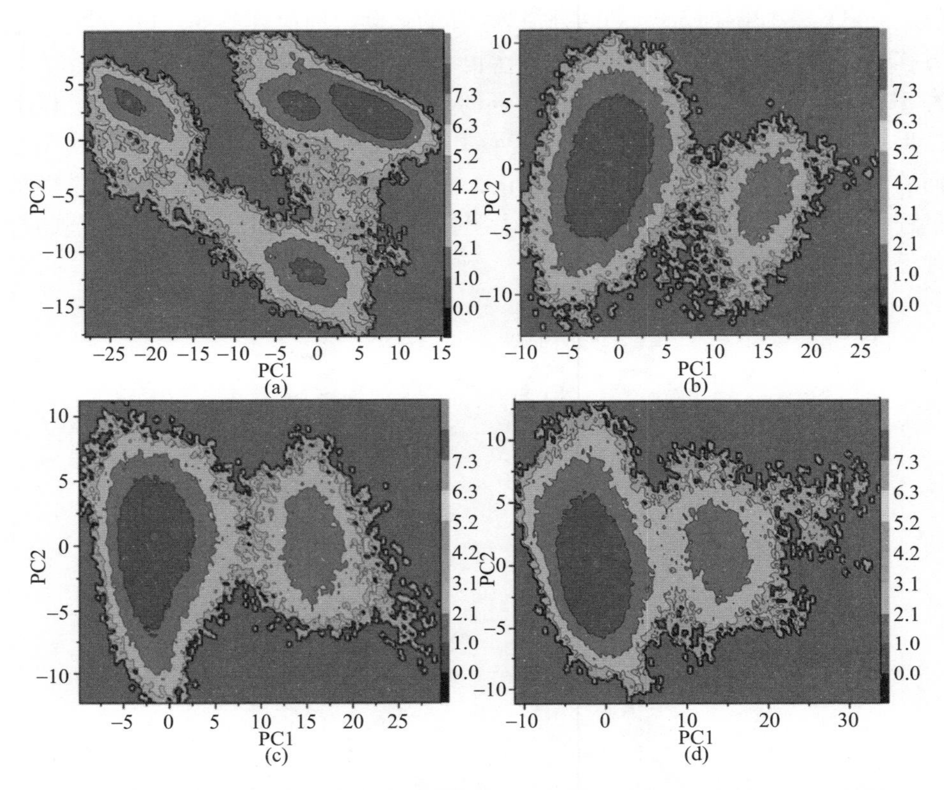

图 12.7　利用协方差矩阵对角化得到的前两个主分量 PC1 和 PC2 上的 MD 轨迹投影构建 BRD9 的自由能地貌图：（a）apo - BRD9，（b）5SW/BRD9 复合物，（c）5U2/BRD9 复合物，（d）5U6/BRD9 复合物

12.3.4　计算结合自由能

为了测定抑制剂与 BRD9 的结合能力，采用 MM - GBSA 方法，从最后 80 ns 的 MD 轨迹中提取 200 个构象，计算了三种抑制剂 5SW、5U2 和 5U6 与 BRD9 的结合自由能，为预测抑制剂与蛋白质的结合亲和力提供了一种快速有效的方法. 计算出的结合自由能及其独立分量如表 12.1 所示. 抑制剂 5SW、5U2 和 5U6 的结合自由能分别为 - 13.34 kcal/mol、 - 11.06 kcal/mol 和 -10.63 kcal/mol，表明三种抑制剂对 BRD9 具有较强的结合能力. 此外，预测的束缚自由能与实验测定值在顺序上保持一致，这表明目前的自由能分析是合理和可靠的. 如表 12.1 所示，5SW、5U2 和 5U6 与 BRD9 的结合自由能分解为静电相互作用（ΔE_{ele}）、van der Waals 相互作用（ΔE_{vdW}）、极性溶剂化自由能（ΔE_{egb}）、非极性溶剂化自由能（ΔE_{surf}）和熵贡献（$-T\Delta S$）. 抑制剂

5SW、5U2 和 5U6 的 van der Waals 相互作用分别为（−40.59±0.08）kcal/mol、（−38.03±0.16）kcal/mol 和（−43.26±0.08）kcal/mol，对抑制剂的结合有非常有益的贡献．抑制剂 5SW 和 5U2 与 BRD9 的静电相互作用为（24.22±0.24）kcal/mol 和（24.96±0.48）kcal/mol，这三种抑制与 BRD9 的结合提供了不利的作用力．然而，抑制剂 5U6 的负值为（−18.56±0.11）kcal/mol，与 BRD9 有良好的相互作用．发现 5SW－和 5U2－BRD9 配合物的极性溶剂化自由能为负值，而抑制剂 5U6－BRD9 配合物的极性溶剂化自由能为正值．抑制剂 5SW、5U2 和 5U6 的静电相互作用和极性溶剂化自由能之和分别为（11.21±0.23）kcal/mol、（10.03±0.47）kcal/mol 和（14.56±0.11）kcal/mol，对抑制剂结合提供不利因素．通过比较三种抑制剂与 BRD9 的结合自由能，发现抑制剂 5SW 对 BRD9 的结合能力最强，van der Waals 相互作用在抑制剂与 BRD9 的结合中起重要作用．因此，在今后的 BRD9 药物设计中，van der Waals 相互作用应引起足够的重视．合理优化抑制剂与 BRD9 的 van der Waals 相互作用将是成功开发针对 BRD9 的高效抑制剂的关键．

表 12.1　用 MM－GBSA 法计算抑制剂与 BRD9 的结合自由能

Complex	5SW/BRD9	5U2/BRD9	5U6/BRD9
ΔE_{ele}	24.22±0.24	24.96±0.48	−18.56±0.11
ΔE_{vdW}	−40.59±0.08	−38.03±0.16	−43.26±0.08
ΔG_{egb}	−13.01±0.22	−14.93±0.046	33.12±0.10
ΔG_{esurf}	−4.89±0.01	−4.81±0.02	−5.20±0.01
$^{b}\Delta G_{ele+egb}$	11.21±0.23	10.03±0.47	14.56±0.11
$-T\Delta S$	20.93±0.63	21.74±0.86	23.27±0.45
$^{c}\Delta G_{bind}$	−13.34	−11.06	−10.63
$^{d}\Delta G_{exp}$	−10.6	−10.5	−9.74

注：[a] All values are in kcal/mol. [b] $\Delta G_{ele+egb} = \Delta E_{ele} + \Delta E_{egb}$.

[c] $\Delta G_{bind} = \Delta E_{ele} + \Delta E_{vdW} + \Delta G_{egb} + \Delta G_{esurf} - T\Delta S$.

[d] The experimental values were generated from the experimental IC50 values in reference using the equation $\Delta G_{exp} = -RT\ln \mathrm{IC50}$.

12.3.5　抑制剂与残基相互作用热点的识别

为了识别抑制剂－残基相互作用的热点并探索单个残基对抑制剂结合的贡献，使用基于残基的自由能分解方法计算了抑制剂－残基相互作用光谱，结果如图 12.8 所示．同时，采用 Amber18 中的 CPPTRAJ 程序测量了抑制剂与 BRD9 的氢键相互作用，相关信息如表 12.2 所示．图 12.9 和图 12.10 显示了三种抑制剂与 BRD9 的疏水相互作用和氢键相互作用的结构信息，使用了从 MD 轨迹获得的最低能量结构.

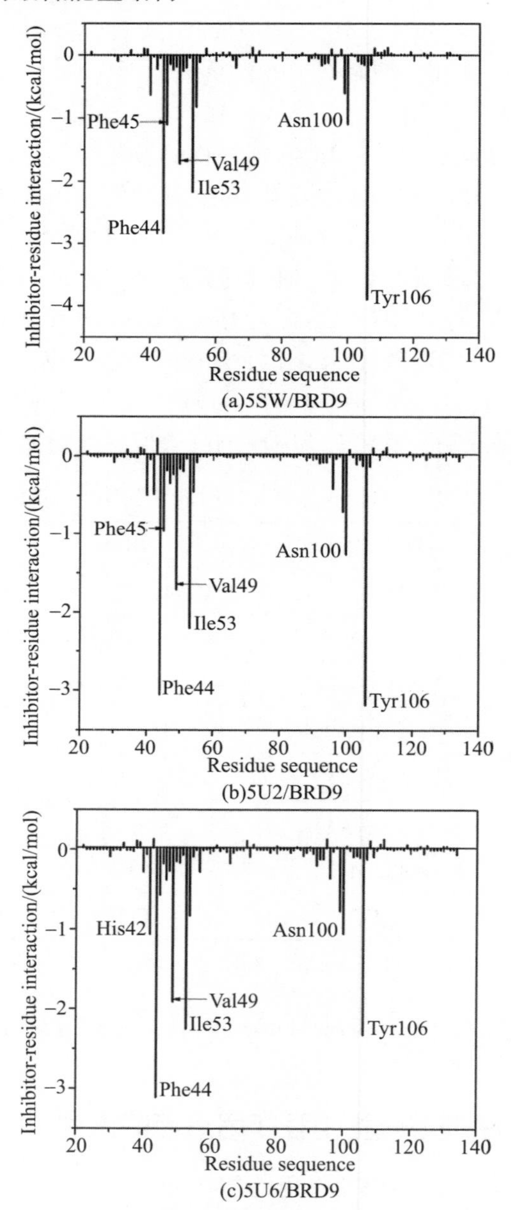

图 12.8　三种抑制剂与 BRD9 分离残基之间的相互作用强度大于 0.9 kcal/mol 的残基被标记出来：(a) 5SW/BRD9 复合物，(b) 5U2/BRD9 复合物，(c) 5U6/BRD9 复合物

表 12.2　关键残基和抑制剂之间形成的氢键

Inhibitor	Donor	Acceptor	Distance/Å[a]	Angle/(°)[a]	Occupied/%[b]
5SW	Asn100@ ND2 - HD21	5SW@ O11	2.90	161.60	99.92
	5SW@ N15 - H24	Gly43@ O	2.95	149.59	18.57
5U2	Asn100@ ND2 - HD21	5U2@ O7	2.90	156.55	99.85
	5U2@ O25 - H24	His42@ O	2.83	149.98	17.41
5U6	Asn100@ ND2 - HD21	5U6@ O11	2.91	161.23	99.87

注：[a] The hydrogen bonds are determined by the acceptor-donor atom distance of <3.5 Å and acceptor-H-donor angle of >120°.

[b] Occupancy is used to evaluate the stability and strength of the hydrogen bond.

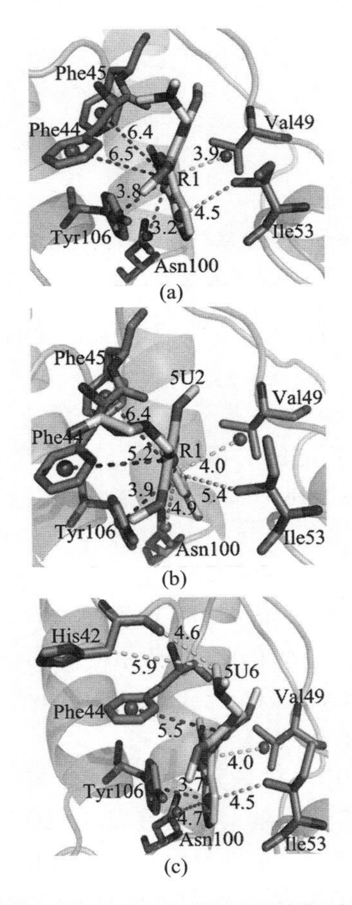

图 12.9　BRD9 的关键残基与三种抑制剂形成疏水性接触，这三种抑制剂以棒状模式描述：（a）5SW/BRD9 复合物，（b）5U2/BRD9 复合物，（c）5U6/BRD9 复合物. 红色虚线表示 π - π 相互作用，黄色虚线表示 CH - π 相互作用

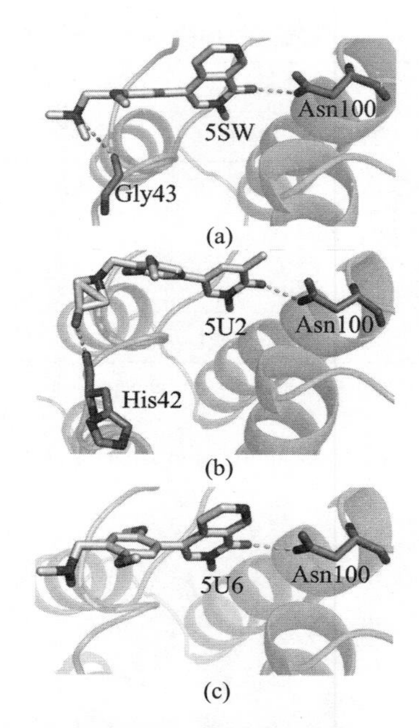

图 12.10　BRD9 的关键残基与三种抑制剂形成氢键：(a) 5SW/BRD9 复合物，(b) 5U2/BRD9 复合物，(c) 5U6/BRD9 复合物

如图 12.10（a）和（b）所示，六个残基与抑制剂 5SW 和 5U2 的相互作用大于 0.9 kcal/mol，这六个残基是 Tyr106、Asn100、Ile53、Val49、Phe45 和 Phe44. 如图 12.11（a）和（b）所示，Tyr106 的疏水环位于两种抑制剂 5SW 和 5U2 的环 R1 附近，它们之间的相互作用最强，分别为 5SW 和 5U2 的结合提供 -3.89 kcal/mol 和 -3.18 kcal/mol 的能量贡献. 残基 Phe44 还与 5SW 和 5U2 产生强烈的相互作用，其对应的能量分别为 -2.83 kcal/mol 和 -3.05 kcal/mol. 在结构上，三个残基 Tyr106、Phe45 和 Phe44 的疏水环与 5SW 和 5U2 产生 $\pi-\pi$ 相互作用，如图 12.9（a）和（b）所示. 另外三个残基 Asn100、Ile53 和 Val49 构成了用黄线表示的 CH - π 相互作用. 此外，残留物 Asn100 与抑制剂 5SW 和 5U2 形成氢键相互作用，分别占 99.92% 和 99.85%（表 12.2，图 12.10（a）和（b））.

根据图 12.9（c），BRD9 中的六个残基为抑制剂 5U6 与 BRD9 的结合提供大于 0.9 kcal/mol 的能量贡献，包括残基 Tyr106、Asn100、Ile53、Val49、Phe44 和 His42. Tyr106 和 Phe44 与 5U6 疏水环的相互作用为 -2.32 kcal/mol 和 -3.11 kcal/mol，其结构来源于它们之间的 $\pi-\pi$ 相互作用. 其他三个残基 Asn100、Ile53 和 Val49 的烷基与 5U6 的疏水环产生 CH - π 相互作用，如图 12.9（c）所示. 此外，残基 His42 与抑制剂 5U6 形成 CH - H 相互作用，

相应能量为 - 1. 06 kcal/mol. 残基 Asn100 分别与三种抑制剂 5SW、5U2 和 5U6 产生 - 1. 09 kcal/mol、 - 1. 26 kcal/mol 和 - 1. 05 kcal/mol 的相互作用，它们主要来自 Asn100 与三种抑制剂的氢键. 此外，如图 12. 10（a）和（b）所示，两个残基 Gly43 和 His42 分别与 5SW 和 5U2 产生 18. 57% 与 17. 41% 的氢键相互作用.

以上分析表明，BRD9 活性位点上与抑制剂相互作用的残基对 BRD9 与抑制剂的结合有重要贡献. 疏水作用和氢键作用是导致抑制剂结合的主要因素. 此外，5U2 与其他两种抑制剂的结构差异导致了抑制剂与 BRD9 之间氢键和疏水作用的差异.

12. 4　本 章 小 结

本章对 apo - BRD9 和 BRD9 与三种抑制剂 5SW、5U2 和 5U6 的结合进行了 200 ns 的分子动力学模拟，研究了抑制剂与 BRD9 的结合对 BRD9 构象的影响. RMSFs 表明，抑制剂会严重影响 BRD9 的灵活性. 结果表明，抑制剂的结合对 BRD9 的构象变化、内部动力学和运动模式有重要影响，特别是对 ZA 环和 BC 环. 根据平衡 MD 轨线系综的 200 个快照计算了抑制剂与 BRD9 的结合力，结果表明 5SW 和 5U2 的结合能力强于 5U6. 采用基于残基的自由能分解法计算了抑制剂与残基的相互作用，结果表明，残基 His42 产生 CH - H 相互作用，残基 Asn100、Ile53 和 Val49 形成 CH - π 相互作用，残基 Tyr106、Phe45、Phe44 与 BRD9 产生 π - π 相互作用. 同时，一个保守的残基 Asn100 与三种抑制剂 5SW、5U2 和 5U6 产生氢键相互作用. 希望这项研究工作能为设计靶向 BRD9 的高效药物提供有用的信息.

第13章　抑制剂与BRD4结合的分子机理

13.1　引　　言

BRDs已成为抗癌药物设计和染色质修饰有效抑制剂的潜在靶点[280]．人类基因组编码包含61种不同的BRD结构，这些BRD存在于染色质修饰酶和转录协同调节因子中，包括额外末端结构域（BET）家族和组蛋白乙酰转移酶．含溴脱氧核糖核酸蛋白4（BRD4）是BET家族非常重要的一员，包含两个串联溴脱氧核糖核酸（BD1和BD2）和一个外端（ET）结构域[281]．溴代胺是一个保守区，由110个氨基酸组成，在结构上形成四个α螺旋（αZ、αA、αB、αC）和两个环连接αZ和αA（AB环）以及αB和αC（BC环）[图13.1（a）]，其中包含两个与乙酰化赖氨酸残基结合的区域，即BRD4(1)和BRD4(2)[282]．这两个结构域主要通过BRD4(1)和BRD4(2)中的ZA环、BC环和螺旋连接与乙酰化组蛋白的相互作用和乙酰化组蛋白结合.

目前，由于BRD4在急性髓性白血病、Burkitt淋巴瘤、多发性骨髓瘤、NUT中线癌、炎症性疾病和结肠癌中的关键作用，BRD4是研究最广泛的BRDs家族蛋白的成员[283,284]．人类BRD4已成为许多疾病的靶向药物，并在实验中发现了几种有效的BRD抑制剂．例如2005年，周等人识别出第一个小分子，该小分子通过选择性结合BRD，能有效阻止HIV（人类免疫缺陷病毒）转录和复制[285]．Filippakopoulos等人设计了一种有效的原型配体JQ1，能有效地抑制三甲基三唑二氮杂卓类BRDs.（+）-JQ1与BRD4的IC50值为77 nM具有非常高的亲和力，而（-）-JQ1立体异构体IC50值高于10 000 nM的与BRD4没有强相互作用[286]．然后Zuber等人描述了一种用shRNAs或JQ1检测急性髓系白血病（AML）表观遗传脆弱性以抑制BRD4，该方法暗示JQ1是增强抗白血病活性和抑制癌症中MYC的药理学手段[287]．Duan等人关于抑制剂JQ1的工作，提示JQ1在小鼠游泳模型中不抑制生理性心肌肥大，这进一步表明，在染色质水平上以先天性炎症和促进性心肌信号网络为靶点的药物在动物模型和人心肌细胞中可以发挥有效作用[288]．目前，世界上不同的研究小组仍在努力探索BRD4抑制剂的抑制机制[289,290]．尽管已经发现了几种与BRD结构域结合的抑制剂，但在原子水平上BRD构象变化的相关信息仍然缺乏.

因此，深入了解 BRD4 的结合方式和构象变化，对于设计治疗癌症和炎症的高效抑制剂具有重要意义.

随着计算方法的发展，计算机辅助药物设计在过去 5 年中扮演了非常重要的角色，设计新的分子作为有前景的抗癌治疗药物[291]. 分子动力学模拟是研究生物学现象和理解生物大分子相互作用的分子机制的有力工具，如抑制剂—蛋白质相互作用、蛋白质折叠、蛋白质水合和离子通道机制等[292,293]. 抑制 BRD4 活性的小分子一直是抗病毒、抗炎和抗癌药物重要组成部分[294]. 此外，小分子抑制剂可以减少关键癌基因 c-MYC[295]. 近年来，通过分子动力学模拟和结合自由能预测，针对 BRD4 的多种不同抑制剂得到了广泛的研究，如表皮生长因子受体（EGFR）-BRD4[296]、RVX-297[297]、RVX-208、RVX-OH[298]和 MS402[299]的双激酶/溴多胺抑制剂. 迄今为止，不同的模拟技术和计算方法已应用于研究 BRD4 抑制剂的结合机理. 例如，Tumdam 等人将分子对接与分子动力学模拟相结合，探索几种抑制剂与 BRD4 的结合模式，其结果表明保守水分子的数量和位置取决于结合配体[211]. Su 等人应用分子动力学模拟和结合自由能计算研究了抑制剂对 BRD 家族成员的结合方式和结合选择性，其结果为 BRD 选择性抑制剂的设计提供了能量基础和动力学信息[245,257]. 匡等人在（+）-JQ1-和（-）-JQ1-BRD4 系统上进行了经典 MD 和最新密度泛函 QM/MM MD 模拟，结果揭示了 BRD4 中 ZA 环的动态特性[300]. 尽管不同的模拟方法在洞察抑制剂与 BRD4 结合机制方面取得了巨大的成功[301~303]，但 BRDs 构象变化的动力学信息仍然缺乏. 因此，进一步研究抑制剂结合引起的 BRD 构象变化，对于设计有效的 BRDs 靶向抑制剂具有重要意义.

先前的研究结果表明，分子动力学模拟[304~306]、结合自由能计算[307~309]和主成分分析（PCA）在研究蛋白质功能、靶蛋白构象变化和抑制蛋白结合机制方面发挥了重要作用. 为了实现目标，选择了三种抑制剂 2SJ、21Q 和 LOC 来研究抑制剂与 BRD4(1) 的结合方式和 BRD4(1) 的内部动力学. 这三种抑制剂的分子结构如图 13.1（b）~（d）所示. 观察到三种抑制剂显示出高度相似的分子结构，但 2SJ、21Q 和 LOC 对 BRD4(1) 的抑制能力分别对应于 -5.9 kcal/mol、-9.0 kcal/mol 和 -6.4 kcal/mol 的自由能[214]. 因此，进一步探讨类似结构的抑制剂在不同结合能力下的分子机理，对于开发高效的 BRD4 抑制剂具有重要意义. 因此，采用分子动力学模拟、结合自由能计算和 PCA 分析相结合的方法来评价抑制剂的结合亲和力，探测 BRD4 的构象变化，确定抑制剂与 BRD4 的相互作用热点. 同时，本研究有望为 BRD4(1) 靶向药物的设计提供理论指导.

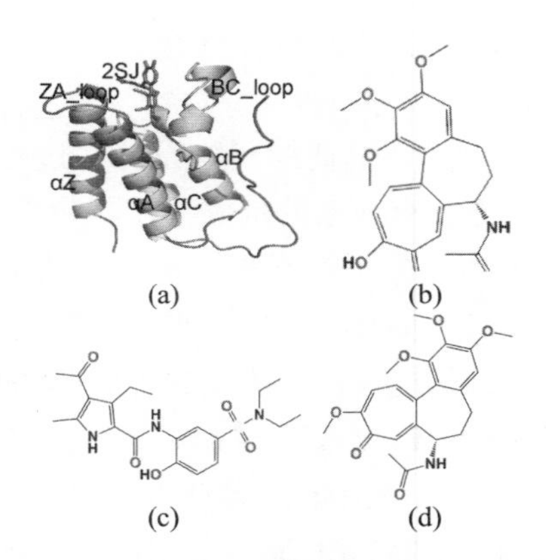

图 13.1　分子结构：（a）抑制剂 BRD4(1) 复合物的结构，其中 BRD4(1) 以卡通模式显示，抑制剂以棒状模式显示；（b）~（d）分别对应于 2SJ，21Q 和 LOC 的结构，其中抑制剂以线模式显示

13.2　研究内容

从蛋白质数据库（PDB）中提取 BRD4 与抑制剂 2SJ、21Q 和 LOC 结合的晶体结构，其 PDB 号分别为 4LYS、4LYW 和 4LZR[214]．这三种结构用于生成当前模拟系统的初始坐标．BRD4(1) 的 APO 态即 BRD4(1) 不包含小分子抑制剂，是通过从 4LZR 晶体结构中去除 LOC 小分子而构成的．所有结晶水分子都保留在初始模型中．Amber18 的跃迁模块用于将缺失的氢原子与晶体结构中的重原子连接起来[310]．用 PROPKA 程序对 BRD4(1) 中残基的质子化状态进行了检测，并将其分配到 pH 为 7.0．采用 AM1 方法，利用 Amber18 实现了键电荷修正（BCC）的计算，并将 BCC 电荷分配给三种抑制剂中分离原子．蛋白质和水分子分别使用 ff14SB 力场[311]和 TIP3P 模型[263]建模．每个复合物被放置在一个由 TIP3P 水分子组成的截短的八面体盒中，沿着每个维度至少延伸 12.0 Å 缓冲区．通过加入适当数量的氯离子使每个系统电荷量为零．

对于每个体系，能量最小化和 MD 模拟都是使用 Amber18 中的 PMEMD 模块进行的[265]．为了消除系统初始化过程中产生的原子间刚性碰撞，将能量最小化过程分为两个阶段．首先，在复合物上施加 100 kcal/mol $Å^{-2}$ 约束，使离子和水分子最小化．其次，通过取消限制，整个体系得以自由松弛．每一阶段的最陡下降最小化为 2 500 步，共轭梯度最小化为 4 000 步．随后，每个系统在 2 ns 内从 0 K 缓慢加热到 300 K，并在 300 K 温度下平衡 2 ns．最后，在 1 atm 的恒压下，对这四个体系进行了 200 ns 的分子动力学模拟，每 2 ps 记录一次 BRD4(1) 的构象．在分子动力学模拟过程中，用 SHAKE 算法[266]抑制了含氢原子的化学键，并将分子动力学模拟的时间步长设为2 fs．用粒子网格法（PME）计算了长程静电相互作用，并将非键相互作用的截止值设为9.0 Å[267,268]．每个模拟系统的温度使用 Langevin 恒温器控制[312]，碰撞频率为2.0 ps^{-1}．为了检验分子动力学模拟的稳定性，监测了骨架原子相对于初始结构的均方根偏差．同时对平衡 MD 轨迹进行主成分分析和互相关分析，探讨抑制剂引起 BRDs 的构象变化，并对主成分分析和相关分析的细节进行描述[247,254]．为了测定抑制剂与 BRDs 的结合能力，采用 MM－GBSA 法估算了抑制剂与 BRDs 的结合自由能.

13.3　结果和讨论

13.3.1　分子动力学模拟的稳定性

对四个体系进行了200 ns 的分子动力学模拟，探讨了抑制剂结合对 BRD4(1) 内部动力学的影响．为了评估模拟过程中分子体系的平衡和稳定性，通过整个分子动力学模拟计算了主链原子相对于晶体结构的均方根偏差(RMSDs)，如图 13.2 所示．可以观察到四个体系在 100 ns 的模拟后基本达到平衡．RMSD 值表明，三种抑制剂 BRD4(1) 复合物达到平衡的时间均短于未结合 BRD4(1)，且与小分子结合 BRD4(1) 的平均 RMSD 值明显低于未结合 BRD4(1)，说明抑制剂的结合对配合物中 BRD4(1) 有一定的限制作用.

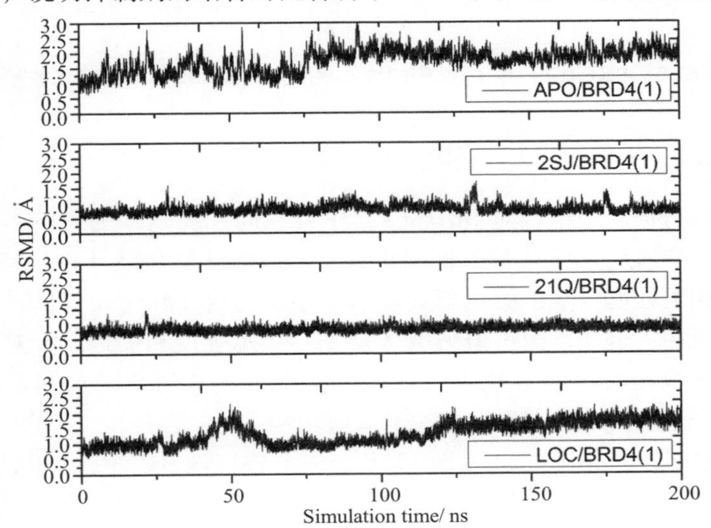

图 13.2　BRD4(1) 中主链原子相对于晶体结构的均方根偏差（RMSDs）随模拟时间的变化

为了评价 BRD4(1) 由抑制剂结合引起的柔韧性变化，基于平衡后的分子动力学轨线系综计算了 C_{α}原子在 BRD4(1) 中的均方根涨落（RMSF），如图 13.3 所示. 值得注意的是，抑制剂的结合对 BRD4(1) 的柔韧性有不同的影响. 三种抑制剂的结合明显增加了残基 50－60 与 APO－BRD4(1) 的 RMSF 值，表明由于抑制剂结合增强了对应于残基 50－60 的区域的灵活性. 除了上述变化外，三种抑制剂与 BRD4(1) 的结合，限制了主要残基的运动，特别是对于残基 65－73，77－84，90－108 和 141－148，这表明抑制剂结合削弱了这些残基的柔韧性. 目前的分析表明，上述这些残基可能是参与了抑制剂与 BRD4(1) 相互作用的热点区域.

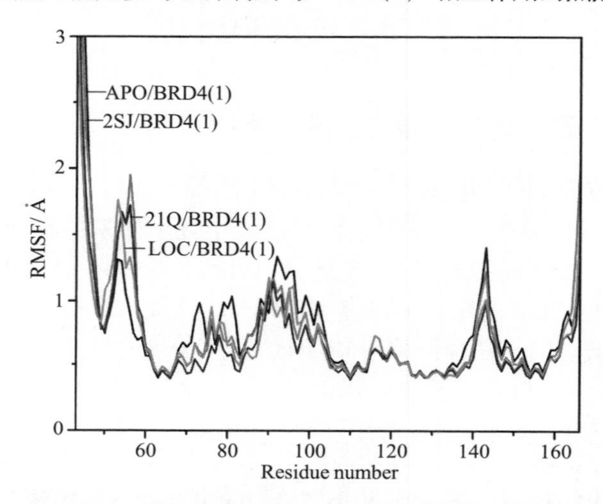

图 13.3　BRD4(1) 中 C_{α}原子的均方根涨落（RMSF）随着残基数变化

13.3.2　BRD4(1) 的动力学行为

为了探讨抑制剂结合对 BRD4(1) 中残基间相关运动的影响，基于平衡后分子动力学轨线计算 C_{α}原子间的相关图，并绘制在图 13.4 中. 特定残基之间运动的相关程度以颜色编码模式表示. 正值区域（红色和黄色）表示残基之间的强正相关运动，而负值区域（蓝色）表示强反相关运动. 对角线区域表示特定余数相对于其自身的运动. 从图 13.4 可以看出，抑制剂结合导致 BRD4(1) 运动模式的一些明显差异.

对于未结合的 BRD4(1) [图 13.4 (a)]，在区域 R1、R3 中可以观察到深蓝色反相关运动，而黄色和绿色表示的正相关运动，主要发生在区域 R2 和 R4 中. 与 APO－BRD4(1) 相比，三种抑制剂的结合导致 BRD4(1) 的运动模式发生显著变化. BRD4(1) 中三种抑制剂的存在增强了 BRD4(1) 区域 R1 中的反相关运动，但也减弱了区域 R3，残基 145－155 相对于残基 89－97 的反相关运动. 在图 13.4（b）中，尽管 2SJ 的结合减弱了区域 R2 的相关运动，但略微加强了区域 R4 的相关运动. 此外，由于 21Q 和 LOC 的结合，区域 R2 和 R4 中的相关运动几乎消失［图 13.4（c）和（d）］. 值得注意的是，21Q 的结合不仅增强了 R5 区域的反相关运动，而且增强了 R6 区域的反相关运动［图 13.4（c）］. 此外，2SJ 的结合也稍微加强了 R5 区域的反相关运动［图 13.4（b）］.

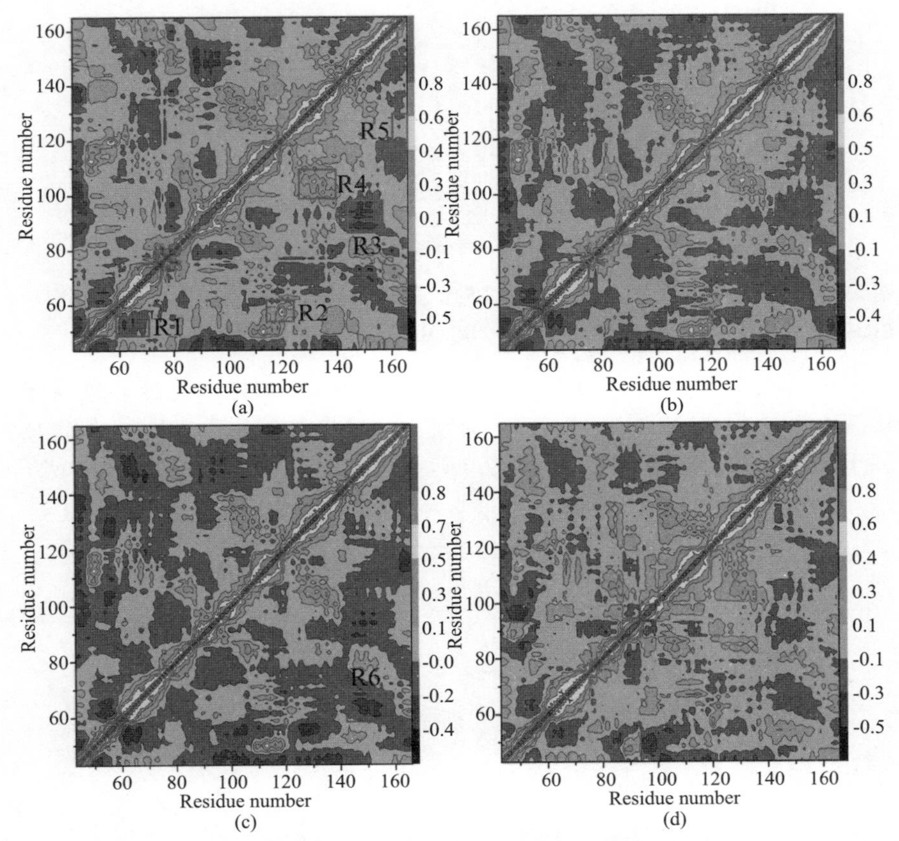

图 13.4　基于分子动力学模拟平衡轨线的 C_α 原子平均位置的相关图：（a）APO - BRD4(1)，（b）2SJ/BRD4(1)，（c）21Q/BRD4(1)，（d）LOC/BRD4(1)

为了进一步探讨由于抑制剂结合而引起的 BRD4(1) 的内部动力学变化，通过对角化使用分子动力学的原子坐标构造协方差矩阵，进行主成分分析以获得能量本征值与特征向量指数的函数（图 13.5）. 在 BRD4(1) 中，特征值代表运动强度，而特征向量反映内部运动方向. 结果表明，前四个主要本征函数分量分别占最后 80 ns 的 APO、2SJ、21Q、LOC 与 BRD4(1) 运动总量的 67.46%、64.12%、61.75% 和 58.38%. 三种结合复合物的特征值比例均低于 APO - BRD4(1)，说明抑制剂的结合限制了 BRD4(1) 的运动强度.

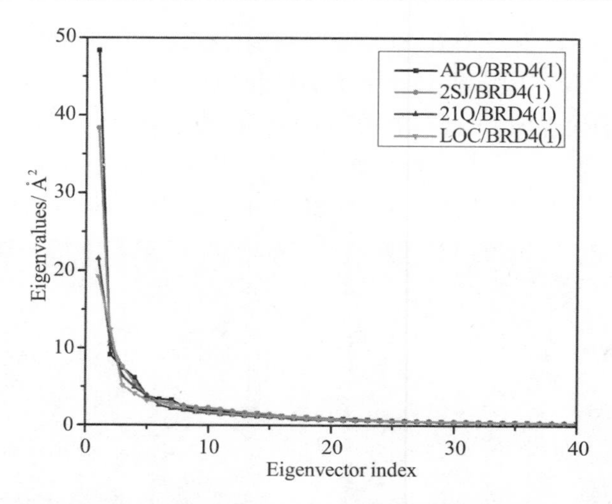

图 13.5　基于分子动力学模拟平衡轨线的C_α原子平均位置的相关图：（a）APO－BRD4（1），（b）2SJ/BRD4（1），（c）21Q/BRD4（1）和（d）LOC/BRD4（1）

为了研究抑制剂结合引起的 BRD4（1）的构象变化，通过 PCA 分析和 VMD 程序，在图 13.6 中描绘了四个系统中特征向量的运动方向和强度大小. C_α原子的箭头方向代表相应的运动方向，箭头的长度代表运动强度. 研究发

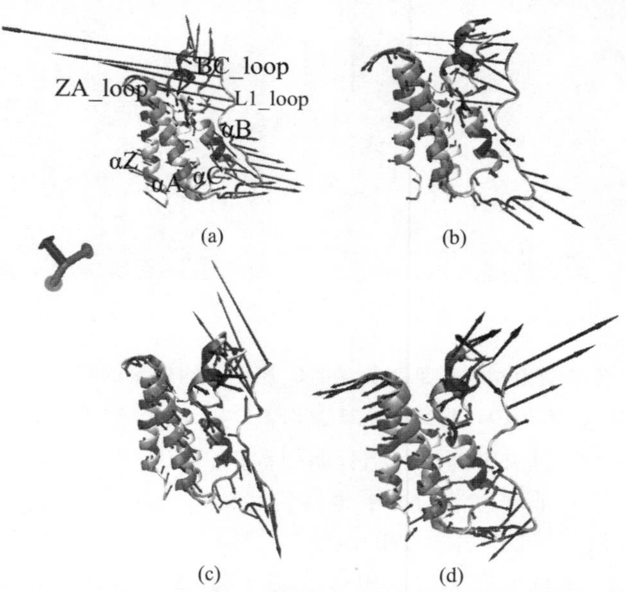

图 13.6　BRD4（1）第一特征向量 PC1 运动，该特征向量来自基于平衡轨线的C_α原子协方差矩阵对角化的主成分分析：（a）APO BRD4（1），（b）2SJ/BRD4（1），（c）21Q/BRD4（1），（d）LOC/BRD4（1）

现，抑制剂结合对 BRD4(1) 的运动产生了重要影响，最明显的影响发生在 BC 环和 L1 环. 在结构上，ZA 环和 BC 环形成了一个疏水性的 BRD4(1) 结合裂缝. 在 APO－BRD4(1) [图 13.6 (a)] 的情况下，L1 环显示强烈的运动，表明该环路在 BRD4(1) 的 APO 状态下非常灵活. 与 BRD4(1) 相比，三种抑制剂的结合严重抑制 BRD4(1) 中 L1 环的运动强度 [图 13.6 (b) ~ (d)]. 然而，由于三种抑制剂的结合，ZA 环的运动强度明显增加. 此外，抑制剂的结合也改变了 BRD4(1) 底部的运动方向.

自由能地貌图为研究蛋白质的构象动力学提供重要信息. 为了进一步研究抑制剂结合引起的 BRD4(1) 构象变化，通过把前两个主成分 PC1 和 PC2 的特征向量投影到分子轨线，构建了四个体系的自由能地貌图 (图 13.7).

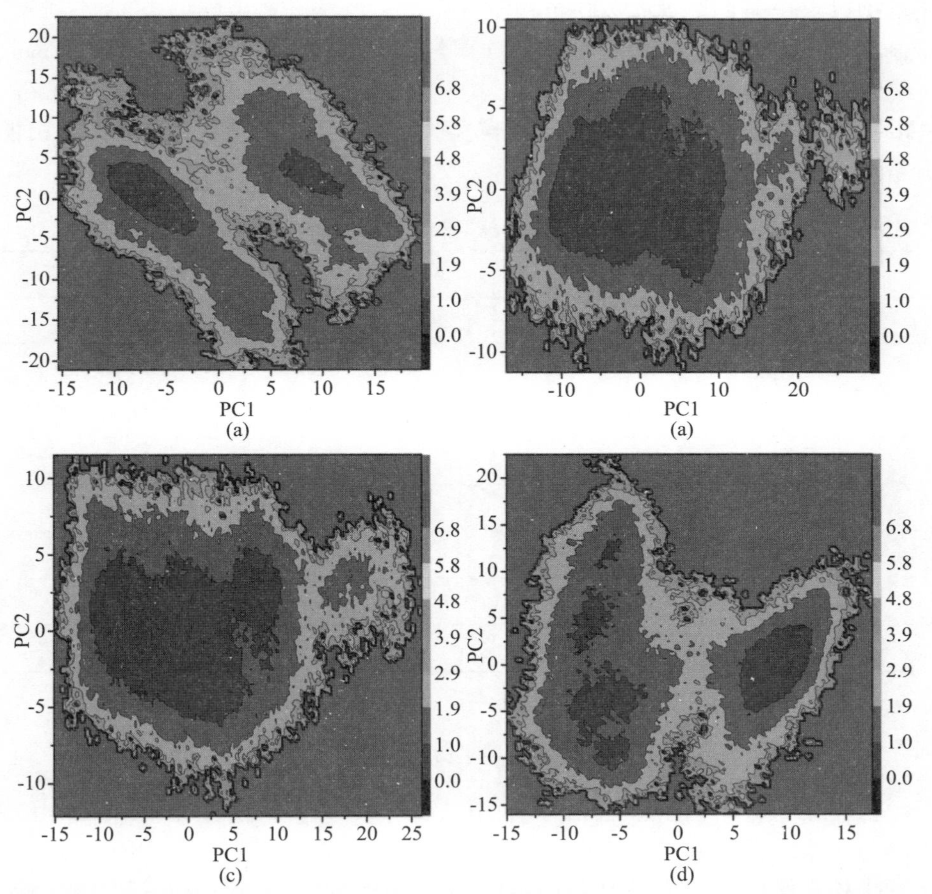

图 13.7　利用协方差矩阵对角化得到的前两个主分量 PC1 和 PC2 上的分子轨线投影构造 BRD4(1) 的自由能地貌图：(a) APO BRD4(1)，(b) 2SJ/BRD4(1)，(c) 21Q/BRD4(1)，(d) LOC/BRD4(1)

如图 13.7（a）所示，APO BRD4（1）主要跨越两个子空间．与APO－BRD4(1)相比，抑制剂的结合导致BRD4(1）的构象重分布．2SJ结合使BRD4(1）的构象主要集中在一个子空间上［图13.7（b)]，对于21Q和LOC的构象，BRD4(1）分别跨越三个子空间和五个子空间［图13.7（c）和(d)]，这表明21Q和LOC的结合导致BRD4(1）构象的多样性，而2SJ的结合导致构象收敛．

13.3.3 结合自由能计算

为了更好地估计抑制剂与BRD4(1）的结合能力，用MM－GBSA法计算了三种抑制剂与BRD4(1）的结合自由能，方法是从最后100 ns的分子轨线系综中以500 ps间隔提取200个构象，计算出的结合自由能如表13.1所示．抑制剂2SJ、21Q和LOC与BRD4(1）结合自由能分别为－5.97 kcal/mol、－8.53 kcal/mol和－6.23 kcal/mol，其中21Q对BRD4(1）的结合能力最强．MM－GBSA预测的结合自由能的秩与实验结果一致[341]，说明目前的自由能分析理论上是可靠的．

表13.1 用MM－GBSA法计算抑制剂与BRD4(1）的结合自由能

Complex	2SJ/BRD4(1)	21Q/BRD4(1)	LOC/BRD4(1)
ΔE_{ele}	−4.35 ±0.22	−18.21 ±0.49	−6.75 ±0.31
ΔE_{vdW}	−31.75 ±0.17	−35.80 ±0.22	−33.90 ±0.21
ΔG_{pol}	16.22 ±0.22	28.35 ±0.32	17.78 ±0.25
ΔG_{nopol}	−4.36 ±0.02	−4.94 ±0.03	−4.69 ±0.02
$^{b}\Delta G_{ele+pol}$	11.87 ±0.22	10.14 ±0.41	11.02 ±0.28
$-T\Delta S$	18.27 ±0.93	22.07 ±0.69	21.33 ±0.39
$^{c}\Delta G_{bind}$	−5.97	−8.53	−6.23
ΔG_{exp}	−5.9	−9.0	−6.4

注：[a] All values are in kca/mol.

[b] $\Delta G_{ele+pol} = \Delta E_{ele} + \Delta E_{pol}$.

[c] $\Delta G_{bind} = \Delta E_{ele} + \Delta E_{vdW} + \Delta G_{pol} + \Delta G_{nopol} - T\Delta S$.

根据表13.1，范德华相互作用（ΔE_{vdW}）和非极性溶剂化自由能（ΔE_{nopol}）为抑制剂结合提供有利的作用力．2SJ、21Q和LOC与BRD4(1）的范德华相互作用分别为－31.75 kcal/mol、－35.80 kcal/mol和－33.90 kcal/mol，而非极性溶剂化自由能对2SJ、21Q和LOC结合的贡献分别为－4.36 kcal/mol、－4.94 kcal/mol和－4.69 kcal/mol．通过比较这两个成分，

范德华相互作用比非极性溶剂化自由能高 7 倍. 熵对 2SJ/、21Q/和 LOC/BRD4（1）结合的贡献分别为 18.27 kcal/mol、22.07 kcal/mol 和 21.33 kcal/mol，严重损害了抑制剂与 BRD4(1) 的结合. 如表 13.1 所示，尽管 2SJ、21Q 和 LOC 与 BRD4(1) 的静电相互作用（ΔE_{ele}）也为抑制剂的结合提供了有利的作用力，但这一有利因素被极性溶剂化能（ΔE_{pol}）完全屏蔽，从而为抑制剂与 BRD4(1) 的结合产生不利的作用力（$\Delta E_{ele+pol}$）. 对 2SJ、21Q 和 LOC，这些不利与结合部分能量大小分别为 11.87 kcal/mol、10.14 kcal/mol和 11.02 kcal/mol，这极大地削弱了三种抑制剂与 BRD4(1) 的结合. 基于以上分析，范德华相互作用主要导致三种抑制剂与 BRD4(1) 的结合. 因此，在设计靶向 BRD4(1) 的高效抑制剂时，应特别关注范德华相互作用.

13.3.4　识别抑制剂与 BRD4(1) 的相互作用热点

为了有效地识别抑制剂与 BRD4(1) 的相互作用热点，采用基于残基的自由能分解法计算抑制剂与残基的相互作用（图 13.8）. 同时，利用 CPPTRAJ 模块对氢键相互作用进行了分析，相关数据如表 13.2 所示. 图 13.9 和图 13.10 利用最后 100 ns 分子动力学模拟的平均结构描绘了关键残基相对于抑制剂的几何位置.

对于抑制剂 2SJ，检测到 2SJ 与六个 BRD4(1) 残基（Ile146、Leu94、Leu92、Val87、Pro82 和 Trp81）产生大于 0.8 kcal/mol 的相互作用. 这些残基主要对抑制剂结合起疏水作用［图 13.8（a）和 13.9（a）］. 尽管 Asn100 与 2SJ 形成氢键相互作用，其占有率为 39.68%［表 13.2 和图 13.10（a）］，但这一有利因素被 Asn140 和 2SJ 的两个氧原子之间的斥力完全屏蔽，从而对 2SJ 的结合产生 0.81 kcal/mol 的不利贡献，削弱了 2SJ 与 BRD4(1) 联系. 残基 I146 与 2SJ 的相互作用最强，相互作用能为 −2.61 kcal/mol［图 13.8（a）］，其结构与 I146 烷基与 2SJ 疏水环之间的 CH−π 相互作用一致. 根据图 13.8（a），Val87、Leu92 和 Leu94 的烷基位于 2SJ 的疏水环附近，它们之间容易产生 CH−π 相互作用，提供了 2SJ 与 BRD4(1) 结合的能量贡献分别为 −1.30 kcal/mol、−1.89 kcal/mol 和 −1.13 kcal/mol . 此外，Trp81 和 Pro82 与 BRD4(1) 的相互作用能分别为 −0.81 kcal/mol 和 −1.01 kcal/mol，主要来自 Trp81 和 Pro82 疏水环与 2SJ 疏水环的 π−π 相互作用. 总的来说，疏水相互作用如 CH−π 和 π−π 相互作用，在 2SJ 与 BRD4(1) 的结合中起着重要作用.

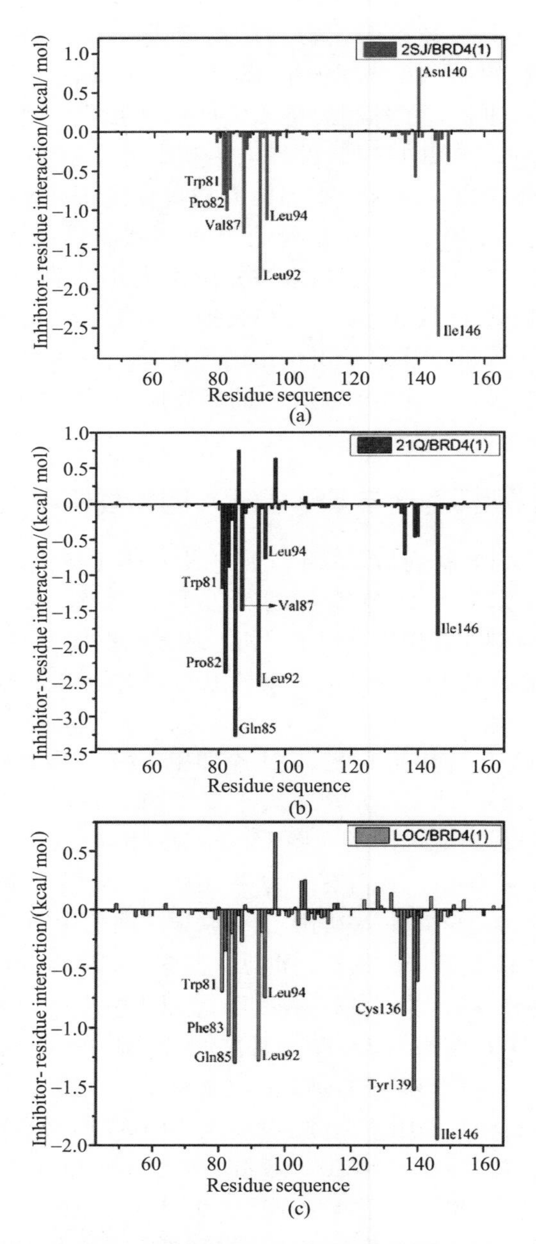

图 13.8　三种抑制剂与 BRD4（1）残基的相互作用：（a）2SJ/BRD4（1），（b）21Q/BRD4（1），（c）LOC/BRD4（1）.

对于抑制剂 21Q，七个残基（Trp81、Pro82、Gln85、Val87、Leu92、Leu94 和 Ile146）与 21Q 有较强的相互作用，其中 Gln85 与 21Q 的相互作用最

强，产生 -3.27 kcal/mol 的作用能，这种相互作用不仅来源于 Gln85 中 CH 基团与 21Q 疏水环的 CH-π 相互作用［图 13.8（b）和 13.9（b）］，还来源于 Gln85 和 21Q 之间的氢键相互作用，占有率为 41.76%［表 13.2 和图 13.10（b）］. 与 2SJ 类似，Trp81 和 Pro82 的疏水环也与 21Q 形成 π-π 相互作用［图 13.9（b）］，21Q 与 BRD4(1) 结合的相互作用能分别为 -1.19 kcal/mol 和 -2.39 kcal/mol. 同时，Val87、Leu92、Leu94 和 Ile146 的相互作用能分别为 -1.50 kcal/mol、-2.57 kcal/mol、-0.77 kcal/mol 和 -1.85 kcal/mol，这主要是由于残基中烷基与 21Q 疏水环的 CH-π 相互作用导致，21Q 与 Pro82 和 Asn100 形成两种氢键相互作用，它们的占据率为 98.4% 和 91.8%［表 13.2 和图 13.10（b）］，表明这些氢键在分子动力学模拟中是稳定的. 总的来说，CH-π、π-π 和氢键相互作用是 21Q 与 BRD4(1) 结合的原因.

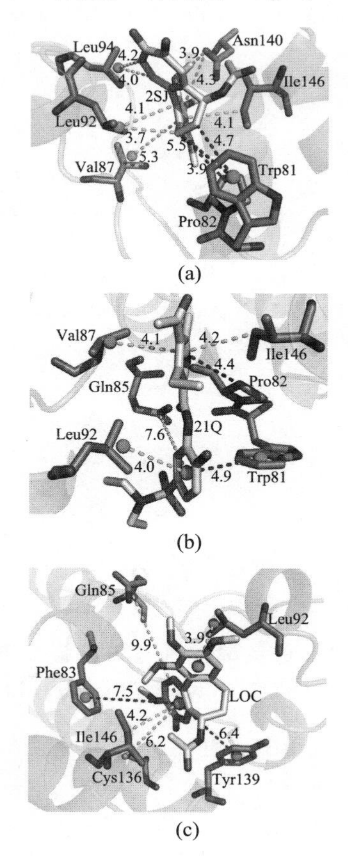

图 13.9　BRD4(1) 的关键残基与三种抑制剂形成疏水性相互作用：(a) 2SJ/BRD4(1)，(b) 21Q/BRD4(1)，(c) LOC/BRD4(1). 红色虚线表示 π-π 相互作用，黄色虚线表示 CH-π 相互作用

表 13.2　残基和三种抑制剂之间形成的氢键

Inhibitor	Donor	Acceptor	Distance/Å[a]	Angle/(°)[a]	Occupied/%[b]
2SJ	Asn140@ ND2 - HD21	2SJ@ O2	3. 18	158. 54	39. 68
21Q	Asn140@ ND2 - HD21	21Q@ O28	3. 09	156. 81	91. 98
	Gln85@ NE2 - HE22	21Q@ O9	2. 94	156. 90	41. 76
	21Q@ N6 - H6	Pro82@ O	2. 94	160. 16	98. 40
LOC	Asn140@ ND2 - HD21	LOC@ O5	2. 94	157. 73	96. 71
	LOC@ N1 - H4	Asn140@ OD	3. 15	153. 26	19. 83

注：[a] The hydrogen bonds are determined by the acceptor-donor atom distance of < 3. 5 Å and acceptor-H-donor angle of > 120°.

[b] Occupancy is used to evaluate the stability and strength of the hydrogen bond.

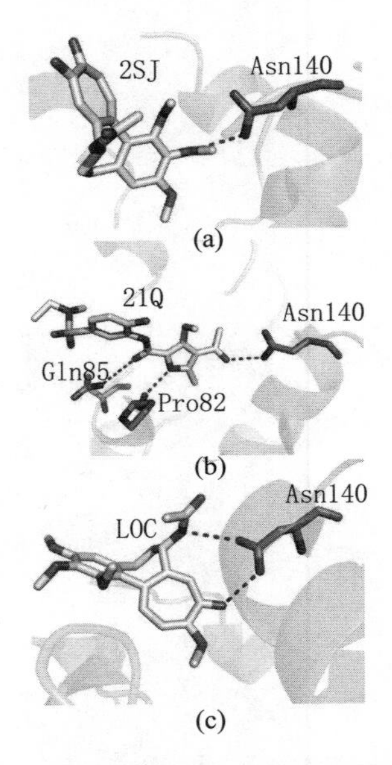

图 13.10　BRD4（1）的关键残基与三种抑制剂之间形成氢键：（a）2SJ/BRD4(1)，（b）21Q/BRD4(1)，（c）LOC/BRD4(1).

下面讨论小分子 LOC 与 BRD4(1) 结合情况，八个残基与 LOC 产生强相互作用，包括（Trp81、Phe83、Gln85、Leu92、Leu94、Cys136、Tyr139 和 Ile146）[图 13.9（c）]. 当受体与供体原子间距小于 3. 5Å，受体 - 氢原子 - 供体原子夹角大于 120°时形成氢键. 占有率用于描述氢键的稳定性和强度. 如图 13.9（c）所示，Trp81、Phe83 和 Tyr139 在位置上与 LOC 的疏水环接近，并倾向于在它们之间产生 π - π 相互作用. 这三个残基分别为 LOC -

BRD4(1) 结合提供 -0.70 kcal/mol、-1.07 kcal/mol 和 -1.53 kcal/mol 的能量贡献 [图 13.9 (c)]. Gln85、Leu92、Leu94、Cys136 和 Ile146 与 LOC 的相互作用能分别为 -1.30 kcal/mol、-1.28 kcal/mol、-0.75 kcal/mol、-0.9 kcal/mol 和 -1.95 kcal/mol，这与这五个残基的 CH 基团与 LOC 的疏水环之间的 CH-π 相互作用在结构上是一致的 [图 13.8 (c) 和图 13.9 (c)]. 此外，通过 CPPTRAJ 分析检测到 LOC 与残基 Asn100 之间存在两种氢键相互作用，这两种氢键的占有率分别为 96.71% 和 19.83% [表 13.2 和图 13.10 (c)]，表明残基 Asn100 在 LOC 与 BRD4(1) 的结合中也起部分作用. 总之，CH-π、π-π 和氢键相互作用在 LOC-BRD4(1) 结合中起着重要作用.

基于以上分析，发现三种抑制剂有五个共同残基 (Trp81、Leu92、Leu94、Asn100 和 Ile146)，它们与 BRD4(1) 形成了共同的作用热点. 首先，三种抑制剂与一个保守残基 Asn100 形成氢键相互作用. 其次，三个保守残基 Leu92、Leu94 和 Ile146 的烷基与三个抑制剂的疏水环产生 CH-π 相互作用. 最后观察到 Trp81 疏水环与三种抑制剂之间的 π-π 相互作用. 因此，在设计有效的 BRD4(1) 抑制剂时，应特别注意这些残基的作用. 当然，涉及结合差异的残基，如 Pro82、Phe83、Gln85、Val87、Cys136 和 Tyr139，也被认为是开发 BRD4(1) 有效抑制剂的重要靶点.

13.4 本章小结

本章通过三种抑制剂 2SJ、21Q 和 LOC 与 BRD4(1) 的结合，进行了 200 ns 的分子动力学模拟，研究抑制剂与 BRD4(1) 的结合方式. RMSF 表明，抑制剂的结合明显影响 BRD4 (1) 的灵活性. 结果表明，抑制剂结合对 BRD4(1)的构象变化、内部动力学和运动模式都有重要影响. 利用 MM-GBSA 方法，从平衡 MD 轨迹中提取 200 个快照，计算了抑制剂与 BRD4(1) 的结合亲和力，结果表明 21Q 的结合能力强于 2SJ 和 LOC. 采用基于残基的自由能分解方法估算了抑制剂与残基的相互作用，结果表明，残基 Gln85、Val87、Leu92、Leu94、Cys136 和 Ile146 参与了 CH-π 的相互作用，而残基 Trp81、Pro82、Phe83 和 Tyr139 则参与了 π-π 的相互作用. 同时，一个保守的残基 Asn140 与 2SJ、21Q 和 LOC 产生氢键相互作用. 希望本书的研究能为设计靶向 BRD4(1) 的高效药物提供理论指导.

第 14 章　结论与展望

14.1　结　　论

纠缠轨线分子动力学方法能很好地模拟量子效应比较显著的系统，并且给出了量子隧穿现象一个独特的非常吸引人的物理图像. 该方法认为轨线系综成员之间存在相互作用，初始能量低于势垒的轨线，可以从其他成员“借取”能量使其本身能量高于势垒，继而越过势垒发生反应. 整个轨线系综的平均能量满足能量守恒定律，而单条轨线由于与其他轨线成员的相互作用，能量可以发生变化. 纠缠轨线分子动力学方法的基础就是数值求解 Wigner 表象中的量子刘维尔方程，并且 Wigner 函数的演化由相应轨线系综近似地表示. 在经典近似情况下，轨线系综成员间相互独立，演化遵循经典哈密顿正则方程. 那么体系的量子效应，只有通过量子轨线才能展示出来，量子轨线成员之间存在相互作用，轨线系综相互纠缠作为一个整体向前演化，也就打破了经典轨线的统计独立性.

本书主要介绍了最近发展起来的量子轨线和半经典闭合理论求解含时薛定谔方程的方法，并且详细分析了量子相空间中的纠缠轨线分子动力学方法及其应用. 具体归结为以下几点.

（1）利用纠缠轨线分子动力学方法计算了三个一维模型体系的自关联函数，讨论了单条轨线对关联函数的贡献. 计算结果表明，根据纠缠轨线分子动力学和量子力学两种方法计算的关联函数符合得还是比较好的. 用轨线系综来表示分布函数，则可以得到单条轨线相应的关联函数，发现不同轨线对关联函数的作用是不一样的，其中被囚禁的轨线对关联函数的贡献要比直接发生反应的轨线作用大.

（2）把纠缠轨线分子动力学方法拓展到高维情况，并且详细计算了两个由 Eckart 势和谐振子势组成的二维模型. 研究发现纠缠轨线分子动力学方法能很好地处理二维模型体系，用纠缠轨线方法和精确量子力学方法计算的结果基本一致. 还详细分析了模型中的量子隧穿现象，并且给出了具体的物理图像. 还具体研究了拓展到高维情况下的计算量问题，发现本工作中二维模型的计算机耗时大约是一维模型的 1.7 倍，这样的计算量增长趋势是能接受的，当然这和计算模型有很大关系.

(3) 研究了一维和二维的共线 $H + H_2$ 模型，计算了不同能量的初始波包所对应的反应概率，计算结果显示，纠缠轨线分子动力学和量子力学方法有一定的差异，但是反应概率的趋势符合得还是比较好的.

(4) 根据闭合轨道理论和微扰理论方法，把电场中弹性表面附近氢负离子光剥离电子的自动关联函数表示为许多高斯项和的形式，其中每个高斯项对应于闭合轨道理论中的振荡项. 自动关联函数中每一个修正的高斯项表现为一个峰，峰的中心位置、高度、宽度以及其他性质可由一系列的参数来表征. 同时研究了超短激光脉冲作用下，脉冲宽度和电场强度对自关联函数的影响.

(5) 基于量子力学理论研究了电场中弹性表面附近氢负离子光剥离电子波包动力学. 首先根据不同的激光脉冲初始动量给出表面态的分布，选取其中的几个态组成电子波包，研究了波包随时间的演化，分析了电场强度对波包的影响. 然后研究了本体系的量子拍谱.

(6) 根据量子力学理论研究了金属表面光剥离电子波包动力学. 首先给出了该体系量子波包的解析表达式，从而得到不同簇波包的时间演化，发现了较高中心能量的激光对应的量子波包空间分布变化更为激烈. 然后，通过对电子波包的自关联函数研究，发现无限长寿命的电子波包有很好的量子复现现象，而当考虑寿命因素后该复现现象消失了. 最后，研究不同电场下波包的时间演化实现了电场对电子波包的调控. 在此基础上，详细讨论了电子波包的量子与经典对应关系. 随着激光脉冲技术的不断发展，研究不同体系的波包动力学在物理和化学等领域都是很重要的课题. 本书的研究结果对于表面吸附不同的原子或离子波包动力学研究提供了一个一般的方法，希望对今后表面吸附离子或原子的时间分辨谱的实验研究具有一定的参考价值.

(7) 通过小分子抑制剂与 BRD4(1)、BRD9 结合，分别进行了200 ns 的分子动力学模拟，研究了抑制剂的结合对 BRD 的构象变化、内部动力学和运动模式的影响，希望这项研究工作能为设计靶向 BRD 的高效药物提供有用的信息.

14.2　展　　望

在本书的纠缠轨线分子动力学方法中，一直用正定假设的轨线系综来表示 Wigner 分布函数，但是实际中 Wigner 函数会在相空间中的某些地方出现负值，不能反映出该体系的全部量子效应，在计算结果中就会带来近似. 因此在以后的工作中可以从如下几方面考虑.

（1）在轨线演化过程中摒弃这种正定假设，发展新的计算方法，如可以用欧拉折线法来描述轨线的运动.

（2）相空间中 Husimi 分布函数是正定的，可以发展 Husimi 表象中的纠缠轨线分子动力学方法，看该方法对于已经计算的结果能否在精度上有所提高.

（3）可以根据纠缠轨线分子动力学方法计算一些新的物理参量，比如说散射横截面、速率常数、分子态—态间转移概率等.

另外，闭合轨道理论在计算表面附近的光剥离吸收谱取得了巨大的成功. 但是，对于计算短脉冲激光作用下的电子波包的时间回归谱问题，目前的研究还处于探索阶段，还有必要对该理论进行进一步推广和完善. 另外，基于量子力学方法研究波包的时间演化和波包动力学，分析量子回归和量子拍现象，随着实验水平的提高，理论研究也有很重要的意义. 在以后的工作中，具体考虑以下两方面的内容.

（1）希望把研究波包动力学性质的半经典理论和量子力学理论推广到更多的体系，如双界面、液氦表面等情况.

（2）希望能发展其他方法对波包动力学性质进行研究.

最后，利用量子轨线研究其他蛋白质抑制剂，对于设计治疗癌症和炎症的高效抑制剂提供有用信息.

参考文献

[1]GLAUBER R J. The quantum theory of optical coherence [J]. Phys. Rev., 1963, 130(6):2529.

[2]GLAUBER R J. Coherent and incoherent states of the radiation field[J]. Phys. Rev., 1963, 131(6):2766.

[3]MOYAL J E. Quantum mechanics as a statistical theory[J]. Proc. Cambridge philos. Soc., 1949, 45(1):99.

[4]LEE H W, SCULLY M O. The Wigner phase – space description of collision processes[J]. Found. Phys., 1983, 13(1):61.

[5]CARRUTHERS P, ZACHARIASEN F. Quantum collision theory with phase – space distributions[J]. Rev. Mod. Phys., 1983, 55(1):245.

[6]BERRY M V. Semi – classical mechanics in phase space: a study of Wigner s function[J]. Phil. Trans. R. Soc. A., 1977, 287(1343):237.

[7]TAKAHASHI K. Distribution functions in classical and quantum mechanics[J]. Prog. Theor. Phys. Suppl., 1989, 98:109.

[8]李前树,胡旭光. 量子相空间中的反应散射理论[M]. 北京:科学出版社, 2000.

[9]范洪义,吕翠红. 量子力学的相空间理论[M]. 上海:上海交通大学出版社, 2012.

[10]LEE H W. Theory and application of the quantum phase – space distribution functions[J]. Phys. Rep., 1995, 259(3):147.

[11]LEE H W, GEORGE T F. Wigner phase – space description above and below the classical threshold for the $H + H_2$ reaction[J]. J. Chem. Phys., 1986, 84(11):6247.

[12]BROWN R C, HELLER E J. Classical trajectory approach to photodissociation: the Wigner method[J]. J. Chem. Phys., 1981, 75(1):186.

[13]HELLER E J. Cellular dynamics: a new semiclassical approach to time – dependent quantum mechanics[J]. J. Chem. Phys., 1991, 94(4):2723.

[14]BROGLIE L D. La structure atomique de la matiere et du rayonnement et la mecanique ondulatoire[J]. C. R. Acad. Sci. Paris, 1927, 184:273.

[15] BROGLIE L D. Sur la possibilite de relier les phenomenes d'interference et de diffraction a la theorie des quanta de luminere[J]. C. R. Acad. Sci. Paris, 1926, 183:447.
[16] MADELUNG E. Quantum theory in hydrodynamic form[J]. Z. Phys., 1926, 40(3):322.
[17] BOHM D. A suggested interpretation of the quantm theory in terms of "Hidden" variables. I[J]. Phys. Rev., 1952, 85(2):166.
[18] BOHM D. A suggested interpretation of the quantm theory in terms of "Hidden" variables. II[J]. Phys. Rev., 1952, 85(2):180.
[19] LOPREORE C L, WYATT R E. Quantum wave packet dynamics with trajectories[J]. Phys. Rev. Lett., 1999, 82(26):5190.
[20] DONOSO A D, MARTENS C C. Quantum tunneling using entangled classical trajectories[J]. Phys. Rev. Lett., 2001, 87(22):223202.
[21] WANG A S, ZHENG Y J, MARTENS C C, et al. Quantum tunneling dynamics using entangled trajectories: general potentials[J]. Phys. Chem. Chem. Phys., 2009, 11(10):1588.
[22] ZHANG X Fh, ZHENG Y J. Evolution of quantum phase space distribution: a trajectory – density approach[J]. Chin. Phys. Lett., 2009, 26(2):023404.
[23] LÓPEZ H, MARTENS C C, DONOSO A. Entangled trajectory dynamics in the Husimi representation[J]. J. Chem. Phys., 2006, 125(15):154111.
[24] STRUNZ W T, DIÓSI L, GISIN N. Open system dynamics with non – markovian quantum trajectories[J]. Phys. Rev. Lett., 1999, 82(9):1801.
[25] DIÓSI L, GISIN N, STRUNZ W T. Non – markovian quantum state diffusion [J]. Phys. Rev. A., 1998, 58(3):1699.
[26] STRUNZ W T, DIÓSI L, GISIN N, et al. Quantum Trajectories for Brownian Motion[J]. Phys. Rev. Lett., 1999, 83(24):4909.
[27] HELLER E J. Time – dependent approach to semiclassical dynamics[J]. J. Chem. Phys., 1975, 62(4):1544.
[28] DROLSHAGEN G, HELLER E J. A time dependent wave packet approach to three – dimensional gas – surface scattering[J]. J. Chem. Phys., 1983, 79(4):2072.
[29] KOSLOFF D, KOSLOFF R. A fourier method solution for the time dependent schrödinger equation as a tool in molecular dynamics[J]. J. Comput. Phys., 1983, 52(1):35

[30] KOSLOFF R, KOSLOFF D. Absorbing boundaries for wave propagation problems[J]. J. Comput. Phys., 1986, 63(2):363.

[31] KOSLOFF R. Time - dependent quantum - mechanical methods for molecular dynamics [J]. J. Phys. Chem., 1988, 92(8):2087.

[32] KOSLOFF R. Propagation methods for quantum molecular dynamics[J]. Annu. Rev. Phys. Chem., 1994, 45(1):145.

[33] FEIT M D, FLECK Jr J A, STEIGER A. Solution of the schrdinger equation by a spectral method[J]. J. Comput. Phys., 1982, 47(3):412.

[34] LIGHT J C, HAMILTON I P, LILL J V. Generalized discrete variable approximation in quantum mechanics[J]. J. Chem. Phys., 1985, 82(3):1400.

[35] ZHU W S, ZHAO X S, TANG Y Q. Numerical methods with a high order of accuracy applied in the quantum system[J]. J. Chem. Phys., 1996, 104(6):2275.

[36] 元凯军. 超短脉冲激光场中小分子激发与电离动力学研究[D]. 大连:大连理工大学, 2007.

[37] PARKER J, STROUD Jr C R. Coherence and decay of Rydberg wave packets[J]. Phys. Rev. Lett., 1986, 56(7):716.

[38] YEAZELL J A, MALLALIEU M, STROUD Jr C R. Observation of the collapse and revival of a Rydberg electronic wave packet[J]. Phys. Rev. Lett., 1990, 64(17):2007.

[39] YEAZELL J A, STROUD Jr C R. Observation of fractional revivals in the evolution of a rydberg atomic wave packet[J]. Phys. Rev. A., 1991, 43(9):5153.

[40] ROBINETT R W. Quantum wave packet revivals[J]. Phys. Rep., 2004, 392(1):1.

[41] GARTON W R S, TOMKINS F S. Diamagnetic zeeman effect and magnetic configuration mixing in long spectral series of BA I[J]. The astrophysical Journal, 1969, 158:839.

[42] EDMONDS A R. The theory of the quadratic Zeeman effect[J]. J. Physique Colloq., 1970, 31(C4):71.

[43] GUTZWILLER M C. Phase - integral apporximation in momentum space and the bound states of an atom. I[J]. J. Math. Phys., 1967, 8(10):1979.

[44] GUTZWILLER M C. Phase - integral apporximation in momentum space and

the bound states of an atom. II[J]. J. Math. Phys., 1969, 10(6):1004.

[45] GUTZWILLER M C. Enegry spectrum according to classical mechanics[J]. J. Math. Phys., 1970, 11(6):1791.

[46] HOLLE A, WIEBUSCH G, MAIN J, et al. Diamagnetism of the hydrogen atom in the quasi - landau regime[J]. Phys. Rev. Lett., 1986, 56(24):2594.

[47] MAIN J, WIEBUSCH G, HOLLE A, et al. New quasi - landau structure of highly excited atoms: the hydrogen atom[J]. Phys. Rev. Lett., 1986, 57(22):2789.

[48] MAIN J, WIEBUSCH G, WELGE K H, et al. Recurrence spectroscopy: Observation and interpretation of large - scale structure in the absorption spectra of atoms in magnetic fields[J]. Phys. Rev. A, 1994, 49(2):847.

[49] DU M L, DELOS J B. Effect of closed classical orbits on quantum spectra: ionization of atoms in a magnetic field[J]. Phys Rev. Lett., 1987, 58(17):1731.

[50] DU M L, DELOS J B. Effect of closed classical orbits on quantum spectra: ionization of atoms in a magnetic field. I. Physical picture and calculations[J]. Phys. Rev. A, 1988, 38(4):1896.

[51] DU M L, DELOS J B. Effect of closed classical orbits on quantum spectra: Ionization of atoms in a magnetic field. II. Derivation of formulas[J]. Phys. Rev. A, 1988, 38(4):1913.

[52] NOORDAM L D, WOLDE A T, LAGENDIJKL, et al. Time dependence of an atomic electron wave function in an electrical field [J]. Phys. Rev. A, 1989, 40(12):485.

[53] BLUHM R, KOSTELECKY V A, PORTER J. The evolution and revival structure of localized quantum wave packets [J]. Am. J. Phys., 1996, 64(7):944.

[54] HÖFER U, SHUMAY I L, REUB C, et al. Time - resolved coherent photoelectron spectroscopy of quantized electronic stateson metal surfaces [J]. Science, 1997, 277(5331):1480.

[55] HÖFER U. Time - resolved coherent spectroscopy of surface states [J]. Appl. Phys. B, 1999, 68(3):383.

[56] ANDREWS M. Wave packets bouncing off walls[J]. Am. J. Phys., 1998, 66(33):252.

[57] GEA - BANACLOCHE J. A quantum bouncing ball [J]. Am. J. Phys.,

1999, 67(9):776.

[58] VALLEE O. Comment on "a quantum bouncing ball" [J]. Am. J. Phys., 2000, 68(7):672.

[59] DONCHESKI M A, ROBINETT R W. Expectation value analysis of wave packet solutions for the quantum bouncer: short - term classical and long - term revival behaviors [J]. Am. J. Phys., 2001, 69(10):1084.

[60] DONCHESKI M A, ROBINETT R W. Anatomy of a quantum "bounce" [J]. European. Joural. of Phys., 1999, 20(1):29.

[61] BELLONI M, DONCHESKI M A, ROBINETT R W. Exact results for "bouncing" gaussian wave packets [J]. Phys. Scri., 2005, 71(2):136.

[62] CHULKOV E V, SARRIA I, SILKIN V M, et al. Lifetimes of image - potential states on copper surfaces [J]. Phys. Rev. Lett., 1998, 80(22):4947.

[63] SHUMAY I. L, HOFER U REUS C, et al. Lifetimes of image - potential states on Cu(100) and Ag(100) measured by femtosecond time - resolved two - photon photoemission[J]. Phys. Rev. B., 1998, 58(20):13974.

[64] SJAKSTE J, BORISOV A G, GAUYACQ J P. Probing adsorbat state lifetime with low energy ions [J]. Phys. Rev. Lett., 2004, 92(15):156101.

[65] DU M L. Autocorrelation function and its application to H^- in a static electric field [J]. Phys. Rev. A, 1995, 51(3):1955.

[66] SHEWELL J R. On the formation of quantum - mechanical operators [J]. Amer. J. Phys., 1959, 27(1):17.

[67] MEHTA C L. Phase - space formulation of the dynamics of canonical variables [J]. J. Math. Phys., 1964, 5(5):677.

[68] MEHTA C L, SUDARSHAN E C G. Relation between quantum and semiclassical description of optical coherence [J]. Phys. Rev., 1965, 138 (1B):B274.

[69] COHEN L. Generalized phase - space distribution functions [J]. J. Math. Phys., 1966, 7(5):781.

[70] AGARWAL G S, WOLF E. Quantum dynamics in phase space[J]. Phys. Rev. Lett., 1968, 21(3):180.

[71] CAHILLK E, GLAUBER R J. Ordered expansions in boson amplitude operators [J]. Phys. Rev., 1969, 177(5):1857.

[72] CAHILL K E, GLAUBER R J. Density operators and quasiprobability distributions[J]. Phys. Rev., 1969, 177(5):1882.

[73] WIGNER E P. On the quantum correction for thermodynamics equilibrium[J]. Phys. Rev., 1932, 40(5):749.

[74] WEYL H. The theory of groups and quantum Mechanics[M]. Dover, New York:Dover Pub 1931.

[75] HUSIMI K. Some formal properties of the density matrix[J]. Prog. Phys. Math. soc. Japan, 1940, 22(4):264.

[76] KIRKWOOD J G. Quantum statistics of almost classical assemblies[J]. Phys. Rev., 1933 ,44(1):31.

[77] GLAUBER R J. The quantum theory of optical coherence[J]. Phys. Rev., 1963, 130(6):2529.

[78] KANO Y. A new phase - space distribution function in the statistical theory of the electromagnetic field[J]. J. Math. Phys., 1965, 6(12):1913.

[79] 盛骤. 概率论与数理统计[M]. 北京:高等教育出版社, 2000.

[80] 袁荫棠. 概率论与数理统计[M]. 北京:中国人民大学出版社, 2003.

[81] 王松桂,张忠占,程维虎,等. 概率论与数理统计[M].3 版. 北京:科学出版社, 2010.

[82] 颜素荣,崔红新. 概率统计基础[M]. 北京:国防工业出版社, 2010.

[83] 张从军,刘亦农,肖丽华,等. 概率论与数理统计[M]. 上海:复旦大学出版社, 2011.

[84] COHEN - TANNOUDJI C, DIU B, LALOE F. Quantum mechanics[M]. New York:John Wiley, 1977.

[85] SCHATZ G C, RATNER M A. Quantum mechanics in chemistry[M]. Englewood Cliffs: Prentice Hall, 1993.

[86] GOLDSTEIN H. Classical mechanics[M]. Boston: Addison - Wesley, Reading, 1980.

[87] CHATTARAJ P K. Quantum trajectories[M]. Boca Raton London New York: CRC Press, 2010.

[88] MUKAMEL S. Principles of nonlinear optical spectroscopy[M]. Oxford:Oxford University Press, 1995.

[89] TAKAHASHI K. Wigner and Husimi Functions in Quantum Mechanics [J]. J. Phys. Soc. Jpn., 1986,55(3):762.

[90] DONOSO A, MARTENS C C. Classical trajectory - based approaches to solving the quantum liouville equation[J]. Int. J. Quantum Chem., 2002, 90(4 - 5):1348.

[91] DONOSO A, MARTENS C C. Solution of phase space diffusion equations using Interacting trajectory ensembles [J]. J. Chem. Phys., 2002, 116(24):10598.

[92] DONOSO A, ZHENG Y J, MARTENS C C. Numerical simulation of quantum processes using entangled classical trajectory molecular dynamics [J]. J. Chem. Phys., 2003, 119(10):5010.

[93] WYATT R. Quantum dynamics with trajectories: introduction to quantum hydordynamics[M]. New York: Springer, 2005.

[94] WANG L F, MARTENS C C, ZHENG Y J. Entangled trajectory molecular dynamics in multidimensional systems: two – dimensional quantum tunneling through the Eckart barrier[J]. J. Chem. Phys., 2012, 137(3):034113.

[95] ZAMSTEIN N, TANNOR D J. Non – adiabatic molecular dynamics with complex quantum trajectories. I. The diabatic representation[J]. J. Chem. Phys., 2012, 137(22):22A517.

[96] ZAMSTEIN N, TANNOR D J. Non – adiabatic molecular dynamics with complex quantum trajectories. II. The adiabatic representation[J]. J. Chem. Phys., 2012, 137(22):22A518.

[97] KARIMI B, PEKOLA J P. Quantum Trajectory Analysis of Single Microwave Photon Detection by Nanocalorimetry [J], Phys. Rev. Lett., 2020, 124(17): 170601.

[98] NAUENBERG M. Quantum wave packets on kepler elliptic orbits [J]. Phys. Rev. A., 1989, 40(2):1133.

[99] SUAREZ BARNES I M, NAUENBERG M, NOCKLEBY M, et al. Semiclassical theory of quantum propagation: the coulomb potential[J]. Phys. Rev. Lett., 1993, 71(13):1961.

[100] TOMSOVIC S, LEFEBVRE J H. Can wave packet revivals occur in chaotic quantum systems? [J]. Phys. Rev. Lett., 1997, 79(19):3629.

[101] YEAZELL J A, STROUD, JR C R. Observation of fractional revivals in the evolution of a rydberg atomic wave packet[J]. Phys. Rev. A, 1991, 43(9):5153.

[102] WALS J, FIELDING H H, CHRISTIAN J F, et al. Oberservation of rydberg wave packet dynamics in a coulombic and magnetic field [J]. Phys. Rev. Lett., 1994, 72(24):3783.

[103] ŽD'ÁNSKÁ P, MOISEYEV M. Phases and amplitudes of recurrences in

autocorrelation function by a simple classical trajectory method[J]. J. Chem. Phys., 2001, 115(23):10608.

[104] WANG L F, WANG Y W, S. Ran S Y, et al. Time - resolved photodetached spectroscopy of H - in electric field near an elastic surface[J]. J. Electron Spectrosc. Relat. Phenom., 2009, 173(1):40.

[105] WANG L F, YANG G C. Influence of laser pulse on the autocorrelation function of H in a strong electric field [J]. Chin. Opti. Lett., 2009, 7(1):1.

[106] WANG L F, YANG G C. Dynamics of electron in a surface quantum well [J]. Chin. Phys. B., 2009, 18(6):2523.

[107] MUKHERJEE B, NANDY S, SEN A, et al. Collapse and revival of quantum many - body scars via Floquet engineering [J]. Phys. Rev. B, 2020, 101(24):245107.

[108] IMRE K, ÖZIZMIR E, ROSENBAUM M, et al. Wigner method in quantum statistical mechanics [J]. J. Math. Phys. 1967, 8(5):1097.

[109] ROSS J, KIRKWOOD J G. The statistical - mechanical theory of transport processes. VIII. Quantum theory of transport in gases[J]. J. Chem. Phys., 1954, 22(6):1094.

[110] GOLDSTEIN J C, SCULLY M O. Nonequilibrium properties of an ising - model ferromagnet[J]. Phys. Rev. B, 1973, 7(3):1084.

[111] LEE H W, SCULLY M O. A new approach to molecular collisions: statistical quasiclassical method[J]. J. Chem. Phys., 1980, 73(5):2238.

[112] HELLER E J. Wigner phase space method: analysis for semiclassical applications[J]. J. Chem. Phys., 1976, 65(4):1289.

[113] FELDMEIER H, SCHNACK J. Fermionic molecular dynamics [J]. Prog. Part. Nucl. Phys., 1997, 39:393.

[114] LEIBFRIED D, PFAU T, MONROE C. Shadows and mirrors: reconstructing quantum states of atom motion[J]. Phys. Today., 1998, 51(4):22.

[115] SCHLEICH W P. Quantum optics in phase space [M]. Berlin: Wiley - Vch, 2001.

[116] GARASHCHUK S, TANNOR D J. Calculation of autocorrelation functions using the Wigner representation of quantum mechanics [J]. Chem. Phys. Lett., 1996, 263(1 - 2):324.

[117] GOLDFARB Y, DEGANI D J, TANNOR D J. Bohmian mechanics with

complex action: a new trajectory - based formulation of quantum mechanics [J]. J. Chem. Phys., 2006,125(23):231103.

[118] SHAO J S, Liao J L, Pollak E. Quantum transition state theory: perturbation expansion[J]. J. Chem. Phys., 1998,108(23):9711.

[119] LI Q S, WEI G M, Lü L Q. Relationship between the Wigner function and the probability density function in quantum phase space representation [J]. Phys. Rev. A, 2004, 70(2):022105.

[120] HELLER E J. Phase space interpretation of semiclassical theory[J]. J. Chem. Phys., 1977, 67(7):3339.

[121] GINDENSPERGER E, MEIER C, BESWICK J A. Mixing quantum and classical dyanmics using bohmian trajectories[J]. J. Chem. Phys., 2000, 113(21):9369.

[122] BURGHARDT I, CEDERBAUM L S. Hydrodynamic equations for mixed quantum states. I. General formulation[J]. J. Chem. Phys., 2001, 115 (22):10303.

[123] TRAHAN C J, HUGHES K H, WYATT R E. A new method for wave packet dynamics: derivative propagation along quantum trajectories[J]. J. Chem. Phys., 2003, 118(22):9911.

[124] ALLEN M P, TILDESLEY D J. Computer simulation of liquids[M]. Oxford: Clarendon, 1987.

[125] PAULER D K, KENDRICK B K. A new method for solving the quantum hydrodynamic equations of motion: application to two - dimensional reactive scattering[J]. J. Chem. Phys., 2004,120(2):603.

[126] WYATT R E, ROWLAND B A. Quantum trajectories in complex phase space: multidimensional barrier transmission [J]. J. Chem. Phys., 2007, 127 (4):044103.

[127] DAVID J K, WYATT R E. Computation of barrier transmission probabilities from two - dimensional real - valued approximate quantum trajectories[J]. Chem. Phys. Lett., 2009, 481(4 - 6):234.

[128] HOGAN P, WART A V, DONOSO A, et al. Solving evolution equations using interacting trajectory ensembles[J]. Chem. Phys., 2010, 370(1 - 3):20.

[129] SILVERMAN B W. Density estimation for statistics and data analysis[M]. London: Chapman and Hall, 1986.

[130] FUKUNAGA K. Introduction to statistical pattern recognition[M]. San Diego:

Academic Press, 1990.

[131] MATSUMOTO D, HAYASHI K, IDA T, et al. Two – dimensional wavepacket dynamics with quantum hydrodynamics [J]. Int. J. Quantum Chem., 2007, 107(15): 3169.

[132] NISHIKAWA K, OHTA Y, YOSHIMOTO T, et al. Laser control of proton motion in malonaldehyde molecule[J]. J. Mol. Struct., 2002, 615(1): 13.

[133] TAKADA S, Nakamura H. Wentzel – Kramers – Brillouin theory of multidi – mensional tunneling: general theory for energy splitting [J]. J. Chem. Phys., 1994, 100(1): 98.

[134] LIGHT J C, CARRINGTON T. Discrete – Variable representations and their utilization[J]. Adv. Chem. Phys., 2000, 114: 263.

[135] HIRSCHFELDER J O, EYRING H, TOPLEY B. Reactions involving hydrogen molecules and atoms[J]. J. Chem. Phys., 1936, 4(3): 170.

[136] KARPLUS M, PORTER R N, SHARMA R D. Exchange reactions with activation energy. I. Simple barrier potential for (H, H_2) [J]. J. Chem. Phys., 1965, 43(9): 3529.

[137] ZHENG Y J, POLLAK E. A mixed quantum classical rate theory for the collinear $H + H_2$ reaction[J]. J. Chem. Phys., 2001, 114(22): 9741.

[138] JÄCKLE A, MEYER H D. Reactive scattering using the multiconfiguration time – dependent hartree approximation: general aspects and application to the collinear $H + H_2 \rightarrow H_2 + H$ reaction [J]. J. Chem. Phys., 1995, 102(14): 5605.

[139] LIAO J L, POLLAK E. Quantum transition state theory for the collinear $H + H_2$ reaction[J]. J. Phys. Chem. A, 2000, 104(9): 1799.

[140] ZHENG Y J. Quantum transition state theory for the full three – dimensional $H + H_2$ reaction[J]. J. Chem. Phys., 2005, 122(9): 094316.

[141] GARASHCHUK S, RASSOLOV V A. Quantum dynamics with bohmian trajectories: energy conserving approximation to the quantum potential [J]. Chem. Phys. Lett., 2003, 376(3 – 4): 358.

[142] GARASHCHUK S, RASSOLOV V A. Semiclassical dynamics with quantum trajectories: formulation and comparison with the semiclassical initial value representationpropagator[J]. J. Chem. Phys., 2003, 118(6): 2482.

[143] GARASHCHUK S, RASSOLOV VA. Bohmian dynamics on subspaces using linearized quantum force[J]. Chem. Phys. Lett., 2004, 120(15): 6815.

[144] GROSSSMANN F, HELLER E J. A semiclassical correlation funciton approach to Barrier tunneling[J]. Chem. Phys. Lett., 1995, 241(1-2):45.

[145] GARASHCHUK S, RASSOLOV V A. Semiclassical dynamics based on quantum trajectories[J]. Chem. Phys. Lett., 2002, 364(5-6):562.

[146] WALKER R B, LIGHT J C, ALTENBERGER-SICZEK A. Chemical reaction theory for asymmetric atom-molecule collisions[J]. J. Chem. Phys., 1976, 64(3):1166.

[147] Park T J, LIGHT J C. Quantum flux operators and thermal rate constant: collinear $H+H_2$[J]. J. Chem. Phys., 1988, 88(8):4987.

[148] GARASHCHUK S, TANNOR D. Wave packet correlation function approach to $H_2(\nu)+H \rightarrow H+H_2(\nu')$: semiclassical implementation[J]. Chem. Phys. Lett., 1996, 262(3):477.

[149] SMITH F T. Participation of vibration in exchange reactions[J]. J. Chem. Phys., 1959, 31(5):1352.

[150] WEINER J H, TSE S T. Tunneling in asymmetric double-well potentials[J]. J. Chem. Phys., 1981, 74(4): 2419.

[151] LU G, HAI W, ZHONG H. Quantum control in a double well with symmetric or asymmetric driving[J]., Phys. Rev. A, 2009, 80(1):013411.

[152] KAR S, BHATTACHARYYA S P. Tunneling time in fluctuating symmetric double wells: Suppression and enhancement of tunneling by spatial symmetry-preserving perturbations[J]. Chem. Phys., 2011, 379(1-3):23.

[153] POULSEN J A. A variational principle in Wigner phase-space with applications to statistical mechanics[J]. J. Chem. Phys., 2011, 134(3):034118.

[154] HUNN S, ZIMMERMANN K, HILLER M, BUCHLEITNER A. Tunneling decay of two interacting bosons in an asymmetric double-well potential: A spectral approach[J]. Phys. Rev. A 2013, 87(4):043626.

[155] CHOU C C, WYATT R E. Time-dependent schrödinger equation with Markovian outgoing wave boundary conditions: Applications to quantum tunneling dynamics and photoionization[J]. Int. J. Quantum. Chem., 2013, 113(1):39.

[156] MARTENS C C, DONOSO A, ZHENG Y. Quantum trajectories in phase space[M]. In Quantumtrajectories; P. K. Chattsaraj, Ed. CRC Press, 2011.

[157] WANG L, ZHENG Y. Autocorrelation function: Entangled trajectory molecular dynamics method [J]. Chem. Phys. Lett., 2013, 563:112.

[158] ZHENG Y. Entangled trajectory molecular dynamics theory for the collinear H + H_2 reaction [J]. J. At. Mol. Sci., 2014, 5(1):21.

[159] WIGNER E. Do the Equations of Motion Determine the Quantum Mechanical Commutation Relations? [J]. Phys. Rev. 1950, 77(5):711.

[160] XU F, WANG L, MARTENS C C, ZHENG Y. H_2O photodissociation in the first absorption band: Entangled trajectory molecular dynamics method [J]. J. Chem. Phys., 2013, 138(2):024103.

[161] MAKRI N, MILLER W H. A semiclassical tunneling model for use in classical trajectory simulations [J]. J. Chem. Phys., 1989, 91(7): 4026.

[162] BOLIVAR A O. Quantum – cassical correspondece: dynamical quantization and the classical limit[M]. Berlin: Spinger, 2004.

[163] HAROCHE S, RAIMOND J M. Exploring the quantum: atoms, cavities and photons[M]. Oxford: Oxford University Press, 2006.

[164] BONDAR D J, CABRERA R, ZHDANOV D V, RABITZ H A. Wigner phase – space distribution as a wave function [J]. Phys. Rev. A, 2013, 88 (5):052108.

[165] VEITCH V, FERRIE C, GROSS D, EMERSON J. Negative quasi – probability as a resource for quantum computation [J]. New J. Phys., 2012, 14(11):113011.

[166] MARI A, EISERT J. Positive Wigner functions render classical simulation of quantum computation efficient [J]. Phys. Rev. Lett., 2012, 109 (23):230503.

[167] VEITCH V, WIEBE N, FERRIE C, EMERSON J. Efficient simulation scheme for a class of quantum optics experiments with non – negative Wigner representation [J]. New J. Phys. 2013, 15(1): 013037.

[168] HYLAND B L, MARTENS C C. Toward a quantum trajectory – based rate theory [J]. Theor. Chem. Acc., 2014, 133(10):1536.

[169] BREUER H, PETRUCCIONE F. The theory of open quantum systems[M]. Oxford: Oxford University Press, 2002.

[170] GARDINER C W. Handbook of stochastic methods [M]. Berlin: Springer – Verlag, 1983. .

[171] RISKEN H. The Fokker – Planck Equation [M]. Berlin: Springer –

Verlag,1996.

[172] CHANDRASEKHAR S. Brownian motion, dynamical friction, and stellar dynamics [J]. Rev. Mod. Phys., 1949, 21(3):383.

[173] KRAMERS H A. Brownian motion in a field of force and the diffusion model of chemical reactions [J]. Physica, 1940, 7(4):284.

[174] WANG M C, UHLENBECK G E. On the Theory of the Brownian Motion II [J]. Rev. Mod. Phys., 1945, 17(2-3):323.

[175] TANNOR D J, KOHEN D. Derivation of Kramers' formula for condensed phase reaction rates using the method of reactive flux [J]. J. Chem. Phys., 1994, 100(7):4932.

[176] XU F, ZHENG Y. 量子相空间纠缠轨线力学 [J]. 物理学报, 2013, 62(21): 213401.

[177] TRAHAN C J, WYATT R E. Evolution of classical and quantum phase-space distributions: A new trajectory approach for phase space hydrodynamics [J]. J. Chem. Phys., 2003,119(14):7017.

[178] BEIMS M W, ALBER G. Bifurcations of electronic trajectories and dynamics of electronic rydberg wave packets[J]. Phys. Rev. A, 1993, 48(4):3123.

[179] VEILANDE R, BERSONS I. Wave packet fractional revivals in a one-dimensional rydberg atom[J]. J. Phys. B: At. Mol. Opt. Phys., 2007, 40(11):2111.

[180] GHOSH S., BANERJI. J. A time-frequency analysis of wave packet fractional revivals [J]. J. Phys. B: At. Mol. Opt. Phys., 2007, 40(17):3545.

[181] ROBINETT R W, Bassett L C. Analytic results for gaussian wave packets in four model systems: II. Autocorrelation functions[J]. Found. Phys. Lett., 2004, 17(7):645.

[182] YANG G C, ZHENG Y Z, CHI X X. Photodetachment of H^- in a static electric field near an elastic wall [J]. Phys. Rev. A, 2006, 73(4):043413.

[183] YANG G C, ZHENG Y Z, CHI X X. Photodetachment of H^- near an interface [J]. J. Phys. B: At. Mol. Opt. Phys., 2006, 39(8):1855.

[184] WANG D H, YU Y J. Photodetachment of H^- in an electric field between two parallel interfaces [J]. Chin. Phys. B, 2008, 17(4):1231.

[185] WANG D H, MA X G, WANG M S. et al. Photo-detachment cross section

of H^- near two parallel interfaces[J]. Chin. Phys. B, 2007, 16(5):1307.

[186] YU Y L, ZHAO X, LI H, et al. Autocorrelation function of hydrogen atoms in magnetic fields [J]. Chin. Phys. Lett., 2006, 23(11):2948.

[187] 李颖，激光短脉冲激发外场中里德堡波包动力学性质的研究 [D]. 济南：山东师范大学，2006.

[188] RICHARD H. Electron dynamics at surfaces [J]. Surf. Sci. Rep., 1995, 21(8):275.

[189] PETEK H, OGAWA S. Femtosecond time – resolved two – photon photoemission studies of electron dynamics in metals [J]. Prog. Surf. Sci., 1997, 56(4):239.

[190] NIENHAUS H. Electronic excitations by chemical reactions on metal surfaces [J]. Surf. Sci. Rep., 2002, 45(1 – 2):1.

[191] ECHENIQUE P M, BERNDT R, CHULKOV E V, et al. Decay of electronic excitations at metal surfaces[J]. Surf. Sci. Rep., 2004, 52(7):219.

[192] REUβ C, SHUMAY I L, THOMANN U, et al. Control of the dephasing of image – potential states by CO adsorption on Cu(100) [J]. Phys. Rev. Lett., 1999, 82(1):153.

[193] CRAMPIN S. Lifetimes of stark – shifted image states [J]. Phys. Rev. Lett., 2005, 95(4):046801.

[194] YUAN X H, LI Y T, XU M H, et al. Influence of laser incidence angle on hot electrons generated in the interaction of ultrashort intense laser pulses with foil target [J]. Acta. Phys. Sin., 2006, 55(11):5899.

[195] VARSANO D, MARQUES M A L, RUBIO A. Time and energy – resolved two photon photoemission of the Cu(100) and Cu(111) metal surfaces [J]. Comp. Mater. Sci., 2004, 30(1 – 2):110.

[196] SCHMIDT A B, PICKEL M, WIEMHÖFER M, et al. Spin – dependent electron dynamics in front of a ferromagnetic surface [J]. Phys. Rev. Lett., 2005, 95(10):107402.

[197] GüDDE J, ROHLEDER M, HÖFER U. Time – resolved two – color interferometric photoemission of image – potential states on Cu(100) [J]. Appl. Phys. A, 2006, 85(4):345.

[198] BERTHOLD W, FEULNER P, HÖFER U. Decoupling of image – potential states by Ar mono – and multilayers[J]. Chem. Phys. Lett., 2002, 358(5 – 6):502.

[199] BERTHOLD W, REBENTROST F, FEULNER P ,et al. Influence of Ar, Kr, and Xe layers on the energies and lifetimes of image – potential states on Cu (100) [J]. Appl. Phys. A, 2004, 78(2):131.

[200] BORISOV A G, CHULKOV E V,ECHENIQUE P M. Lifetimes of the image – state resonances at metal surfaces [J]. Phys. Rev. B, 2006, 73 (7):073402.

[201] MICHAEL N. Autocorrelation function and quantum recurrence of wavepackets [J]. J. Phys. B: At. Mol. Opt. Phys. , 1999, 23(15):L385.

[202] ALBER G, RITSCH H ,ZOLLER P. Generation and detection of rydberg wave packets by short laser pulses[J]. Phys. Rev. A, 1986, 34(2):1058.

[203] TAMKUN J W, DEURING R,SCOTT M P, et al. Brahma: A regulator of drosophila homeotic genes structurally related to the yeast transcriptional activator SNF2/SWI2 [J]. Cell,1992,68(3):561.

[204] SPECK – PLANCHE A,SCOTTI M T. BET bromodomain inhibitors: fragment – based in silico design using multi – target QSAR models [J]. Mol. Divers. ,2019,23(3):555.

[205] WANG L, WANG Y, SUN H B, et al. Theoretical insight into molecular mechanisms of inhibitor bindings to bromodomain – containing protein 4 using molecular dynamics simulations and calculations of binding free energies [J]. Chem. Phys. Lett. , 2019, 736:136785.

[206] SPECK – PLANCHE A. Combining ensemble learning with a fragment – based topological approach to generate new molecular diversity in drug discovery: in silico design of hsp90 inhibitors [J]. ACS Omega, 2018, 3(11):14704.

[207] FERREIRA D C J, SILVA D, CAAMAÑO, et al. Perturbation theory/ machine learning model of chEMBL data for dopamine targets: docking, synthesis, and assay of new l – prolyl – l – leucyl – glycinamide peptidomimetics[J]. ACS Chem. Neurosci. , 2018, 9(11):2572.

[208] SPECK – PLANCHE A, KLEANDROVA V V, LUAN F, et al. Multi – target drug discovery in anti – cancer therapy: Fragment – based approach toward the design of potent and versatile anti – prostate cancer agents [J]. Bioo. Medi. Chem. , 2011, 19(21):6239.

[209] SPECK – PLANCHE A, CORDEIRO M N D S. Fragment – based in silico modeling of multi – target inhibitors against breast cancer – related proteins [J]. Mol. Divers. , 2017, 21(3):511.

[210] HAYNES S R, DOLLARD C, WINSTON F, et al. The bromodomain: a conserved sequence found in human, Drosophila and yeast proteins [J]. Nucleic Acids Res., 1992,20(10):2603.

[211] TUMDAM R, KUMAR A, SUBBARAO N, et al. In silico study directed towards identification of novel high – affinity inhibitors targeting an oncogenic protein: BRD4 – BD1[J]. SAR QSAR Environ. Res., 2018,29(12):975.

[212] FILIPPAKOPOULOS P, KNAPP S. Targeting bromodomains: epigenetic readers of lysine acetylation [J]. Nat. Rev. Drug Discov., 2014, 13 (5):337.

[213] FILIPPAKOPOULOS P, PICAUD S, MANGOS M, et al. Histone recognition and large – scale structural analysis of the human bromodomain family[J]. Cell, 2012,149(1):214.

[214] LUCAS X, WOHLWEND D, HüGLE M. 4 – Acyl Pyrroles: mimicking acetylated lysines in histone code reading[J]. Angew. Chem. Int. Edit., 2013,52(52):14055.

[215] RAUX B, VOITOVICH Y, DERVIAUX C, et al. Exploring selective inhibition of the first bromodomain of the human bromodomain and extra – terminal domain (BET) proteins[J]. J. Med. Chem., 2016,59(4):1634.

[216] WINSTON F, ALLIS C D. The bromodomain: a chromatin – targeting module? [J]. Nat. Struct. Biol., 1999,6(7):601.

[217] JAHAGIRDAR R, ZHANG H Y, AZHAR S, et al. A novel BET bromodomain inhibitor, RVX – 208, shows reduction of atherosclerosis in hyperlipidemic apoe deficient mice[J]. Atherosclerosis, 2014,236(1):91.

[218] MIDDELJANS E, WAN X, JANSEN P W, et al. S18 together with animal – specific factors defines human BAF – type SWI/SNF complexes[J]. PLOS ONE, 2012,7(3):e33834.

[219] HOHMANNA A F, VAKOC C R. A rationale to target the SWI/SNF complex for cancer therapy[J]. Trends Genet., 2014, 30(8):356.

[220] REMILLARD D, BUCKLEY D L, PAULK J, et al. Degradation of the BAF complex factor BRD9 by heterobifunctional ligands[J]. Angew. Chem. Int. Edit., 2017,56(21):5738.

[221] CLARK P G K, VIEIRA L C C, TALLANT C, et al. LP99: discovery and synthesis of the first selective BRD7/9 bromodomain inhibitor [J]. Angew. Chem. Int. Edit., 2015,54(21):6217.

[222] LEY T J, MILLER C, DING L, et al. Genomic and epigenomic landscapes of adult de novo acute myeloid leukemia [J]. New Engl. J. Med., 2013, 368(22): 2059.

[223] WANG L, ZHAO Z, MEYER M B, et al. CARM1 methylates chromatin remodeling factor BAF155 to enhance tumor progression and metastasis [J]. Cancer Cell, 2014, 25(1): 21.

[224] CLEARY S P, JECK W R, ZHAO X, et al. Identification of driver genes in hepatocellular carcinoma by exome sequencing [J]. Hepatology, 2013, 58(5): 1693.

[225] KADOCH C, HARGREAVES D C, HODGES C, et al. Proteomic and bioinformatic analysis of mammalian SWI/SNF complexes identifies extensive roles in human malignancy [J]. Nat. Genet., 2013, 45(6): 592.

[226] HOHMANN A F, MARTIN L J, MINDER J, et al. Abstract LB－206: a bromodomain－swap allele demonstrates that on－target chemical inhibition of BRD9 limits the proliferation of acute myeloid leukemia cells [J]. Cancer Res., 2016, 76(14): LB－206.

[227] KANG J U, KOO S H, KWON K C, et al. Gain at chromosomal region 5p15.33, containing TERT, is the most frequent genetic event in early stages of non－small cell lung cancer [J]. Cancer Genet. Cytogen, 2008, 182(1): 1.

[228] SCOTTO L, NARAYAN G, NANDULA S V, et al. Integrative genomics analysis of chromosome 5p gain in cervical cancer reveals target over－expressed genes, including Drosha [J]. Mol. Cancer, 2008, 7(1): 58.

[229] HOHMANN A F, MARTIN L J, MINDER J L, et al. Sensitivity and engineered resistance of myeloid leukemia cells to BRD9 inhibition [J]. Nat. Chem. Biol., 2016, 12(9): 672.

[230] HAY D A, ROGERS C M, FEDOROV O, et al. Design and synthesis of potent and selective inhibitors of BRD7 and BRD9 bromodomains [J]. Med. Chem. Commun., 2015, 6(7): 1381.

[231] STEILMANN C, CAVALCANTI M C O, BARTKUHN M, et al. The interaction of modified histones with the bromodomain testis－specific (BRDT) gene and its mRNA level in sperm of fertile donors and subfertile men [J]. Reproduction (Cambridge, England), 2010, 140(3): 435.

[232] GUETZYAN L, INGHAM R J, NIKBIN N, et al. Machine－assisted synthesis of modulators of the histone reader BRD9 using flow methods of chemistry and

frontal affinity chromatography [J]. Med. Chem. Commun., 2014, 5 (4):540.

[233] THEODOULOU N H, BAMBOROUGH P, BANNISTER A J, et al. Discovery of I - BRD9, a selective cell active chemical probe for bromodomain containing protein 9 inhibition[J]. J. Med. Chem., 2016, 59(4):1425.

[234] ZHENG P, ZHANG J, MA H, et al. Design, synthesis and biological evaluation of imidazo[1,5 - a] pyrazin - 8(7H) - one derivatives as BRD9 inhibitors[J]. Bioorg. Med. Chem., 2019, 27(7):1391.

[235] HUANG H, WANG Y, LI Q, et al. miR - 140 - 3p functions as a tumor suppressor in squamous cell lung cancer by regulating BRD9 [J]. Cancer Lett., 2019, 446:81.

[236] KRÖMER K F, MORENO N, FRÜHWALD M C, et al. BRD9 inhibition, alone or in combination with cytostatic compounds as a therapeutic approach in rhabdoid tumors[J]. Int. J. Mol. Sci., 2017, 18(7):1537.

[237] HOU T, MCLAUGHLIN W A, WANG W. Evaluating the potency of HIV - 1 protease drugs to combat resistance[J]. Proteins, 2008, 71(3):1163.

[238] SHAO Q, XU Z, WANG J, et al. Energetics and structural characterization of the "DFG - flip" conformational transition of B - RAF kinase: a SITS molecular dynamics study[J]. Proteins, 2017, 19(2):1257.

[239] ZHU T, HE X, ZHANG J Z H. Fragment density functional theory calculation of NMR chemical shifts for proteins with implicit solvation[J]. Phys. Chem. Chem. Phys., 2012, 14(21):7837.

[240] CHEN J Z, WANG X Y, PANG L X, et al. Effect of mutations on binding of ligands to guanine riboswitch probed by free energy perturbation and molecular dynamics simulations[J]. Nucleic Acids Res., 2019, 47(13):6618.

[241] CHEN J Z, WANG J A, YIN B H, et al. Molecular mechanism of binding selectivity of inhibitors toward BACE1 and BACE2 revealed by multiple short molecular dynamics simulations and free - energy predictions [J]. ACS Chem. Neurosci., 2019, 10(10):4303.

[242] ICHIYE T, KARPLUS M. Collective motions in proteins: a covariance analysis of atomic fluctuations in molecular dynamics and normal mode simulations[J]. Proteins, 1991, 11(3):205.

[243] CHEN J Z, WANG J, ZHU W L. Zinc ion - induced conformational changes in new Delphi metallo - β - lactamase 1 probed by molecular dynamics

simulations and umbrella sampling[J]. Phys. Chem. Chem. Phys., 2017, 19(4):3067.

[244] CHEN J Z, WANG J, LAI F B, et al. Dynamics revelation of conformational changes and binding modes of heat shock protein 90 induced by inhibitor associations[J]. RSC Adv., 2018, 8(45):25456.

[245] SU J, LIU X G, ZHANG S L, et al. A computational insight into binding modes of inhibitors XD29, XD35, and XD28 to bromodomain - containing protein 4 based on molecular dynamics simulations[J]. J. Biomol. Struct. Dyn., 2018, 36(5):1212.

[246] CHEN J Z, WANG J, ZHU W L. Mutation L1196M - induced conformational changes and the drug resistant mechanism of anaplastic lymphoma kinase studied by free energy perturbation and umbrella sampling[J]. Phys. Chem. Chem. Phys., 2017, 19(44):30239.

[247] HOU T J, WANG J M, LI Y Y, et al. Assessing the performance of the molecular mechanics/poisson boltzmann surface area and molecular mechanics/generalized born surface area methods. II. The accuracy of ranking poses generated from docking[J]. J. Comput. Chem., 2011, 32(5):866.

[248] HU G D, XU S C, WANG J H. Characterizing the free - energy landscape of MDM2 protein - ligand interactions by steered molecular dynamics simulations[J]. Chem. Biol. Drug Des., 2015, 86(6):1351.

[249] SURI C, NAIK P K. Combined molecular dynamics and continuum solvent approaches (MM - PBSA/GBSA) to predict noscapinoid binding to γ - tubulin dimer[J]. SAR QSAR Environ. Res., 2015, 26(6):507.

[250] DAUA L L, FENG G Q, WANG X W, et al. Effect of electrostatic polarization and bridging water on CDK2 - ligand binding affinities calculated using a highly efficient interaction entropy method[J]. Phys. Chem. Chem. Phys., 2017, 19(15):10140.

[251] XUE W W, WANG P P, TU G, et al. Computational identification of the binding mechanism of a triple reuptake inhibitor amitifadine for the treatment of major depressive disorder[J]. Phys. Chem. Chem. Phys., 2018, 20(9):6606.

[252] GAO Y, ZHU T, CHEN J. Exploring drug - resistant mechanisms of I84V mutation in HIV - 1 protease toward different inhibitors by thermodynamics

integration and solvated interaction energy method [J]. Chem. Phys. Lett, 2018, 706:400.

[253] DUAN L L, FENG G Q, ZHANG Q G. Large – scale molecular dynamics simulation: effect of polarization on thrombin – ligand binding energy[J]. Sci. Rep., 2016, 6(1):31488.

[254] DUAN L, LIU X, ZHANG J Z. Interaction entropy: a new paradigm for highly efficient and reliable computation of protein – ligand binding free energy[J]. J. Am. Chem. Soc., 2016, 138(17):5722.

[255] TIAN S Z, ZENG J Z, LIU X, et al. Understanding the selectivity of inhibitors toward PI4KIIIα and PI4KIIIβ based molecular modeling[J]. Phys. Chem. Chem. Phys., 2019, 21(39):22103.

[256] SONG L T, TU J, LIU R R, et al. Molecular mechanism study of several inhibitors binding to BRD9 bromodomain based on molecular simulations[J]. J. Biomol. Struct. Dyn., 2019, 37(11):2970.

[257] SU J, LIU X, ZHANG S L, et al. Insight into selective mechanism of class of I – BRD9 inhibitors toward BRD9 based on molecular dynamics simulations [J]. Chem. Biol. Drug Des., 2019, 93(2):163.

[258] MARTIN L J, KOEGL M, BADER G, et al. Structure – based design of an in vivo active selective BRD9 inhibitor [J]. J. Med. Chem., 2016, 59 (10):4462.

[259] CASE D A, BEN – SHALOM I Y, BROZELL S R, et al. AMBER 2018[M]. San Francisco: University of California, 2018.

[260] JAKALIAN A, JACK D B, BAYLY C I. Fast, efficient generation of high – quality atomic charges. AM1 – BCC model: II. Parameterization and validation [J]. J. Comput. Chem., 2002, 23(16):1623.

[261] BAS D C, ROGERS D M, JENSEN J H. Very fast prediction and rationalization of pka values for protein – ligand complexes[J]. Proteins, 2008, 73(3):765.

[262] LI H, ROBERTSON A D, JENSEN J H. Very fast empirical prediction and rationalization of protein pka values [J]. J. Comput. Chem., 2005, 61 (4):704.

[263] JORGENSEN W L, CHANDRASEKHAR J, MADURA J D, et al. Comparison of simple potential functions for simulating liquid water[J]. J. Chem. Phys., 1983, 79(2):926.

[264] GÖTZ A W, WILLIAMSON M J, XU D, et al. Routine microsecond molecular dynamics simulations with AMBER on GPUs. 1. generalized born [J]. J. Chem. Theory Comput., 2012,8(5):1542.

[265] SALOMON - FERRER R, GÖTZ A W, POOLE D, et al. Routine microsecond molecular dynamics simulations with AMBER on GPUs. 2. Explicit solvent particle mesh Ewald[J]. J. Chem. Theory Comput., 2013, 9(9):3878.

[266] RYCKAERT J P, CICCOTTI G, BERENDSEN H J C. Numerical integration of the cartesian equations of motion of a system with constraints: molecular dynamics of n - alkanes[J]. J. Comput. Phys., 1977, 23(3):327.

[267] DARDEN T, YORK D, PEDERSEN L. Particle mesh ewald: an nlog(N) method for Ewald sums in large systems[J]. J. Chem. Phys., 1993, 98(12):10089.

[268] ESSMANN U, PERERA L, BERKOWITZ M L, et al. A smooth particle mesh Ewald method[J]. J. Chem. Phys., 1995, 103(19):8577.

[269] YORK D M, DARDEN T A, PEDERSEN L G. The effect of long range electrostatic interactions in simulations of macromolecular crystals: a comparison of the Ewald and truncated list methods[J]. J. Chem. Phys., 1993, 99(10):8345.

[270] LEVY R M, SRINIVASAN A R, OLSON W K, et al. Quasi - harmonic method for studying very low frequency modes in proteins[J]. Biopolymers, 1984, 23(6):1099.

[271] GARCíA A E. Large - amplitude nonlinear motions in proteins[J]. Phys. Rev. Lett., 1992, 68(17):2696.

[272] CHEN J Z, Yin B H, PANG L X, et al. Binding modes and conformational changes of FK506 - binding protein 51 induced by inhibitor bindings: insight into molecular mechanisms based on multiple simulation technologies[J]. J. Biomol. Struct. Dyn., 2020, 38(7):2141.

[273] CHEN J Z, WANG X Y, ZHU T, et al. A comparative insight into amprenavir resistance of mutations V32I, G48V, I50V, I54V, and I84V in HIV - 1 protease based on thermodynamic integration and MM - PBSA methods[J]. J. Chem. Inf. Model., 2015, 55(9):1903.

[274] ROE D R, CHEATHAM T E. PTRAJ and CPPTRAJ: software for processing and analysis of molecular dynamics trajectory data[J]. J. Chem. Theory

Comput. , 2013,9(7):3084.

[275] AZAM M A,THATHAN J. Pharmacophore generation, atom – based 3D – QSAR and molecular dynamics simulation analyses of pyridine – 3 – carboxamide – 6 – yl – urea analogues as potential gyrase B inhibitors[J]. SAR QSAR Environ. Res. , 2017,28(4):275.

[276] WANG J,SHAO Q,COSSINS B P, et al. Thermodynamics calculation of protein – ligand interactions by QM/MM polarizable charge parameters[J]. J. Biomol. Struct. Dyn, 2016,34(1):163.

[277] HOU T J,LI N,LI Y Y,et al. Characterization of domain – peptide interaction interface: prediction of SH3 domain – mediated protein – protein interaction network in yeast by generic structure – based models[J]. J. Proteome Res. , 2012,11(5):2982.

[278] ONUFRIEV A,BASHFORD D,CASE D A. Exploring protein native states and large – scale conformational changes with a modified generalized born model[J]. Proteins, 2004,55(2):383.

[279] GOHLKE H,KIEL C,CASE D A. Insights into protein – protein binding by binding free energy calculation and free energy decomposition for the Ras – Raf and Ras – RalGDS complexes[J]. J. Mol. Biol. , 2003,330(4):891.

[280] KREGEL S, MALIK R, ASANGANI IA, et al. Functional and mechanistic interrogation of BET bromodomain degraders for the treatment of metastatic castration – resistant prostate cancer[J]. Cancer Res. , 2019,25(13):4038.

[281] YAN G Y, HOU, M Z, LUO J, et al. Pharmacophore – based virtual screening, molecular docking, molecular dynamics simulation, and biological evaluation for the discovery of novel BRD4 inhibitors[J]. Chem. Biol. Drug Des. , 2017, 91(2):478.

[282] YANG Z, YIK J H N, CHEN R C, et al. Recruitment of P – TEFb for stimulation of transcriptional elongation by the bromodomain protein brd4[J]. Mol. Cell, 2005,19(4):535.

[283] ZHANG M F,ZHANG Y,SONG M, et al. Structure – based discovery and optimization of benzo[d]isoxazole derivatives as potent and selective BET inhibitors for potential treatment of castration – resistant prostate cancer (CRPC)[J]. J. Med. Chem. , 2018,61(7):3037.

[284] PERICOLE F V, LAZARINI M, de PAIVA L B, et al. BRD4 inhibition enhances azacitidine efficacy in acute myeloid leukemia and myelodysplastic

syndromes[J]. Front. Oncol., 2019,9(16):1.

[285] ZENG L, LI J M, MULLER M, et al. Selective small molecules blocking HIV - 1 tat and coactivator PCAF association[J]. J. Am. Chem. Soc., 2005,127(8):2376.

[286] FILIPPAKOPOULOS P, QI J, PICAUD S, et al. Selective inhibition of BET bromodomains[J]. Nature, 2010,468(7327):1067.

[287] ZUBER J, SHI J W, WANG E, et al. RNAi screen identifies Brd4 as a therapeutic target in acute myeloid leukaemia [J]. Nature, 2011, 478 (7370):524.

[288] DUAN Q, MCMAHON S, ANAND P, et al. BET bromodomain inhibition suppresses innate inflammatory and profibrotic transcriptional networks in heart failure[J]. Sci. Transl. Med., 2017,9(390):5084.

[289] ZHAO Y J, BAI L C, LIU L, et al. Structure - based discovery of 4 - (6 - Methoxy - 2 - methyl - 4 - (quinolin - 4 - yl) - 9H - pyrimido[4,5 - b] indol - 7 - yl) - 3,5 - dimethylisoxazole (CD161) as a potent and orally bioavailable BET bromodomain inhibitor[J]. J. Med. Chem., 2017, 60 (9):3887.

[290] QIN C, HU Y, ZHOU B, et al. BET bromodomain inhibition suppresses innate inflammatory and profibrotic transcriptional networks in heart failure [J]. J. Med. Chem., 2018,61(15):6685.

[291] DEMONT E H, CHUNG C W, FURZE R C, et al. Fragment - based discovery of low - micromolar ATAD2 bromodomain inhibitors[J]. J. Med. Chem., 2015,58(14):5649.

[292] WU E L, WONG K Y, ZHANG X, et al. Determination of the structure form of the fourth ligand of zinc in acutolysin a using combined quantum mechanical and molecular mechanical simulation[J]. J. Phys. Chem. B, 2009,113(8):2477.

[293] ZHU T, XIAO X D, JI C G, et al. A new quantum calibrated force field for zinc - protein complex[J]. J. Chem. Theory Comput., 2013, 9(3):1788.

[294] ZHU Z, GAIHA G D, JOHN S P, et al. Reactivation of latent HIV - 1 by inhibition of BRD4[J]. Cell Rep., 2012,2(4):807.

[295] HÜGLE M, LUCAS X, WEITZE G, et al. 4 - Acyl pyrrole derivatives yield Novel vectors for designing inhibitors of the acetyl - Lysine recognition site of BRD4(1)[J]. J. Med. Chem., 2016,59(4):1518.

[296] ALLEN B K, MEHTA S, EMBER S W J, et al. Large – scale computational screening identifies first in class multitarget inhibitor of EGFR kinase and BRD4[J]. Sci. Rep., 2015,5(1):16924.

[297] SU J, LIU X G, ZHANG S L, et al. A theoretical insight into selectivity of inhibitors toward two domains of bromodomain – containing protein 4 using molecular dynamics simulations [J]. Chem. Biol. Drug Des., 2018, 91 (3):828.

[298] ALDEGHI M, HEIFETZ A, BODKIN M, et al. Predictions of ligand selectivity from absolute binding free energy calculations[J]. J. Am. Chem. Soc., 2017,139(2):946.

[299] WANG Q Q, LI Y, XU J H, et al. Computational study on the selective inhibition mechanism of MS402 to the first and second bromodomains of BRD4 [J]. Proteins, 2019,87(1):3.

[300] KUANG M, ZHOU J W, WANG L K, et al. Binding kinetics versus affinities in BRD4 inhibition [J]. J. Chem. Inf. Model., 2015, 55(9):1926.

[301] XING J, LU W C, LIU R F, et al. Machine – learning – assisted approach for discovering novel inhibitors targeting bromodomain – containing protein 4 [J]. J. Chem. Inf. Model., 2017,57(7):1677.

[302] WANG Q Q, LI Y, XU J H, et al. Selective inhibition mechanism of RVX – 208 to the second bromodomain of bromo and extraterminal proteins: insight from microsecond molecular dynamics simulations[J]. Sci. Rep., 2017,7 (1):8857.

[303] CHENG C Y, DIAO H G, ZHANG F, et al. Deciphering the mechanisms of selective inhibition for the tandem BD1/BD2 in the BET – bromodomain family[J]. Phys. Chem. Chem. Phys., 2017, 19(35):23934.

[304] XU Z J, MEI Y, DUAN L L, et al. Hydrogen bonds rebuilt by polarized protein – specific charges[J]. Chem. Phys. Lett., 2010,495(1):151.

[305] ZHAO J F, DONG H, ZHENG Y Y. Elaborating the excited state multiple proton transfer mechanism for 9H – pyrido [3, 4 – b] indole[J]. J. Lumin., 2018,195:228.

[306] ZHAO J F, DONG H, YANG H, et al. Exploring and elaborating the novel excited state dynamical behavior of a bisflavonol system[J]. Org. Chem. Front., 2018,5(18):2710.

[307] WANG Y, WANG L F, ZHANG L L, et al. Molecular mechanism of inhibitor

bindings to bromodomain - containing protein 9 explored based on molecular dynamics simulations and calculations of binding free energies [J]. SAR QSAR Environ. Res., 2020, 31(2):149.

[308] HOU T J, WANG J M, LI Y Y, et al. Assessing the performance of the MM/PBSA and MM/GBSA methods. 1. The accuracy of binding free energy calculations based on molecular dynamics simulations [J]. Journal of Chemical Information and Modeling, 2011, 51(1):69.

[309] XUE W W, WANG M X, JIN X J, et al. Understanding the structural and energetic basis of inhibitor and substrate bound to the full - length NS3/4A: insights from molecular dynamics simulation, binding free energy calculation and network analysis[J]. Mol. Bios, 2012, 8(10):2753.

[310] CASE D A, CHEATHAM T E, DARDER T, et al. The Amber biomolecular simulation programs[J]. J. Comput. Chem., 2005, 26(16):1668.

[311] MAIER J A, MARTINEZ C, KASAVAJHALA K, et al. Simmerling, C. ff14SB: improving the accuracy of protein side chain and backbone parameters from ff99SB [J]. J. Chem. Theory Comput., 2015, 11(8):3696.

[312] IZAGUIRRE J A, CATARELLO D P, WOZNIAK J M, et al. Langevin stabilization of molecular dynamics [J]. J. Chem. Phys., 2001, 114(5):2090.